在"浙"里看见美丽中国

——浙江生态省建设20年实践探索

本书编写组 编

学习出版社

图书在版编目（CIP）数据

在"浙"里看见美丽中国：浙江生态省建设20年实践探索 / 《在"浙"里看见美丽中国》编写组编. -- 北京：学习出版社，2024.4
ISBN 978-7-5147-1256-8

Ⅰ．①在… Ⅱ．①在… Ⅲ．①区域生态环境－生态环境建设－研究－浙江 Ⅳ．①X321.255

中国国家版本馆CIP数据核字(2024)第044582号

在"浙"里看见美丽中国
ZAI "ZHE" LI KANJIAN MEILI ZHONGGUO
——浙江生态省建设20年实践探索

本书编写组　编

责任编辑：彭绍骏
技术编辑：刘　硕
装帧设计：楠竹文化

出版发行：学习出版社
　　　　　北京市崇外大街11号新成文化大厦B座11层（100062）
　　　　　010-66063020　010-66061634　010-66061646
网　　址：http://www.xuexiph.cn
经　　销：新华书店
印　　刷：大厂回族自治县彩虹印刷有限公司
开　　本：710毫米×1000毫米　1/16
印　　张：21.25
字　　数：255千字
版次印次：2024年4月第1版　2024年4月第1次印刷
书　　号：ISBN 978-7-5147-1256-8
定　　价：90.00元

如有印装错误请与本社联系调换，电话：010-67081356

《在"浙"里看见美丽中国》

编委会

主　任：郎文荣　钱　勇
副主任：麻胜聪　俞　海　杨晓蔚

编写组

组　长：张　强　郦　颖　陈光炬
成　员：刘　瑜　宁晓巍　王浙明　卢瑛莹
　　　　陈　佳　袁乃秀　冯晓飞　马　侠
　　　　孙福成　朱　虹　毛惠萍　姜　现
　　　　马竞越　黄　燕　李文洁　欧梦圆
　　　　陈俊刚　徐志荣　何月峰　蒋琦清
　　　　王泽华　陆　婷　汤　博　丁　皓
　　　　胡　涛　邱　琳　卓　明　彭晓霞
　　　　朱　颜　俞昀肖　吴　爽　李碧波
　　　　李柘霖　肖燕风

序

绿水丰涟漪，青山多绣绮。

中华民族向来尊重自然、热爱自然，对绿水青山美好环境的向往是流淌在我们血液里的文化基因。锦绣中华，江山如画——这既是大自然的馈赠，也是承载和支撑中华文明5000多年连绵不绝的载体。如何保护好绿水青山，让人民群众享有更多的优质生态产品，让子孙后代既能享有丰富的物质财富，又能遥望星空、看见青山、闻到花香？这是时代赋予我们的重大课题。党的十八大以来，以习近平同志为核心的党中央，站在中华民族永续发展的战略高度，大力推动生态文明建设理论创新、实践创新、制度创新，系统形成习近平生态文明思想，指引美丽中国建设迈出重大步伐，坚持不懈走生产发展、生活富裕、生态良好之路，祖国的天更蓝、地更绿、水更清，万里河山更加多姿多彩。

树高千尺有根，水流万里有源。新时代十年，我国生态文明建设之所以从理论到实践都发生了历史性、转折性、全局性变化，取得历史性成就，最根本的原因在于有习近平总书记作为党中央的核心、全党的核心掌舵领航，在于有习近平生态文明思想的科学指引。作为新时代中国特色社会主义生态文明建设的根本遵循，习近平生态文明思想有着深厚的理论基础、丰富的实践支撑、厚重的文化底蕴和历史积淀。其中一个重要的渊源基础，就是浙江生态省建设。

2003年，时任浙江省委书记习近平同志，在深入调研的基础上，借鉴在福建创建生态省的经验，围绕新世纪发挥浙江生态优势和破解"制约的疼痛""成长的烦恼"等问题，高瞻远瞩、审时度势，提出建设生态省、打造绿色浙江的战略部署，成为"八八战略"的重要组成部分。这一战略，开启了浙江全面推进生态文明建设的省域实践，也开启了美丽浙江的序幕，成为新时代十年美丽中国建设最耀眼的瑰丽华章之一。在推进这一战略过程中，习近平总书记对生态文明建设的系统思考和规律性认识逐渐提升，提出了"生态兴则文明兴""绿水青山就是金山银山"等论断，成为习近平生态文明思想的重要内容，也为我们留下了宝贵的思想财富。

20多年前我在原国家环保总局工作期间，有幸参与了浙江生态省建设的启动和推进。20多年来，我也因工作关系多次到浙江调研，并通过多种途径，欣喜地看到浙江在生态省战略指引下发生的美丽蝶变。浙江生态省建设是美丽中国建设的一个重要缩影，也是观察中国生态文明建设的一个重要窗口。深入回顾总结浙江生态省建设20年的历程、做法、成就与经验，深入挖掘习近平总书记留下的宝贵思想财富，并在循迹溯源中更加深刻感悟习近平总书记的高瞻远瞩、战略眼光、历史担当、为民情怀，更加深入理解"两个确立"的决定性意义，不仅对于新征程上浙江坚定不移深入实施"八八战略"、奋力打造生态文明绿色发展标杆之地具有指导意义，对于全国其他地方全面推进美丽中国建设、加快推进人与自然和谐共生的现代化也具有重要参考意义。

本书以习近平总书记对浙江生态省战略的蓝图擘画和习近平生态文明思想核心要义为主线，全面回顾总结浙江生态省建设20年的工作，深入挖掘习近平总书记推进生态省建设过程中留下的宝贵思想财富，体现着理论和实践、历史和现实贯通的重要特点。全书围绕循迹溯源、探索实践、经验启示等内容，力图讲清楚浙江认识、浙江实践、浙江成就、浙江经验、浙江启示、浙江新局，全景式、立体化呈现浙江生态省建设的生动实践，全面解析美丽中国先行探索的"浙江密码"，用"浙江经验"为其他地方提供借鉴，用"浙江成就"为习近平生态文明思想的真理伟力和实践伟力提供鲜活实证，对于生态文明建设有关部门的领导干部及从事有关研究、教学、实践的科研工作者、高校教师、从业人员等均具有重要的参考价值。

党的二十大提出中国式现代化是人与自然和谐共生的现代化。2023年，习近平总书记在全国生态环境保护大会上强调，把建设美丽中国摆在强国建设、民族复兴的突出位置，全面推进美丽中国建设，加快推进人与自然和谐共生的现代化。2023年年底，《中共中央　国务院关于全面推进美丽中国建设的意见》对全面推进美丽中国建设作出了系统部署。从生态省到美丽中国我们走过了一个不平凡的历程。新征程上，美丽中国正愈发成为现实。作为一名老环保工作者，美丽中国建设的美好蓝图让我心向往之、更让我壮心不已。欣闻本书出版，是为序。

前言

浙江是绿水青山就是金山银山理念的发源地和率先实践地。在浙江工作期间，习近平同志作出"进一步发挥浙江的生态优势，创建生态省，打造'绿色浙江'"的战略决策，并将其纳入"八八战略"，率先开启了人与自然和谐共生的中国式现代化省域实践。他创造性提出"生态兴则文明兴""绿水青山就是金山银山"等重大科学论断，对生态经济发展、生态环境保护、生态文化建设等方面进行了深入的理论思考和实践探索，指引浙江率先探索出了一条经济转型升级、资源高效利用、环境持续改善、城乡均衡和美的绿色高质量发展之路，同时为习近平生态文明思想的萌发与形成提供了重要思想基础、理论基础和实践基础。

生态省建设是习近平总书记留给浙江的宝贵财富。浙江心怀感恩、倍加珍惜，在"八八战略"实施20周年、生态省建设20周年之际，组织生态环境部环境与经济政策研究中心、浙江省生态环境科学设计研究院撰写了《在"浙"里看见美丽中国——浙江生态省建设20年实践探索》，系统总结提炼浙江生态省建设20年的做法、成就与经验，探究过去为什么成功、未来应该坚持什么，挖掘好、守护好、传承好蕴含其中的丰富内涵、重要思想、时代价值。全书分战略擘画、攻坚行动、改革创新、时代价值4篇，共10章，全面回顾总结浙江生态省建设20年的工作，深入挖掘习近平同志推进生态省建设过程中留下的宝贵思想财富，全景式、立体化呈现浙江生态省建设的生动实践，全面解析美丽中国先行探索的"浙江密码"，供生态文明建设有关部门的领导干部以及从事有关研究、教学、实践的科研工作者、高校教师、从业人员等交流使用。

本书编写组

2023年11月

目 录

战略擘画篇

第一章　浙江为什么要建设生态省 / 3
第一节　浙江新世纪发展的战略抉择　/ 4
第二节　发挥生态优势的全局性谋划　/ 11
第三节　着眼人与自然和谐共生的伟大探索　/ 17

第二章　浙江建设什么样的生态省 / 25
第一节　"八八战略"的绿色引擎　/ 26
第二节　"美丽浙江"的宏伟蓝图　/ 30
第三节　伟大思想的萌发与实践　/ 43

攻坚行动篇

第三章　"811"行动持续推进引领生态环境改善 / 59
第一节　"五水共治"重现水墨清丽江南　/ 60
第二节　综合施治实现蓝天白云常驻　/ 72

第三节　先行先试打造净土清废标杆　/ 84

第四节　陆海统筹建设清洁美丽海湾　/ 93

第五节　保护修复打造多样生物家园　/ 100

第四章　"991"行动纵深拓展带动绿色高质量发展　/ 114

第一节　打造生态优先空间格局　/ 115

第二节　实施"腾笼换鸟、凤凰涅槃"　/ 125

第三节　推进资源节约循环发展　/ 133

第四节　促进生态产品价值实现　/ 144

第五节　推动经济社会低碳转型　/ 155

第五章　"千万工程"久久为功绘就全域美丽图景　/ 165

第一节　持续绘就美丽乡村新画卷　/ 166

第二节　着力打造美丽城镇新格局　/ 174

第三节　系统建设全域美丽大花园　/ 181

第四节　努力创造幸福美好新生活　/ 190

改革创新篇

第六章　系统构建生态文明制度体系　/ 201

第一节　牢固树立领导干部绿色政绩观　/ 202

第二节　纵深推进生态文明法治建设　/ 210

第三节　充分发挥"看不见的手"作用　/ 221

第七章　全面提升现代环境治理能力　/ 234

第一节　科技创新驱动环境保护　/ 235

第二节　数字变革赋能生态治理　/ 240

第八章　积极推进生态文化传承创新　/ 247

第一节　传承弘扬浙江特色生态文化　/ 248

第二节　全面提升公众生态文明素养　/ 257

第三节　建立健全社会参与行动体系　/ 267

时代价值篇

第九章　浙江20年实践探索的成就、经验与价值　/ 279

第一节　绿色成为浙江发展最动人的色彩　/ 280

第二节　生态文明建设的浙江经验与启示　/ 284

第三节　思想伟力及制度优势的鲜活实证　/ 293

第十章　新时代生态文明建设的引领与展望　/ 300

第一节　奋力创建人与自然和谐共生现代化先行省　/ 301

第二节　积极探索创造人类文明新形态中国方案的浙江经验　/ 314

战略擘画篇

第一章
浙江为什么要建设生态省

生态兴则文明兴，生态衰则文明衰。[①]

"生态兴则文明兴，生态衰则文明衰"，是习近平同志在浙江工作期间对生态文明建设的深邃思考。2002年，习近平同志来到浙江工作。从踏上浙江这片土地的那一刻起，他就十分关注浙江的生态环境保护，心系浙江的绿色发展。2003年，习近平同志在深入调研和科学论证的基础上，顺应时代潮流、把握浙江实际，提出建设生态省的战略部署。作为"八八战略"的重要内容，生态省建设在浙江掀起了一场全方位、系统性的绿色变革，引领浙江走上了人与自然和谐的美丽征程。习近平总书记指出，一切向前走，都不能忘记走过的路；走得再远、走到再光辉的未来，也不能忘记走过的过去，不能忘记为什么出发。[②] 全面回顾和分析浙江为什么建设生态省，深刻理解和把握这一

---

① 习近平：《生态兴则文明兴——推进生态建设 打造"绿色浙江"》，《求是》2003年第13期。

② 习近平：《坚定理想信念 补足精神之钙》，《求是》2021年第21期。

伟大实践的逻辑起点，对于新征程上继续推进伟大实践取得更大成就具有重要意义。

第一节　浙江新世纪发展的战略抉择

建设生态省，打造"绿色浙江"，是习近平同志立足浙江省情、把握科学规律，紧紧抓住世纪之交重要战略机遇期，着眼浙江全省经济社会发展全局和长远谋划而作出的战略抉择；是坚持走新型工业化道路、实施可持续发展战略，推动浙江加快全面建设小康社会、提前基本实现现代化的重大举措；是21世纪浙江发展的大势所趋、形势所逼、时代所期、人心所向；是以"浙江之答"回应"中国之问""世界之问""人民之问""时代之问"的伟大探索。

一　大势所趋：新世纪可持续发展成为潮流

进入21世纪，我国发展面临经济全球化进程加快、国际产业结构调整和产业转移加速的机遇，新技术革命迅猛发展的机遇，以及加入世界贸易组织带来的机遇。同时，也面临在更大范围、更广领域和更高层次上参与国际经济技术合作和竞争的挑战。改革开放后，浙江经济总量由1987年的全国第12位上升到2002年的第4位，人民生活总体上达到了小康水平，进入加快全面建设小康社会、提前基本实现现代化的重要阶段，21世纪头20年是浙江必须紧紧抓住并且大有可为的重要战略机遇期。同时，作为沿海开放大省、民营经济大省和外贸出口大省，浙江也面临着世界变化带来的重大挑战。

从全球来看。20世纪八九十年代，随着工业化的快速推进，全球经济快速发展的同时，也带来了资源破坏、环境污染、生态恶化和社会财富分配不公等严重问题，人类开始深刻反思自己的经济活动和发展行为，并重新审视人与自然的关系，从而提出了一种新的发展思想和发展模式——可持续发展。1992年在联合国环境与发展大会上，180多个国家、地区的代表团和联合国及其下属机构等70个国际组织的代表达成了增强环境保护意识，彻底改变现在的发展观念，建立人与自然和谐的可持续发展新战略、新观念，加强国际合作，共同解决环境发展问题的共识。进入21世纪，国际社会追求可持续发展的强烈意愿愈加明显地体现在国际环境条约和其他软法文件中。WTO多边谈判"多哈议程"首次将"贸易与环境议题"纳入了关于建立公平、公正、合理的国际经济新秩序的新一轮谈判。环境保护开始深刻影响政治、经济和社会发展，影响国家竞争力。日本、德国等发达国家积极发展循环经济，构筑新的经济优势。与此同时，发达国家和地区以环境之名，开始构筑"绿色壁垒"，比如欧盟提出对外贸易要实行生产者责任延伸制度。可以说，谁在环境保护中占据优势，谁就能在经济发展和对外贸易中赢得主动。

从浙江来看。20世纪90年代中期前，外贸在浙江国民经济中的地位与作用较低。随着国内市场的饱和，浙江经济对外贸的依赖性不断增强，进出口贸易发展迅速。1998年，浙江国民经济的出口贸易依存度首次超过全国平均水平，浙江由内向型经济向外向型、开放型经济转变。21世纪初，浙江的出口商品主要是传统的资源密集和劳动密集型产品，对外竞争力较强的商品集中于服装、丝绸、轻工、特色农副产品等，而且绝大多数出口商品质量竞争力较弱，依靠价格竞争力取胜的传统格局还未根本改变。受国际贸易摩擦影响，2001年起，浙江的轴承、眼镜、打火机、茶叶等商品出口频繁遭到反倾销或技术壁垒的限制。2002—2004年，浙江遭遇美国、印度等12个国家提起的"两反一保"调查54起，从打火机、轴承、眼镜、纺织品、茶叶、家具到鞋类，几乎涉及浙江全部大宗出口商品，对全省出口贸易带来不利影响，反映出增长方式粗放、产业层次低下的积弊。

面对日趋激烈的国际竞争以及出口贸易越来越多地面临发达国家"绿色壁垒"的挑战，浙江深刻认识到生态环境和可持续发展能力已经成为一个国家和地区综合竞争力的重要组成部分，必须从根本上解决问题，更加注重生态环境保护，努力在更高层次和水平上谋求有力的环境支撑，进一步增强全省的综合实力和国际竞争力。建设生态省正是浙江顺应国际可持续发展潮流，提升产业层次和经济质量，进一步增强国际竞争力的客观要求。

二 形势所逼：成长的烦恼和制约的疼痛日益凸显

自党的十一届三中全会至21世纪之交，浙江凭借改革先发优势和体制机制优势迅速崛起，经过连续20多年的高速增长，从资源小省一跃成为经济大省，创造了被誉为"浙江模式"的发展神话。然而传统"浙江模式"属于压缩型和粗放型发展。作为地域小省、资源小省，随着工业化、城市化的快速推进，浙江对自然资源的需求呈现递增模式，资源环境与经济社会发展的矛盾日益突出，较早地面临正确处理发展与保护这一历史性课题。

作为全国陆域面积较小和人口密度最大的省份之一，浙江环境容量相对较小，生态环境的承载力极其有限，大多数自然资源人均水平低于全国，比如人均土地面积仅为全国平均水平的1/3，煤炭、石油、金属矿产资源紧缺。此外,当时浙江自然资源利用率不高,单位生产总值能耗、水耗和污染物排放量在全国处于中上水平,但均高于世界平均水平,与发达国家相比差距很大。2004年,浙江省统计部门给出了一份《浙江GDP增长过程中的代价分析》报告。报告显示,2002年,浙江每亿美元GDP的能源消费量为7.11万吨标准煤当量,相当于2000年世界平均水平的1.59倍、高收入国家的2.45倍。2003年,浙江省每生产1亿元GDP排放28.8万吨废水,生产1亿元工业增加值排放2.38亿标立方米工业废气,分别比1990年增长84.8%和300%,由此造成浙江的水污染、大气污染和农业面源污染问题较为突出,土地、水、能源等重要资源要素全线告急,环境承载力的瓶颈制约日益凸显,传统粗放的增长模式碰到了发展的"天花板"。人多地少、经济密集、环境容量小、环境欠账较多,使浙江在经济飞速增长的同时最先强烈感受到"成长的烦恼"和"制约的疼痛"。

面对经济发展的资源、要素、环境瓶颈效应逐步放大的客观形势和人民群众对生态环境呼声越来越高的现实情况,浙江深刻认识到必须拿出壮士断腕的勇气,摆脱对粗放型增长方式的依赖,从根本上整合和重新配置有限的环境资源,推动经济社会发展方式转型升级。创建生态省,打造"绿色浙江",有助于浙江以最小的资源环境代价谋求经济社会最大限度的发展,以最小的经济社会成本保护资源和环境,是破解"成长的烦恼"和"制约的疼痛",确保经济社会持续快速健康发展的必然选择。

三 时代所期:爬坡过坎的道路之问转型之问亟须破解

由于自然、历史和认识等方面的原因,随着工业化、城市化的快速发展，我国在取得巨大发展成绩的同时，也产生了严重的环境污染和生态破坏，环境、资源和经济社会发展的矛盾日益突出。20世纪90年代初，可持续发展问题日益引起党中央的高度重视，在联合国里约热内卢环境与发展大会上，我国向世界承诺走可持续发展道路。随后我国向世界率先发布《中国21世纪议程——中国21世纪人口、环境与发展白皮书》，首次把可持续发展战略纳入国民经济和社会发展长远规划。党中央根据我国社会主义现代化建设的需要将可持续发展确立为国家战略，要求坚持保护环境的基本国策，正确处理经济发展同人口、资源和环境的关系，为经济、社会、自然可持续发展提出了新的战略遵循。

为探索我国经济、社会和环境协调发展的道路模式，从1995年起，原国家环境保护总局在全国组织开展了生态示范区建设试点工作，主要在市县范围内进行。各地对成为生态示范区建设试点的积极性非常高，影响越来越大。2000年，这一试点示范工作进一步深化为生态示范区，并上升到省一级。随后，海南、吉林、黑龙江、福建等省相继开展生态省建设试点，对解决当时面临的环境与发展问题进行积极探索。2003年召开的中央人口资源环境工作座谈会强调："要加快转变经济增长方式，将循环经济的发展理念贯穿到区域经济发展、城市建设和产品生产中，使资源得以最有效的利用，最大限度地减少废弃物排放，逐步使生态步入良性循环，努力建设环境保护模范城市、生态示范区、生态省。"建设生态省、打造"绿色浙江"的战略决策，是浙江贯彻落实党中央决策部署，实施可持续发展战略，加快全面建设小康社会，从根本上转变经济增长方式，实现经济社会和环境保护协调发展的重要举措，是在21世纪中国特色社会主义建设中奋力走在前列的必然选择。

21世纪初的浙江已迈入人均GDP 1000美元到3000美元的发展阶段。国际经验表明，这是经济社会结构发生深刻变化的重要阶段。浙江进入经济发展的腾飞期、增长方式的转变期、各项改革的攻坚期、开放水平的提升期、社会结构的转型期和社会矛盾的凸显期[①]，进入爬坡过坎的关键时期。一方面，浙江经济发展速度看起来"高歌猛进"，但不蓝的天、不清的水、不绿的山随处可见，资源短缺问题也开始显现，不平衡、不协调的发展模式难以为继，[②]资源要素、生态环境的双重制约越来越突出。另一方面，当时浙江经济的发展实际上还是一种粗放型增长，最典型的特征就是"三高三低"，即高投入、高消耗、高排放，产品档次低、销售价格低、市场低端，急需转型。同时，随着第二、第三产业的发展，大量农民进城，城乡二元结构被打破了，还出现了新的社会阶层，浙江作为改革开放的先行区，随着利益关系的变化和日趋复杂，社会矛盾逐步积累和凸显[③]。

总的来说，当时的浙江原有的一些优势正在快速减弱，新的矛盾和问题在不断显现，经济社会发展中许多矛盾和问题先发早发。如何在全面建设小康社会、加快推进社会主义现代化进程中继续走在全国前列是摆在浙江面前的重大时代课题。怎样发掘优势、补上短板、走进前列，走出一条发展与保护双赢的道路，探索中国特色社会主义的省域篇章，既是对浙江的考验，又是浙江发展面临的挑战。与此同时，浙江具有良好的经济社会发展基础，完全没有必要再为解决"吃饭"问题而牺牲环境。建设生态省，不仅有利于促进资源的永续利用，实

[①]《"八八战略"的实践基础与时代意义》，《浙江日报》2017年6月5日。

[②]《奋力谱写中国式现代化的浙江篇章——写在"八八战略"实施20年之际》，新华社2023年7月10日。

[③]《"八八战略"与"干在实处、走在前列"是习书记主政浙江的总抓手和总要求》，《学习时报》2021年3月17日。

现物质能量的多层次分级循环利用，改变浙江资源保证程度低、环境容量小对经济发展的制约，更重要的是从根本上整合和重新配置有限的环境资源，优化产业布局，更加合理地调整产业结构，不断提升产业层次和经济质量，从而为可持续发展铺平道路，[①]实现更高层次、更高水平的发展。

四 人心所向：发挥生态优势继续走在前列成为新的使命

随着人民生活水平的不断提高，人们对生态环境的重要性有了更进一步的认知，对生态环境质量要求与日俱增。浙江环境保护状况与全国类似，局部良好，但总体未有改善。特别在农村地区，随着植根于农村地区的浙江民营经济20多年的"狂奔式"发展，在"块状经济"拔地而起的同时给区域环境带来了整体性的压力，一些地方的生态基本面遭到破坏，"村村点火、户户冒烟"的现象非常普遍，村庄面貌远远滞后于农村经济发展，人民群众对有新房无新村、环境脏乱差等现象意见很大。

进入21世纪，人民日益增长的生态环境质量需求与不尽如人意的生态环境供给之间的矛盾越来越尖锐。比如21世纪初，随着流域内工业经济的快速发展，钱塘江水污染日趋严重。江南水乡缺水喝，这是当时浙江水环境问题的突出表现。2003年，全国各省（区、市）环境污染与破坏次数排名中，浙江排在第三位，总量偏高。《2003年浙江省环境状况公报》显示，当时的浙江八大水系，除瓯江、飞云江以外，其余六大水系都存在不同程度的水环境污染，其中污染最严重的鳌江

[①] 习近平：《全面启动生态省建设 努力打造"绿色浙江"——在浙江生态省建设动员大会上的讲话》，《环境污染与防治》2003年第4期。

水系,"大部分干流水质已受到严重污染,无法满足水域功能要求";椒江水系中,仅有38.5%的断面水质能满足水域功能要求。

浙江省的生态建设,既是必须进一步发挥和强化的"现有优势",又是必须进一步营造和发掘的"潜在优势",同时在某些具体方面还是有待于进一步克服和转化的"劣势"。浙江省"七山一水两分田",许多地方"绿水逶迤去,青山相向开",拥有良好的生态优势。如果能够把这些生态环境优势转化为生态农业、生态工业、生态旅游等生态经济的优势,那么绿水青山也就变成了金山银山。虽然浙江土地资源十分稀缺、矿产资源并不丰富,但是拥有丰富的林水资源和海洋资源,生态景观和生态容量资源、气候调节资源十分可观。同时,浙江生态环境质量处于全国领先地位,自然地理条件和区位条件得天独厚。可以说,"七山一水两分田"的地理环境特征赋予了浙江良好的生态优势。习近平同志在深刻总结浙江生态建设的"现有优势"和"潜在优势"的基础上,提出进一步发挥浙江的生态优势,建设生态省,这是极具前瞻性的战略判断和创新探索。

第二节　发挥生态优势的全局性谋划

生态省建设是浙江全面推进生态文明建设的战略抓手,为浙江生态文明建设提供了总纲领,更是新时代浙江生态文明建设取得历史性成就、发生历史性变化的源头。这一重大战略是习近平同志在浙江工作期间,围绕人与自然、保护与发展、环境与民生、国内与国际等重大问题的理论和实践创新。这一重大战略的提出,源自习近平同志深厚的历史情怀、人民情怀、生态情怀、天下情怀,源自习近平同志坚实的实践积累、深入的调查研究、高超的战略眼光、深邃的理论思考以及干在实处的担当精神。

一 心怀"国之大者"、厚植生态情怀的行动体现

问题是时代的号角，理念是思想的先声。习近平同志之所以在浙江提出和推动建设生态省，就是因为他在长期对人与自然关系深邃思考与实践的基础上，认识到人与自然是生命共同体，形成了深厚的生态情怀。提出和推动建设生态省，是其对人与自然关系、生态与文明关系深刻理解和把握的行动体现，是其从中华民族永续发展、子孙后代千秋福祉的战略高度谋划思考的具体体现。

习近平同志历来对生态环境保护看得很重，历来把生态文明建设作为重要工作来抓。早在梁家河插队时，当地生态环境曾因过度开发而受到严重破坏，从而使老百姓生活也陷于贫困，让他开始思考人与自然关系的问题，生态情怀的种子就在那时开始种下并萌发。他后来回忆道，从那时起我就认识到，人与自然是生命共同体，对自然的伤害最终会伤及人类自己。在河北、福建工作期间，他都把生态环境保护工作作为一项重大工作来抓，开展一系列实践，创造性地提出一系列重要思想观点、理念、战略。特别是在福建工作期间，他极具前瞻地提出生态省建设，对人与自然关系、发展与保护关系、环境与民生关系的认识，对生态文明建设规律的认识，不断深化、不断系统。这为他在浙江提出和推进生态省建设，提供了坚实的理论储备和实践积累。

来到浙江后，习近平同志一如既往地重视生态环境保护，并把长期理论思考和实践积累的成果，转化为治理浙江的实践。他强调，保护

生态环境，功在当代、利在千秋。生态环境是承载经济社会发展的基础，浙江提出进一步发挥生态优势，创建生态省，打造"绿色浙江"，是一项事关全局和长远的战略任务，是我们对国家、对浙江人民、对子孙后代的庄严承诺。他用"六个事关"阐释生态省建设的战略性、重要性和紧迫性——扎实推进生态省建设，事关全局，事关未来，事关民生，事关浙江经济、政治、文化和社会的全面发展，事关浙江城乡、区域以及人与自然的协调发展，事关我们各项事业的可持续发展。他强调，要从这样的高度来认识生态环境问题，从这样的角度来推进生态省建设工作。他指出，全面建设小康社会根本目的，就是不断提高人民的生活水平和质量，其中就包括把美好家园奉献给人民群众，把青山绿水留给子孙后代。生年不满百，常怀千岁忧。为子孙计、为万世谋，推动生态省建设水到渠成。

二 坚持人民立场、深入调查研究的战略选择

生态省建设，既是习近平同志对生态文明深入思考的系统体现，也基于他大量调研后对浙江省情的深刻认识。习近平同志坚持理论联系实际，坚持问计于基层、问计于群众，一到浙江就开展了大量的调研，一路走、一路看、一路听、一路思考，为生态省战略的提出提供了坚实基础。生态省战略的提出是坚持实事求是、坚持群众路线、坚持人民立场的典范，有着坚实的实践基础、群众基础。

2002年11月，刚刚到任不久的习近平同志就到浙江生态环境质量最好、发展明显落后的丽水调研，强调"生态的优势不能丢"。在连续3天的调研走访中，看到丽水"秀山丽水、天生丽质、资源丰富"，习近平同志讲道，从长远的眼光看，丽水的资源优势是无价之宝，是

加快发展的潜在条件。2002年12月，习近平同志又来到浙江另一个经济发展相对落后但同样具有生态优势的山区大市衢州，强调"争取山窝里飞出更多的'金凤凰'"。2003年6月，在磐安县调研时指出，磐安生态富县战略提得很明确、很响亮；生态是可以富县的，生态好不仅可以富县，而且可以让老百姓很富，是很高境界的富。在经济发达地区调研时，习近平同志同样强调生态环境保护问题。比如，在金华调研时，强调"要走一条新型工业化道路"，"把生态质量、文化质量和生活质量作为发展的重要参数"。

到2003年7月，习近平同志在10个月时间里跑了全省90个县市区中的69个。深入调查研究，全面科学系统把握省情，为决策部署"八八战略"打下了坚实的基础。他还亲自主持《建设生态省是浙江新世纪发展的战略选择》课题，全面系统谋划生态省建设。2015年5月，习近平总书记回浙江考察时特别说道，他在浙江工作时，省委就提出"八八战略"，这不是拍脑瓜的产物，而是经过大量调查研究提出来的发展战略，聚焦如何发挥优势、如何补齐短板这两个关键问题。他强调，生态省建设是尽为民之责、谋为民之利、兴为民之业、行为民之政，是一项功在当代的民心工程、利在千秋的德政工程，彰显了深厚的为民情怀。

三 直面问题挑战、干在实处的使命担当

"干在实处、走在前列"是习近平同志在浙江工作期间，基于对浙江省情的了解提出的工作坐标。这已经成为浙江的精神气质，更是习近平总书记个人品格的高度凝练、集中体现。生态环境的治理，一时很难看清它的效果，是一种潜绩。在过去一段时间内，往往是说起

来重要、做起来次要、忙起来不要。推动生态省建设，是习近平同志直面问题挑战、干在实处、勇于担当的重要体现。

2002年11月，刚到浙江工作的习近平同志，主持省政府常务会议审议《浙江省大气污染防治条例（草案）》。据当时参会的同志回忆，"当时，会上讨论很热烈，大家总体支持，但觉得措施、投入和实施的时间要考虑经济发展，总之是有些顾虑"。但习近平同志以高度的责任感，推动相关立法工作顺利出台。2003年1月，主持召开全省人口资源环境工作座谈会时，强调要牢固树立"经济越发展，越要重视和加强环境保护，不重视环境保护的政府是不清醒的政府，不重视环境保护的部门是不称职的部门，不重视环境保护的企业是没有希望的企业"的观念。他还强调生态环境方面欠的债"迟还不如早还"，否则"没法向后人交代"；对于环境污染的治理"要不惜用真金白银来还债"。这体现了对生态环境问题的清醒认识和责任担当。

在大量调研的基础上，习近平同志着力推进生态省建设。从方案起草、体系设计、规划论证到建设推进，他亲力亲为，全程参与。2002年12月召开的浙江省委十一届二次全体（扩大）会议提出，要"以建设生态省为重要载体和突破口，加快建设'绿色浙江'，努力实现人口、资源、环境协调发展"。他带队去原国家环境保护总局汇报。2003年3月原国家环境保护总局和浙江省人民政府联合召开《浙江生态省建设总体规划纲要》论证会，习近平同志参加论证会及新闻发布会，并在会上发表重要讲话；随后，习近平同志担任浙江生态省建设工作领导小组组长，并就创建生态省作出了一系列部署；2003年7月，省委召开生态省建设动员大会，他亲自作动员讲话。习近平同志亲自谋划、亲自部署、亲自推动浙江生态省建设，彰显了干在实处、走在前列的使命担当。

四 把握规律大势、着眼长远未来的科学抉择

善于把握历史发展规律和大势，并从中找到前进的正确方向和正确道路，这是党和人民事业不断取得胜利的重要原因。建设生态省，是习近平同志在深刻把握人类文明发展规律、社会主义建设规律的基础上，着眼长远、着眼未来作出的重大抉择。

建设生态省，把绿色发展作为浙江经济社会发展的"底色"，是对全球经济发展趋势、人类文明发展历程和浙江经济社会发展实际的深刻洞察和精准把握。随着全球环境问题的凸显，可持续发展成为共识，"绿色"成为各国竞争的重要领域。当时的浙江提出了新的发展目标：到2020年经济总量争取比2000年翻两番。习近平同志指出，如果不从根本上转变经济增长方式，这样的高增长必然带来资源消耗和污染物排放总量的剧增，造成严重的环境问题，反过来严重制约经济社会的持续发展。他强调，"生态的优势不能丢，这是工业化地区和当时没有注意生态保护的地区，在后工业化时代最感到后悔莫及的事情"，"特色就是长处，就是优势，就是竞争力"。

习近平同志在浙江工作时强调："发展不能断送了子孙的后路。粗放型增长的路子，'好日子先过'，资源环境将难以支撑。"他指出，再走"高投入、高消耗、高污染"的粗放经营老路，"国家政策不允许，资源环境不允许，人民群众也不答应"。他强调，千万不要以牺牲环境为代价换取一点经济的利益。推动浙江建设生态省，抓住机遇、超前布局，是把握规律、运用规律的体现，更是习近平同志高远的历史站位、宽广的国际视野、深邃的战略眼光的具体体现。

第三节　着眼人与自然和谐共生的伟大探索

建设生态省，正是要根据生态经济学原理和循环经济理论，以最小的资源环境代价谋求经济、社会最大限度的发展，以最小的社会、经济成本保护资源和环境，既不为发展而牺牲环境，也不为单纯保护而放弃发展，既创建一流的生态环境和生活质量，又确保社会经济持续快速健康发展，从而走上一条科技先导型、资源节约型、清洁生产型、生态保护型、循环经济型的经济发展之路。[①] 这一伟大探索与生态文明建设具有内涵的契合性、逻辑的一致性和实践的统一性。深刻理解把握浙江生态省建设的历史进程及其重大意义，需要我们弄清楚什么是生态省，它与生态文明建设、美丽中国建设、人与自然和谐共生的现代化之间的关系，从历史与现实、理论与实践相互贯通角度深刻理解这一战略部署的丰富内涵、精神实质与精髓要义。

一　生态文明与中国特色社会主义

中国特色社会主义是全面发展、全面进步的社会主义。进入新时代，以习近平同志为核心的党中央把握历史大势和时代潮流，掌握党和国家事业发展的历史主动，统筹把握中华民族伟大复兴战略全局和世界百年未有之大变局，在中国特色社会主义事业的整体部署上，创造性地提出统筹推进"五位一体"总体布局、协调推进"四个全面"战略布局，丰富和发展了我国改革开放和社会主义现代化建设的顶层

[①]　习近平：《全面启动生态省建设　努力打造"绿色浙江"——在浙江生态省建设动员大会上的讲话》，《环境污染与防治》2003年第4期。

设计，把我们党对中国特色社会主义建设规律的认识提升到了新高度。全面建成社会主义现代化强国是新时代奋斗目标。

从全面的要求来看。人民对美好生活的向往，就是我们的奋斗目标。新时代人民的美好生活有着丰富的内涵，人民群众不仅对物质文化生活提出更高要求，而且对民主、法治、公平、正义、安全、环境等方面的要求也日益增长。党的十八大将生态文明建设纳入"五位一体"总体布局，生态文明建设上升到了国家战略层面，也吹响了生态文明建设的时代号角。党的十九届六中全会通过的《中共中央关于党的百年奋斗重大成就和历史经验的决议》，明确中国特色社会主义事业总体布局是经济建设、政治建设、文化建设、社会建设、生态文明建设五位一体，战略布局是全面建设社会主义现代化国家、全面深化改革、全面依法治国、全面从严治党四个全面。把生态文明建设纳入"五位一体"总体布局，既是坚持以人民为中心的必然要求，也是我们党与时俱进的必然要求，进一步丰富了新时代中国特色社会主义事业的实践向度。

从强国目标来看。中国特色社会主义既包含生态文明这一实践向度，也包含美丽中国的目标指向。习近平总书记指出："走向生态文明新时代，建设美丽中国，是实现中华民族伟大复兴的中国梦的重要内容。"中国梦的基本内涵是实现国家富强、民族振兴、人民幸福。其中的每一个方面都与美丽中国息息相关。从国家富强来看，建设美丽中国是坚持绿色富国、建设现代化经济体系、提高绿色GDP的必然要求。从民族振兴来看，建设生态文明是中华民族永续发展的根本大计，绿色发展是实现中华民族永续发展的必要条件。从人民幸福来看，建设美丽中国是落实绿色惠民理念、为人民创造良好生产生活环境的重要举措。[①]党的十九大首次将"建设美丽中国"作为全面建成社会主义现代化强国的奋斗目标之一。党的十九届六中全会明确提出，坚持人与自然和谐共生，协同推进人民富裕、国家富强、中国美丽。党的二十大对全面推进美丽中国建设又作出了全面系统部署。必须深刻理解和把握美丽中国既是社会主义现代化强国的目标指向，也是生态文明建设在强国维度的具象表达。

从现代化指向来看。中国式现代化是中国特色社会主义发展道路的具体化。一个国家走向现代化，既要遵循现代化一般规律，更要符合本国实际，具有本国特色。中国式现代化既有各国现代化的共同特征，更有基于自己国情的鲜明特色。我国人均能源资源禀赋严重不足，加快发展面临更多的能源资源和环境约束，这决定了我国不可能走西方现代化的老路。中国式现代化建设之所以伟大，就在于任务艰难，不能走老路，又要达到发达国家的水平，这就必须把生态文明建设放在突出位置，走人与自然和谐共生的现代化道路。习近平总书记强调："我们要建设的现代化是人与自然和谐共生的现代化，既要创造更多物质财富和精神财富以满足人民日益增长的美好生活需要，也要提供更多优质生态产品以满足人民日益增长的优美生态环境需要。"党的二十大指出，中国式现代化是人与自然和谐共生的现代化，促进人与自然和谐共生是中国式现代化的本质要求。这是生态文明在现代化维度的具体体现。

中国特色社会主义内涵极其丰富，全面完整准确理解和把握这一伟大事业需要我们从多维度、多视角、多层次进行分析思考，这也是理解中国特色社会主义生态文明事业的重要要求。生态文明、美丽中国、

[①] 邓清柯：《为什么要将"美丽"列为社会主义现代化强国的目标内容》，《湖南日报》2017年12月9日。

人与自然和谐共生的现代化是内在统一的，同时又是不同维度的表达。具体来看，生态文明是中国特色社会主义的内容，美丽中国、人与自然和谐共生的现代化是生态文明在强国目标和现代化目标的具体指向，生态文明侧重于领域维度，美丽中国侧重于目标维度，人与自然和谐共生的现代化侧重于路径维度。必须深刻领会生态文明、美丽中国、人与自然和谐共生现代化的重要意义，运用辩证统一的观点，全面完整准确理解它们之间的关系，不断推进中国特色社会主义生态文明事业取得新的成就。

二 生态省与生态文明、美丽中国、人与自然和谐共生的现代化

建设生态省是实施可持续发展战略的重要举措，是解决我国面临环境与发展问题的积极探索，是实现经济社会与环境保护协调发展的一种可以实际运作的载体。[①] 这一实践从内涵实质、逻辑机制、实践指向与生态文明、美丽中国、人与自然和谐共生的现代化具有内在的一致性、统一性，既是这些方面的先行探索，也是这些方面的重要实践载体。

生态省建设是可持续发展促进经济社会和环境协调发展的具体体现，是实现环境与发展双赢的载体，是在经济全球化形势下应对国际绿色贸易壁垒的有力措施。[②] 生态省的实质就是运用可持续发展的理论和生态学、生态经济学的原理，结合当地的人口资源环境特点，用循环经济的理念规划和建设区域经济，促进经济增长方式的转变，用新

---

① 解振华：《为了人与自然的和谐》，中国环境科学出版社2006年版，第1317页。
② 解振华：《为了人与自然的和谐》，中国环境科学出版社2006年版，第1187页。

的发展方式实现省域范围内社会经济的可持续发展。① 从逻辑起点来看，提出建设生态省，根本目的就是要通过这样一个载体把省域范围内的自然和人力资源整合在一起，围绕生态产业、生态环境、生态人居和生态文化建设，统筹规划，分步实施，在省域内实现可持续发展，并逐步走上"生产发展、生活富裕和生态良好的文明发展道路"。② 从逻辑终点来看，通过生态省建设，树立可持续发展、以人为本、人与自然和谐共生的理念，提升环境保护水平、提高经济增长质量、增强国际竞争力、改善生态环境、提高人民群众生活质量、防范环境风险、保障环境安全，开创有中国特色的生态文明发展道路。从逻辑路径来看，建设生态省，就是要摒弃以牺牲环境为代价的不可持续发展模式，改变先污染后治理、先破坏后恢复的被动局面，主动探索适合我国国情、经济社会与环境协调发展的道路和模式。从理论上来看，生态省建设本身就是领域、目标、路径"三位一体"的探索，与生态文明、美丽中国、人与自然和谐共生的现代化具有天然的内在一致性、统一性。

生态省建设与生态文明建设。生态省建设与生态文明建设在精神要旨上高度契合、战略指向上高度一致、实践要求上高度一贯。从精神要旨上，如何正确处理资源与发展的关系、环境与发展的关系、经济增长方式与发展和环境的关系，破解发展与保护关系的难题，是生态省建设的核心所在，其本质就是如何处理好人与自然关系，这也是生态文明建设的核心所在。从战略指向上，生态省建设着眼经济、社会和环境协调发展，强调树立国情观、资源观、效益观、政绩观、法治观、经济观，推动生态空间、生态经济、生态社会、生态文化、生

---

① 解振华:《为了人与自然的和谐》，中国环境科学出版社2006年版，第1317页。
② 解振华:《为了人与自然的和谐》，中国环境科学出版社2006年版，第1533页。

态制度和生态环境建设，这也是生态文明建设的重要内容和要求。从实践要求上，生态省建设要求大力发展循环经济，不断创新体制机制，从系统工程角度长期推进，强化政策和制度保障，促进科技创新和提高全社会的环保意识，重点就是推动经济社会绿色转型、促进环境公平正义和满足人民群众生态环境需求，这与生态文明建设具有内在一致性。

生态省建设与美丽中国、人与自然和谐共生的现代化。新时代中国特色社会主义生态文明建设的理论与实践不是一天形成的，既需要理论支撑，也需要坚实的实践支撑。可以说，生态省建设既是省域可持续发展的先行探索，也是我国生态文明建设的先行探索。但与此同时，任何理论与实践都有其历史局限性和时代局限性，需要在实践中不断丰富和发展，实现螺旋式上升，生态省建设亦是如此。随着我们对生态文明建设的规律性认识的提升，党中央站在中华民族永续发展、坚持和发展中国特色社会主义的战略高度，大力推动生态文明理论创新、制度创新、实践创新，生态文明建设成为"五位一体"总体布局的其中一位、坚持人与自然和谐共生成为新时代坚持和发展中国特色社会主义基本方略其中之一、绿色发展成为新发展理念其中一项、污染防治成为攻坚战其中一战、美丽成为全面建成社会主义现代化强国目标其中一个。党的二十大又提出加快推进人与自然和谐共生的现代化，不断丰富生态文明建设的理论与实践，为生态省建设提供了理论遵循和行动指南。无论是生态文明还是美丽中国、人与自然和谐共生的现代化建设，都需要从地方到全国的实践支撑，需要一个个精彩的县、市、省域篇章作为细胞支撑。生态省建设作为生态文明领域的省域实践探索，为建设美丽中国、推进人与自然和谐共生的现代化提供了广阔的实践空间，也在理论与实践互动中不断深化、不断丰富、不断发展，实现了与时俱进和生命力的延续。

三 推动浙江建设生态省是体现大局意识和政治素养的战略行动

我们党历来重视生态环境保护工作，新中国成立以来，党的历代中央领导集体围绕正确处理人与自然关系、推动生态环境保护工作开展一系列的理论思考和实践探索。到 21 世纪之初，改革开放经过了 20 多年，我国经济社会得到了前所未有的发展，人民生活水平有了很大的提高，综合国力大大增强。但与此同时，由于增长方式、管理方式、法制体制等方面的原因，同样在短短 20 多年的时间，我们的环境问题集中表现出来。如何在 21 世纪之初，在继续坚持和发展中国特色社会主义建设中，处理好人与自然关系的问题，成为摆在党和国家面前的重大课题。党的十六大提出了全面建设小康社会的宏伟目标，其中一个具体目标就是"可持续发展能力不断增强，生态环境得到改善，资源利用效率显著提高，促进人与自然的和谐，推动整个社会走上生产发展、生活富裕、生态良好的文明发展道路"；全面建设小康社会的一个重大举措，就是"大力实施科教兴国战略和可持续发展战略"，"走出一条科技含量高、经济效益好、资源消耗低、环境污染少、人力资源优势得到充分发挥的新型工业化路子"。

21 世纪初，党中央对浙江工作提出了"努力在全面建设小康社会、加快推进社会主义现代化的进程中继续走在前列"的要求，并明确提出浙江要在落实科学发展观、构建和谐社会和加强党的先进性建设等方面走在前列。浙江建设生态省，正是落实这一系列要求的具体行动。时任省委书记的习近平同志以高度的政治责任感，在深刻把握生态环境保护工作在党和国家大局中战略地位、深刻把握浙江在社会主义事业中的位置、深刻把握生态文明建设的历史趋势的基础上，把浙江工作放在大局中思考、定位、部署，坚决贯彻党中央决策部署，主动担当、主动作为。习近平同志提出并推动生态省建设，以浙江实践探索为中国特色社会主义进行探路，展现了其过硬的政治判断力、政治领悟力、政治执行力，极高的政治站位、"坚定不移跟党走"的政治定力及对党忠诚的政治品格，为我们树立了永葆政治本色、强化政治担当的光辉典范。

第二章
浙江建设什么样的生态省

> 我们一定要以对人民群众、对子孙后代高度负责的态度和责任，加大力度，攻坚克难，全面推进，努力建设美丽中国，努力走向社会主义生态文明新时代。[①]

方向决定道路，道路决定命运。习近平同志在长期实践和思考的基础上，深刻认识到建设生态文明的重大意义，率先开启了省域生态文明建设的实践探索。2003年7月在浙江省委十一届四次全会上，习近平同志作出"八八战略"重大决策部署，提出"进一步发挥八个方面的优势、推进八个方面的举措"，其中之一就是"进一步发挥浙江生态优势，创建生态省，打造'绿色浙江'"，引领浙江开启了伟大变革之路，全面启动了波澜壮阔、影响深远的生态省建设。在推进浙江生态省建设过程中，习近平同志着眼长远、统筹全局，对浙江正确处理人与自然关系、发展与保护关系、环境与民生关系等进行了系统谋划和战略部署，为美丽浙江建设提供了宏伟蓝图和科学指引。随后，

---

① 习近平：《论坚持人与自然和谐共生》，中央文献出版社2022年版，第35页。

在"浙"里看见美丽中国
——浙江生态省建设20年实践探索

浙江历届省委省政府在守正中不断创新,坚持一任接着一任干、一锤接着一锤敲,坚持一张蓝图绘到底,坚持顶层设计和具体实践相结合,不断迭代升级战略部署,持续深化生态省建设的理念、思路、方法、目标、任务、措施,使这一蓝图逐步变成现实。

第一节 "八八战略"的绿色引擎

"八八战略"是习近平同志在浙江工作期间作出的重大决策部署,是为浙江量身打造、指路引航的总纲领总遵循总方略,指引浙江率先开启了省域现代化先行探索。作为"八八战略"的其中之一,生态省建设与其他战略构成一个整体,推动浙江实现由资源小省向经济大省、由外贸大省向开放强省、由环境整治向美丽浙江、由总体小康到高水平全面小康的历史性跃升。

一 "八八战略"是生态省建设的时空场域

"八八战略"是全面系统开放的理论体系,打开了浙江高质量发展之门,开辟了中国特色社会主义在浙江实践的新境界,成为习近平新时代中国特色社会主义思想在浙江萌发与实践的集中体现。具体来讲:

"八八战略"是引领浙江高质量发展的"金钥匙"。"八八战略"开出的是从长远和根本上破解浙江高质量发展难题的良方,率先开启了浙江迈向高质量发展的征程,全方位提升了浙江的发展阶段、发展层面和发展水平。浙江每到改革发展的重大关口,只要用好"八八战略"这个制胜法宝,就能打开发展思路、找到突围出路、拓宽前进道路。

对于浙江来说，不管形势怎么变、任务怎么变，都必须坚定不移沿着习近平总书记指引的道路奋勇前进。

"八八战略"的重要内容

一是进一步发挥浙江的体制机制优势，大力推动以公有制为主体的多种所有制经济共同发展，不断完善社会主义市场经济体制；

二是进一步发挥浙江的区位优势，主动接轨上海、积极参与长江三角洲地区合作与交流，不断提高对内对外开放水平；

三是进一步发挥浙江的块状特色产业优势，加快先进制造业基地建设，走新型工业化道路；

四是进一步发挥浙江的城乡协调发展优势，加快推进城乡一体化；

五是进一步发挥浙江的生态优势，创建生态省，打造"绿色浙江"；

六是进一步发挥浙江的山海资源优势，大力发展海洋经济，推动欠发达地区跨越式发展，努力使海洋经济和欠发达地区的发展成为浙江经济新的增长点；

七是进一步发挥浙江的环境优势，积极推进以"五大百亿"工程为主要内容的重点建设，切实加强法治建设、信用建设和机关效能建设；

八是进一步发挥浙江的人文优势，积极推进科教兴省、人才强省，加快建设文化大省。

"八八战略"是推进中国式现代化省域先行的"总纲领"。"八八战略"就新形势下经济社会发展和社会主义现代化建设的重大命题进行富有战略性、前瞻性的探索,深刻回答了怎样在省域层面坚持和发展中国特色社会主义、怎样建设社会主义现代化先行省、怎样增强党的执政本领等时代课题,为浙江谋划了推进现代化建设的清晰路径,是管长远、管全局、管根本的。

"八八战略"是推进实践基础上理论创新的"大宝库"。"八八战略"与习近平新时代中国特色社会主义思想在精神要旨上高度契合、战略指向上高度一致、实践要求上高度一贯。一方面,"八八战略"为习近平新时代中国特色社会主义思想的萌发提供了重要思想基础、理论基础、实践基础。另一方面,习近平新时代中国特色社会主义思想在浙江的生动实践丰富和发展了"八八战略"。

二 生态省建设是"八八战略"的绿色引擎

"八八战略"是一个系统完整、逻辑严密、博大精深的思想体系。第十一届浙江省委以"八八战略"为总纲,总体性谋划浙江发展大局,步步为营、善作善成,一年部署一个新主题,先后作出了"平安浙江""法治浙江""文化大省""生态省建设"和加强党的执政能力建设等重大决策部署,提出了"干在实处、走在前列"的总要求,逐步形成了以党的建设为统领,经济、政治、文化、社会、生态文明"五位一体"的区域现代化建设总纲。作为"八八战略"中生态环境领域的总纲,生态省建设明确了加强生态环境保护、打造绿色浙江的战略定位、蓝图目标、方针策略、战略布局、任务部署等一系列要求,提供了浙江生态文明建设的根本遵循。

自此，历届浙江省委坚持一张蓝图绘到底，从思想和行动上把"干在实处、走在前列"的要求一贯到底，从理论和实践上不断丰富和发展"八八战略"这篇大文章及生态省建设这一重要篇章，推进中国特色社会主义在浙江的生动实践。第十二届浙江省委认真贯彻党的十七大精神，在深入实施"八八战略"的基础上，作出了实施"两创"（创业富民、创新强省）的决策部署，深化和拓展"八八战略"内涵。第十三届浙江省委围绕"八八战略"这个总纲，分别就加强自身建设、干好"一三五"、实现"四翻番"、实施创新驱动发展战略、全面深化改革、全面深化法治浙江建设等作出重大部署，制定了努力建设"两富"（物质富裕、精神富有）、"两美"（建设美丽浙江、创造美好生活）的现代化浙江新目标，续写"八八战略"的新篇章。第十四届浙江省委忠实践行"八八战略"，在高质量发展中奋力推进中国特色社会主义共同富裕先行和省域现代化先行，努力成为新时代全面展示中国特色社会主义制度优越性的重要窗口。第十五届浙江省委深刻认识创新深化、改革攻坚、开放提升是深入实施"八八战略"的关键之举，部署实施创新、改革、开放三大领域三个"一号工程"，奋力谱写中国式现代化浙江篇章。

建设生态省，是发展模式、思维方式、价值理念的转变，涉及经济社会发展各个方面，是一项宏大的系统工程。在"八八战略"中，生态省建设既是生态文明建设、绿色发展的总纲，也是其他战略绿色化的统领，同时需要其他战略的基础支撑。生态省建设不局限于生态建设，而是由不同子系统构成的系统工程，其中生态环境保护是前提、生态经济发展是主线、生态文化建设是引领。

经济建设方面，推进生态省建设，既是经济增长方式的转变，更是思想观念的一场深刻变革。生态省建设强调转变发展观念、发展方式，推动资源节约，大力发展循环经济、生态经济，紧密结合经济结构调整优化，推进和谐发展。法治建设方面，建设生态省，需要法制的规范、引导和保障；推动生态省建设走上法治化轨道，保证生态省建设的权威性、严肃性和连续性；要强化环境保护和生态建设执法监督管理，加大执法力度。社会建设方面，在建设"平安浙江"、构建和谐社会的进程中，必须把可持续发展的战略、绿色GDP的理念、保护生态的道德观念作为重要内容加以宣传和实施。在文化建设方面，加强生态文化建设，在全社会确立起追求人与自然和谐相处的生态价值观，是生态省建设得以顺利推进的重要前提。强调建设生态省，必须紧紧依靠人民群众，充分调动广大群众的积极性和创造性。

第二节 "美丽浙江"的宏伟蓝图

生态省建设是习近平同志亲自谋划、亲自部署、亲自推动的一项长期战略行动，2003年，习近平同志在全省生态省建设动员大会上指出，建设生态省是立足浙江省情，把握规律，紧紧抓住本世纪头20年的重要战略机遇期，坚持走新型工业化道路，实施可持续发展战略的重大举措，是加快全面建设小康社会，提前基本实现现代化的重要内容。[①]为浙江全面推进生态文明建设、建设人与自然和谐共生的美丽浙江标定了方位、指明了方向、提供了道路。

[①] 习近平：《全面启动生态省建设　努力打造"绿色浙江"——在浙江生态省建设动员大会上的讲话》，《环境污染与防治》2003年第4期。

一　生态省建设的总体目标与战略步骤

2003年8月，在习近平同志亲自部署和推动下，浙江发布了《浙江生态省建设规划纲要》，明确提出了浙江生态省的总体目标：充分发挥区域经济特色和生态环境优势，在发展中加强生态环境建设，经过20年左右的努力，基本实现人口规模、素质与生产力发展要求相适应，经济社会发展与资源、环境承载力相适应，把浙江建设成为具有比较发达的生态经济、优美的生态环境、和谐的生态家园、繁荣的生态文化，可持续发展能力较强的省份。[①]

围绕上述目标，生态省建设的战略步骤确立为"三步走"，启动阶段（2003—2005年）、推进阶段（2006—2010年）、提高阶段（2011—2020年），由此描绘了浙江生态省建设的时间表和路线图。

启动阶段（2003—2005年）。习近平同志主政浙江期间，生态省建设的启动阶段在他的领导下完成了任务。全面启动生态省建设，启动阶段有两年时间，因为生态省建设首先从环境治理起步，所以启动阶段就要把浙江污染的严重性、环境整治的重点地区、污染源调研清楚，搞清楚污染源在哪里、是什么、需要采取哪些措施。努力转变经济增长方式，调整优化经济结构，经济增长质量进一步提高，生态效益型产业成为经济新增长点；有计划地推进环境保护和生态建设重点工程，有效遏制局部地区存在的生态环境恶化趋势，改善生态环境质量；进一步抓好生态示范区和可持续发展实验区，生态市、县创建活动全面展开。经济增长方式进一步转变，经济结构不断优化。生态建设和环

[①] 《关于印发〈浙江生态省建设规划纲要〉的通知》，《浙江省人民政府公报》2003年第30期。

境保护力度加大，生态环境质量进一步改善。人居环境逐步改善，科技教育加快发展。建设生态城镇，创建绿色社区和"千村示范、万村整治"工程取得阶段性成果。

推进阶段（2006—2010年）。从2006年开始，浙江省全面进入推进阶段。推进新型工业化和调整优化经济结构进一步取得成效，生态经济形成一定规模；工业企业基本实现清洁生产，规模以上企业60%完成ISO 14001环境管理体系认证；建成一批环境保护和生态建设重点工程，扭转局部地区存在的生态环境恶化趋势；城市污水处理率、生活垃圾处理率和建成区绿地率分别达到60%、95%和32%；"千村示范、万村整治"工程全面完成，以城带乡、以工促农、城乡互促共进的发展格局基本形成；全省生态环境质量总体水平保持全国领先地位。社会福利和公益设施基本完善，人民生活水平明显提高；生态安全保障体系基本形成，可持续发展能力进一步提高。到2007年年底，30%左右的县（市、区）初步达到生态县（市、区）建设要求；到2010年年底，40%的设区市基本达到生态市建设要求，全省人均GDP达到2.5万元，第三产业占GDP比重达到50%，城市化水平达到60%。经过启动阶段、推进阶段的努力，到2010年年底，浙江省主要污染物排放总量持续下降，产业结构持续优化，环境污染和生态破坏的趋势得到有效控制，环境质量稳中趋好，全社会环境意识持续提高，生态省建设各项工作全面推进，顺利完成了《浙江生态省建设规划纲要》提出的推进阶段目标任务。

提高阶段（2011—2020年）。此阶段目标为生态省建设达到全国先进水平。这个阶段与"十二五"时期发展相衔接，经过任务目标的全面部署提高，到"十三五"规划收官年、"十四五"谋划关键年，生态省建设的主要任务和目标基本实现，80%以上的设区市达到生态市建设要求。初步形成符合可持续发展要求的经济结构、生态环境系统和社会管理体系，基本实现从"高消耗、高污染、低效益"向"低消耗、低污染、高效益"的转变；年人均GDP达到5万元，实现翻两番目标，第三产业占GDP比重达到60%，城市化水平达到65%，全面达到原国家环境保护总局制定的生态省建设指标；经济发展、生活质量和环境质量保持全国领先水平，全省提前基本实现现代化。

三 生态省建设的"五大体系"

生态省建设是由生态环境保护、生态经济发展、生态文化建设等子系统构成的综合性极强的系统工程[1]。浙江充分发挥既有生态优势，明确以循环经济为核心的生态经济体系、可持续利用的自然资源保障体系、山川秀美的生态环境体系、人与自然和谐的人口生态体系、科学高效的能力支持保障体系五大体系为主要建设内容[2]，全方位、系统性地深入实施生态省战略。

建设以循环经济为核心的生态经济体系。加快新型工业化进程，调整优化经济结构，培育发展循环经济，积极发展生态农业、生态工业、现代服务业，大力倡导绿色消费，推动发展模式从先污染后治理型向生态亲和型转变，增长方式从高消耗、高污染型向资源节约和生态环保型转变，使生态产业在国民经济中逐步占据主导地位，形成具有浙江特色的生态经济格局。

---

[1] 浙江省中国特色社会主义理论体系研究中心：《从生态省建设到美丽中国建设》，《浙江日报》2018年7月26日。

[2] 《关于印发〈浙江生态省建设规划纲要〉的通知》，《浙江省人民政府公报》2003年第30期。

建设可持续利用的自然资源保障体系。加强自然资源的合理开发利用和保护,提高资源利用效率和综合利用水平,增强经济社会可持续发展的资源保障能力。以加强法规建设,完善资源管理体制;合理开发利用资源,满足可持续发展需要;保护自然资源,提高生态环境质量;扩大对外开放,充分利用国内国际资源为支撑。

建设山川秀美的生态环境体系。坚持环境保护和生态建设并重的方针,突出抓好重点流域、重点区域和重点领域的污染防治工作,使环境质量满足功能区要求,生物多样性得到充分保护,抗灾减灾能力明显增强,经济社会发展的环境支撑能力不断提高。

建设人与自然和谐的人口生态体系。认真贯彻实施可持续发展战略和计划生育基本国策,把解决人口问题、改善人居环境与发展生态经济、保护生态环境结合起来,逐步实现人口规模适度、结构优化、分布合理,与资源、环境承载力相适应,促进人与自然和谐共生。

建设科学、高效的能力支持保障体系。树立生态文化理念,加快生态省建设的体制、机制和管理创新,加强生态省建设的科技教育支撑,发挥生态示范区和可持续发展实验区的示范作用,完善生态环境安全的预测预警系统,建立生态省建设的科学决策和评估机制。

在时任浙江省委书记习近平同志的亲自谋划、亲自部署、亲自推动下,浙江以生态省建设为主突破口,以五大体系建设为主要内容,对如何发展生态经济、如何改善生态环境、如何弘扬生态文化等问题进行深刻思考,着眼长远,立足当前,以更大决心,采取更有力措施,扎实工作,稳步推进,坚持不懈地把生态省建设各项工作落到实处,掀起了一场全方位、系统性的绿色变革。

三 生态省建设的"十大工程"

从2003年至2020年,浙江围绕生态经济、生态环境、生态文化、生态人居和生态支撑体系等重点建设领域和主要任务,以"十大工程"为推进生态省建设的主要措施,加大财政投入,拓宽融资渠道,通过启动一批重大生态建设项目,促进解决一批重大生态环境问题,并以此带动生态省建设任务的全面落实,掀开浙江生态省建设的大幕。

在《浙江生态省建设规划纲要》中,根据生态省建设的总体目标、主要任务和建设步骤,提出计划在生态工业与清洁生产、生态农业建设、生态林建设、万里清水河道建设、生态环境治理、生态城镇建设、农村环境综合整治、碧海生态建设、下山脱贫与帮扶致富、科教支持与管理决策十大重点领域,集中力量组织实施一批重点建设项目,打造一批以"千村示范、万村整治"为代表的基础性、标志性工程。同时,通过组织领导、政策法规、体制创新、市场运作、社会参与、对外开放六大措施为生态省建设提供保障。

生态工业与清洁生产。按照循环经济的理念,大力推进清洁生产和工业园区的生态化改造,建设符合新型工业化要求的生态工业体系。培育一批企业内资源循环利用和企业间资源循环利用的生态工业园区,开展产业与产业、生产与消费之间资源循环利用的循环经济实验区。同时,对全省镇以上各类工业园区进行整合,并对园区的主要污染物实施集中处理和资源化利用。全面实施ISO 14001环境管理体系认证,对500多家重点骨干企业进行清洁生产技术改造,对全省重点工业企业污染物实施总量控制,对全省危险废物实行无害化处置,加快"西气东输"浙江段配套工程和东海春晓天然气利用工程的建设,对现有燃煤电厂实施脱硫及烟尘控制。加快发展环保产业，实施资源综合利用和再生资源回收示范项目。

生态农业建设。按照农业农村现代化建设的要求，推广生态农业模式，建设千余个农牧结合的绿色生态畜牧养殖小区，其中省级250个。推广秸秆还田、新型有机肥、优质高效新肥料和平衡施肥等十大绿色农业技术，实施"沃土工程"，合理使用化肥、农药，提高农业废弃物的综合利用率。建设一批绿色、有机食品基地，尽快解决"餐桌污染"问题，加快生态农业示范县、区的建设。

生态林建设。大力推进以生态公益林、生态保护林、生态经济林为主要内容的生态林建设，促进城镇、平原绿化以及全省八大水系流域生态环境建设。重点实施万里绿色通道、高标准平原绿化、退耕还林、沿海防护林、长江中下游防护林、生物多样性保护、森林公园建设等项目。

万里清水河道建设。对全省6万千米河道中主要骨干河道及镇乡村所在地的1万千米河道进行疏浚、拓宽、护岸、筑堰（坝）、清障、水土保持等综合治理，全省主要河道实现"水清、流畅、岸绿、景美"。在此基础上，进一步加大综合整治力度，使浙江省水环境质量达到生态省建设的要求。

生态环境治理。搞好以小流域治理为主要内容的钱塘江、瓯江及其他流域中上游水土保持，建设一批生态功能保护区、生物多样性保护区和自然保护区，兴建水资源的重大工程及其他水源工程，提高供水能力，做好地质灾害防治工作，治理城市周边、风景名胜区、文物保护单位和交通干线两侧的环境，搞好露天开采矿山的边坡整治和复垦、复绿及景观修复。

生态城镇建设。围绕建设人与自然和谐的生态人居，进一步完善城镇基础设施，加快生态城镇建设，提高城镇污水处理率、城镇生活垃圾处理率、城市绿地率和城市绿化覆盖率，保护历史文化名城和重要的历史街区。

农村环境综合整治。实施"千村示范、万村整治"工程，实现"路硬、水清、村美、户富"和"农田园区化、生产清洁化、管理社会化"的要求。加强村级生态墓区建设，对沿公路、铁路、航运河道和耕地区、开发区、住宅区、保护区、风景区的已建坟墓进行搬迁和清理，治理"青山白化"。加大农业面源污染治理力度，加大畜禽养殖污染集中处理，加快太湖流域重点污染控制区建设。开展农村清洁能源和再生能源的推广应用。建设"千万农民饮用水工程"，兴建水源及供水设施，改善千万农民饮水条件，解决百万人口饮水困难。

碧海生态建设。以恢复和改善近岸海域水质和生态环境为主，以调整产业结构和生产方式、转变经济增长方式为基本途径，以控制入海污染物和海洋环境综合治理与生态修复为重点，加大海岸带入海排污口整治；对杭州湾、象山港、三门湾和乐清湾实施海湾生态修复计划；加强海洋生物资源保护与恢复，建立主要产卵场、种质资源保护区、增殖放流区，设置生态型人工鱼礁；建立重大海洋污染应急处理系统。

下山脱贫与帮扶致富。以欠发达地区和海岛为主，以帮助兴办生态工业、特色绿色农业、城市建设、发展商贸和科技扶持为重点，结合下山脱贫、地质灾害防治、生态移民，实施"欠发达乡镇奔小康工程"，进一步搞好"山海协作工程"，加快欠发达地区人口转移和特色产业发展。

科教支持与管理决策。加强生态省的能力建设，充分发挥科技与管理对生态省建设的支撑作用。重点实施一批重大科技攻关及示范项目，建设和完善生态环境监测预警系统、管理信息系统和灾害预警系统，建立和完善"绿色浙江"资源环境数据库,加强可持续发展实验区建设,提高可持续发展决策与管理能力。

四 与时俱进深化战略部署

一切伟大成就都是接续奋斗的结果,一切伟大事业都需要在继往开来中推进。这不仅需要干劲,更需要韧劲;需要动力,更需要定力。正如习近平总书记反复强调的,坚持一张蓝图绘到底,对已有的部署和规划,只要是科学的、切合新的实践要求的、符合人民群众愿望的,就要坚持,一茬接着一茬干[①]。科学奋进目标已确立,重要的是发扬钉钉子精神,锲而不舍地干下去。

20年来,浙江坚持一张蓝图绘到底,一任接着一任干,坚定不移深入实施"八八战略",推动之江大地发生了系统性、整体性的精彩蝶变,实现了由资源小省向经济大省、由外贸大省向开放强省、由环境整治向美丽浙江、由总体小康到高水平全面小康的历史性跃升,"五位一体"和党的建设各领域全方位提升。

浙江的山更绿、水更清、天更蓝、地更净,城乡秀美、处处如画、步步见景,浙江人民的生活越来越美好,浙江发展的道路越走越宽广,习近平总书记为浙江倾情擘画的宏伟蓝图一步一步变为现实图景。

生态省建设战略不断迭代升级。多年来,在"八八战略"的指引下,浙江省委省政府秉持"一张蓝图绘到底""一任接着一任干""功成不必在我"的精神,推进生态文明建设坚持不懈、循序渐进、持续深化,不断基于时代和人民的需求变化及时调整深化战略部署,奋力

---

① 习近平:《在学习贯彻习近平新时代中国特色社会主义思想主题教育工作会议上的讲话》,《求是》2023年第9期。

打造生态文明建设"重要窗口",从"绿色浙江"到生态省建设,再到"生态浙江""美丽浙江""诗画浙江",一以贯之,层层递进。

一系列决策部署的递进和深化,确保浙江率先解决发展中遇到的资源环境瓶颈制约问题,保持全省生态环境保护工作走在前列。2007年,浙江省第十二次党代会提出努力实现经济更加发展、政治更加文明、文化更加繁荣、社会更加和谐、环境更加优美、生活更加宽裕的"六个更加"目标,将"环境更加优美"列为目标之一;2008年,省委十二届四次全会提出要站在建设生态文明的高度,把加强生态建设和环境保护、优化人居环境作为全面改善民生的重要内容;2010年,省委作出《关于推进生态文明建设的决定》,省人大通过决议,将每年6月30日设立为浙江生态日;2012年,省第十三次党代会将"坚持生态立省方略,加快建设生态浙江"作为建设物质富裕精神富有现代化浙江的重要任务,作出打造"富饶秀美、和谐安康"的"生态浙江"部署;2014年,省委十三届五次全会作出"建设美丽浙江、创造美好生活"决策部署,提出要建设"富饶秀美、和谐安康、人文昌盛、宜业宜居"的美丽浙江;2017年,省第十四次党代会提出坚定不移沿着"八八战略"指引的路子走下去,深入践行绿水青山就是金山银山理念,统筹推进美丽浙江等"六个浙江"建设,在提升生态环境质量上更进一步、更快一步。2020年8月,在绿水青山就是金山银山理念提出15周年之际,发布《深化生态文明示范创建 高水平建设新时代美丽浙江规划纲要(2020—2035年)》,生态环境部与浙江省签订全国首个部省共建生态文明建设先行示范省战略合作协议。

生态省建设策略不断丰富发展。浙江不仅在建设策略上秉承并不断深化"八八战略"思想,持续深入推进生态文明建设,同时不断细化生态文明建设具体举措,形成一系列行之有效的生态文明建设方案,取得显著成效。浙江持续推动完善顶层设计，不断深化"811"环境保护行动，大力推进"五水共治""三改一拆""四边三化"，统筹山水林田湖系统治理，持续深化"千村示范、万村整治"工程、建设美丽乡村、小城镇环境综合整治、"大花园"建设行动，积极开展美丽中国示范区建设、全面启动部省共建生态文明先行示范省，率先通过国家生态省建设试点验收。人居环境治理久久为功，浙江省已经探索出一条富有浙江特色的绿色发展之路，向天更蓝、山更绿、地更净、水更清、环境更优美的目标迈进。

浙江省委省政府按照习近平总书记指明的战略方向继续前行。在"秉持浙江精神，干在实处、走在前列、勇立潮头"的要求下，在建设美丽浙江的愿景指引下，省委省政府以扎实的战略部署和战术行动有序推进美丽浙江建设，奋力谱写习近平生态文明思想在浙江生动实践的新篇章。启动实施生态文明示范创建行动计划、深化"最多跑一次"推动重点领域改革、加快培育发展新动能行动计划、传统产业改造提升计划、大湾区大花园大通道大都市区四大建设行动、乡村振兴战略行动、传承发展浙江优秀传统文化行动计划等富民强省十大行动计划，推动高水平全面建设小康社会，高水平推进社会主义现代化建设。

生态省建设工作不断抓实抓细。一分战略，九分落实。浙江历届省委省政府以"八八战略"为统领，一张蓝图绘到底，接续谋划加强生态省建设。2003年以来，从打造"绿色浙江"、启动"千万工程"，到部署加快建设生态浙江、实施"五水共治"，再到建设美丽浙江、"生态文明先行示范省"，从全国第一个生态省，到共同富裕示范区、生态文明试验区，浙江用绿色高质量发展持续推动，在建设人与自然和谐共生的现代化新征程上探路先行。

浙江历届省委省政府始终坚持将生态省建设工作不断抓实抓细，不断提升实践要求，加大实践力度，强化实践成果，全省生态环境质量保持高位稳定，助力经济稳进提质彰显"硬核"担当，党风廉政和队伍建设取得显著成效，生态环境保护工作在理念、实践、制度、全国影响、国际传播上实现了一系列新变革新跨越。2019年6月，浙江生态省建设试点通过生态环境部验收，建成全国首个生态省。浙江以此为起点，率先步入生态文明建设的快车道。持续深入打好污染防治攻坚战，全面实施《浙江省生态文明示范创建行动计划》，从治污水先行迭代升级到治水治气治土治废协同推进，深化污染防治攻坚的载体和抓手，环境治理力度和改善幅度走在全国前列。率先在全国开展全域"无废城市"建设，发布全国首个"无废指数"。2021年全省设区市$PM_{2.5}$平均浓度首次迈入世界卫生组织过渡时期第二阶段标准。创新推进生态修复和生物多样性保护，率先实施珍稀濒危野生动植物抢救、极小种群野生植物拯救保护工程，推进重点区域生物多样性调查评估，首批在全国划定生态保护红线，"三线一单"在省、市、县三级全面落地。一体化推进全域美丽建设和城乡风貌提升，农村人居环境整治评测全国第一。2022年，率先一体化推进生态环境数字化改革，构建"1+5+N"改革架构，成为全国唯一的生态环境"大脑"建设试点省。率先发布省域美丽建设中长期规划纲要，出台全国首个河长制地方性法规。发布全国首部省级GEP核算技术规范，率先在全省域范围和跨省流域实施生态补偿。首创环境准入制度集成改革，省级以上工业园区和特色小镇"区域环评+环境标准"改革实现全覆盖。同时，坚持立足浙江、胸怀全国、走向世界，加强国际交流合作，努力宣传阐释习近平生态文明思想，"千村示范、万村整治"工程"蓝色循环"获得联合国"地球卫士奖"。成功举办世界环境日全球主场活动。承办中国环境与发展国际合作委员会年会，浙江省政府与联合国环境署签署合作备忘录。在联合国《生物多样性公约》第十五次缔约方大会上作主旨发言,在亚太地区环境部长级论坛上介绍浙江环境综合整治的实践经验。

20年来,浙江以强烈的担当、鲜活的理念和生动的案例,充分展现生态文明建设成就,展示习近平生态文明思想的实践成果,这都与浙江省历届省委省政府的战略部署息息相关,充分体现工作目标的一以贯之,工作内涵的不断深化,工作任务的不断拓宽,工作机制的不断迭代。

浙江生态省建设的战略演进

20年来,浙江坚定不移沿着习近平总书记指引的路子走下去,一以贯之,久久为功,切实将生态文明建设融入经济建设、政治建设、文化建设、社会建设的各方面全过程,在发展中保护、在保护中发展,推动生态文明建设不断迈入新境界。

2007年,浙江省第十二次党代会提出努力实现经济更加发展、政治更加文明、文化更加繁荣、社会更加和谐、环境更加优美、生活更加富裕的"六个更加"目标。

2010年,浙江省委十二届七次全会在全国率先作出推进生态文明建设的决定,提出打造"富饶秀美、和谐安康"的生态浙江。

2012年,浙江省第十三次党代会进一步提出"坚持生态立省方略,加快建设生态浙江"部署。

2014年,浙江省委十三届五次全会审议通过《中共浙江省委关于建设美丽浙江创造美好生活的决定》。

2017年，浙江省第十四次党代会提出"在提升生态环境质量上更进一步、更快一步，努力建设美丽浙江"的目标。

2020年，浙江发布《深化生态文明示范创建 高水平建设新时代美丽浙江规划纲要（2020—2035年）》。

2022年，浙江省第十五次党代会提出"高水平推进人与自然和谐共生的现代化，打造生态文明高地"的目标。

2023年，浙江省十四届人大常委会第四次会议表决通过《浙江省人民代表大会常务委员会关于坚定不移深入实施"八八战略" 高水平推进生态文明建设先行示范的决定》。

第三节　伟大思想的萌发与实践

理论是行动的先导，思想是前进的旗帜。一个民族要走在时代前列，就一刻不能没有理论思维，一刻不能没有思想指引。习近平总书记在2023年7月召开的全国生态环境保护大会上指出，党的十八大以来，我们不断深化对生态文明建设规律的认识，形成新时代中国特色社会主义生态文明思想，实现由实践探索到科学理论指导的重大转变。[1]浙江是习近平生态文明思想的重要萌发地和率先实践地。在推进浙江生态省建设工作中，习近平同志结合过去工作经验和理论思考，并根据世情、国情、省情进行新的思考和新的实践，通过调研、研讨、

---

[1] 《习近平在全国生态环境保护大会上强调　全面推进美丽中国建设　加快推进人与自然和谐共生的现代化》，《人民日报》2023年7月19日。

部署、发表文章等，对生态文明建设进行了更深入系统的理论思考，进行了一系列具有前瞻性的理论创新、实践创新、制度创新，进一步深化关于生态文明建设的规律性认识。在《之江新语》230余篇文章中，直接与生态文明建设相关的内容约占1/10，体现了他对生态文明建设的深邃思考是一以贯之的，这些理论成果也成为习近平生态文明思想的重要来源和基础，为系统形成习近平生态文明思想提供了坚实基础，也率先开启了由实践探索到科学理论指导重大转变的省域篇章，为浙江生态省建设提供了理论遵循和行动指南。

一 创造性提出"生态兴则文明兴"的规律认识

人与自然关系是人类社会最基本的关系。一部人类文明史，就是一部人与自然关系的演进史。生态问题，考验的是历史眼光、系统思维以及战略定力。习近平同志以深邃的历史思维提出："生态兴则文明兴，生态衰则文明衰。"精辟指出"生态即产业，生态即经济，生态即资源"，深刻指出"环境保护和生态建设，早抓事半功倍，晚抓事倍功半，越晚越被动。那种只顾眼前、不顾长远的发展，那种要钱不要命的发展，那种先污染后治理、先破坏后恢复的发展，再也不能继续下去了"。深刻把握人类文明发展规律：人类社会在生产力落后、物质生活贫困的时期，由于对生态系统没有大的破坏，人类社会延续了几千年；而从工业文明开始到现在仅300多年，人类社会巨大的生产力创造了少数发达国家的西方式现代化，但已威胁到人类的生存和地球生物的延续。深刻指出，建设生态省有利于为子孙后代留下良好的生存和发展空间，保证一代接一代地永续发展；发展不能断送了子孙的后路；使大家做到像保护自己的眼睛一样，保护我们的生存环境，决不把遗憾留给历史，决不把遗憾留给子孙后代。

这些论述深刻揭示了生态与文明的关系，阐明了生态文明建设在人类社会发展中的重要地位。这些思考与部署，为浙江从大历史观视角深刻理解和把握生态文明建设提供了科学指引和原则指导，开启了浙江从更高站位、更宽视野、更大力度推进生态文明建设的壮丽征程。这些重要思考和认识，是习近平同志对生态文明建设从理论思考到规律性认识的重要标志，为习近平生态文明思想的历史形成与发展提供了重要基础。党的十八大以来，习近平总书记在国内外多个场合强调"生态兴则文明兴"理念，指出生态文明是人类文明发展的历史趋势，强调历史的教训绝不能重犯，在国际社会上发出倡议："生态兴则文明兴"。我们要站在对人民、人类文明负责的高度，尊重自然、顺应自然、保护自然。

三 揭示人与自然和谐共生的关系

习近平同志在浙江工作期间，基于过去地方工作期间对环境保护工作的实践与思考，深刻阐释与定位人与自然关系。他站在人类文明史的高度，深刻洞察人与自然之间的关系，深刻指出"建设资源节约型社会是一场关系到人与自然和谐相处的'社会革命'。人类追求发展的需求和地球资源的有限供给是一对永恒的矛盾"，强调要"深刻认识自然是人类生存的空间，是人类创造生活的舞台。自觉地关爱自然、保护自然，正确处理'金山银山'与'绿水青山'的关系，构建人与自然和谐相处的生态文明"，"抓生态省建设，就是要追求人与自然的和谐相处，就是要实现经济发展和生态建设的双赢"，"必须科学认识和切实遵循自然界的客观规律"，"让大自然休养生息，以更好地为人类服务，否则终将遭到自然界的报复"。2006年他在中央电视台《中国经济大讲堂》演讲时指出，我们追求人与自然的和谐，经济与社会的和谐，通俗地讲，就是要"两座山"，既要绿水青山，又要金山银山。在《与时俱进的浙江精神》一文中，他强调构建人与自然和谐相处的生态文明。

这些重要论述，深刻阐明了人与自然相互依存的道理，揭示了人与自然和谐共生的内涵真谛。这些思考和部署，为浙江深刻把握人与自然关系，树立尊重自然、顺应自然、保护自然的理念提供了前进方向和目标指引。在习近平同志推动下，人与自然和谐相处成为生态省建设的重要目标。这些重要思考和认识，为揭示人与自然是生命共同体，为提出"人与自然和谐共生"这一生态文明建设基本原则提供了重要基础。党的十八大以来，习近平总书记把"坚持人与自然和谐共生"作为新时代坚持和发展中国特色社会主义的基本方略之一，强调"我们要深怀对自然的敬畏之心，尊重自然、顺应自然、保护自然，构建人与自然和谐共生的地球家园"。党的二十大报告鲜明指出"中国式现代化是人与自然和谐共生的现代化"。

三 创造性提出绿水青山就是金山银山理念

习近平同志到浙江工作后，通过深入调研，明确提出了以绿水青山就是金山银山为核心内容的"两山"重要理念。2003年，习近平同志在《浙江日报》"之江新语"专栏发表的《环境保护要靠自觉自为》一文中首次指出："'只要金山银山，不管绿水青山'，只要经济，只重发展，不考虑环境，不考虑长远，'吃了祖宗饭，断了子孙路'而不自知，这是认识的第一阶段；虽然意识到环境的重要性，但只考虑自己的小环境、小家园而不顾他人，以邻为壑，有的甚至将自己的经济利益建立在对他人环境的损害上，这是认识的第二阶段；真正认识到生态问题无边界，认识到人类只有一个地球，地球是我们共同的家园，保护环境是全人类的共同责任，生态建设成为自觉行动，这是认识的第三阶段。"2005年，习近平同志在湖州市安吉县余村考察时，首次提出了绿水青山就是金山银山的科学论断。随后他在《浙江日报》发表《绿水青山也是金山银山》，进一步强调："如果能够把这些生态环境优势转化为生态农业、生态工业、生态旅游等生态经济的优势，那么绿水青山也就变成了金山银山。绿水青山可带来金山银山，但金山银山却买不到绿水青山。绿水青山与金山银山既会产生矛盾，又可辩证统一。"2006年，习近平同志在中国人民大学演讲，系统阐释绿水青山就是金山银山理念，"第一个阶段是用绿水青山去换金山银山，不考虑或者很少考虑环境的承载能力，一味索取资源。第二个阶段是既要金山银山，但是也要保住绿水青山，这时候经济发展和资源匮乏、环境恶化之间的矛盾凸现出来，人们意识到环境是我们生存发展的根本，要留得青山在，才能有柴烧。第三个阶段是认识到绿水青山可以源源不断地带来金山银山，绿水青山本身就是金山银山，我们种的常青树就是摇钱树，生态优势变成经济优势，形成了一种浑然一体、和谐统一的关系"，这一阶段是一种更高的境界。

在浙江工作期间，他鲜明提出绿水青山与金山银山既会产生矛盾，又可辩证统一；突出强调"绿水青山可带来金山银山，但金山银山却买不到绿水青山""环境本身就能带来财富，这是一种更高的境界""保护环境就是保护财富，就能带来更多的财富，就能推动经济社会又快又好发展""要守住绿水青山这个'金饭碗'""环境就是生产力，良好的生态环境就是GDP"；要求树立绿水青山就是金山银山的理念，正确处理生态建设与产业发展、资源保护与开发利用的关系；深刻指出，在鱼和熊掌不可兼得的情况下，我们必须懂得机会成本，善于选择，学会扬弃。在浙江生态省建设工作领导小组会议上，他强调"要通过建设生态省，来实践'绿水青山就是金山银山'这个道理"。

绿水青山就是金山银山理念的提出，推动了浙江将生态建设摆到改革发展和现代化建设全局位置统筹谋划，为浙江生态建设迈向更高水平、更高境界指明了前进方向和战略路径。在习近平同志倡导和推动下，浙江各地积极开展绿水青山就是金山银山的生动实践。这些重要思考和认识，为系统形成绿水青山就是金山银山理念提供了重要基础。党的十八大以来，"绿水青山就是金山银山"先后被写入党的十九大、二十大报告和党章。2020年3月，习近平总书记在余村考察时强调，"'绿水青山就是金山银山'理念已成为全党全社会的共识和行动，成为新发展理念的重要组成部分"。

四 深刻把握环境与民生的关系

良好的生态环境是最普惠的民生福祉，最公平的公共产品。在推动生态省建设过程中，习近平同志深刻把握马克思主义的人民立场，对环境与民生的关系进行了深刻阐释。明确指出创建生态省是人民群众的切身利益和根本利益所在；发展经济为了造福人民，如果在发展经济的同时破坏了生态，"造福"就变成了"遭殃"；解决好环境问题，是事关群众切身利益的重要方面。他深刻指出，如果生态环境受到严重破坏、人们的生产生活环境恶化，如果资源能源供应高度紧张、经济发展与资源能源矛盾尖锐，人与人的和谐、人与社会的和谐是难以实现的；以人为本，其中很重要的一条，就是不能在发展过程中摧残人自身生存的环境。他振聋发聩地问道:"如果人口资源环境出现了严重的偏差,还有谁能够安居乐业?和谐社会又何从谈起?人都难以生存了,其他方面的成绩还有什么意义?"深刻指出,如果不懂得生态建设和环境保护,一边是"路好、树好、楼房好",一边是"水差、空气差、食品差",不仅没有提高反而降低了人民群众的生活质量,这就不知是"为谁辛苦为谁忙"了,也就背离了发展的本意。在建设"平安浙江"的决策中提出的广义的"平安浙江",把环境安全作为一个重要方面,就是因为老百姓生活好起来以后,不仅要求有治安上的安全感,还要求有人居环境的安全感、有食物的安全感,这些都是最起码的要求。强调如果连这些要求都难以达到,发展就失去了意义,社会和谐也不可能维系;建设生态省是维护人民群众环境权益的具体体现;通过生态省建设,让人民群众喝上干净的水,呼吸上清洁的空气,吃上放心的食物。

这些关于环境与民生的思考和部署,推动浙江统筹推进改善环境和改善民生,开启了生态惠民、生态利民、生态为民的浙江实践。在习近平同志的亲自推动下,浙江全面启动"811"环境污染整治行动,既抓美丽城市建设,又抓美丽乡村建设,并注意城乡统筹,有力推动全省实现从"室内现代化、室外脏乱差"到"室内现代化、室外四季花",从"黑河臭水惹人厌"到"水清景美众人赏"的美丽蝶变。这些重要思考和认识,为提出"良好生态环境是最普惠的民生福祉"提供了重要基础。党的十八大以来,习近平总书记明确指出:"环境就是民生,青山就是美丽,蓝天也是幸福。发展经济是为了民生,保护生态环境同样也是为了民生。"[①]

---

① 习近平:《论坚持人与自然和谐共生》,中央文献出版社2022年版,第11页。

五 深刻阐释发展观决定发展道路

正确处理发展与保护关系是生态文明建设的核心问题之一。在推动生态省建设过程中，习近平同志基于对马克思主义理论的运用、对我们党及其个人实践的总结、对党中央决策部署和世界绿色发展趋势的把握以及对浙江省情的把握，对加快经济发展与保护生态环境关系以及破解经济发展和环境保护的"两难"悖论进行了深入的思考和阐释。深刻指出发展观决定发展道路，始终要求各级领导干部要改变"GDP至上"的发展观和政绩观，指出"要看GDP，但不能唯GDP"，"既要GDP，又要绿色GDP"，强调要"以最小的资源环境代价谋求经济、社会最大限度的发展，以最小的社会、经济成本保护资源和环境，既不为发展而牺牲环境，也不为单纯保护而放弃发展"，要"使'循环'变得'经济'起来"。深刻指出，发展不能走老路；那种只顾眼前、不顾长远的发展，那种要钱不要命的发展，那种先污染后治理、先破坏后恢复的发展，再也不能继续下去了。强调推进工业化绝不能以牺牲环境为代价，建设资源节约型社会是一场社会革命；要从节约资源、保护环境和循环经济中求发展，走清洁生产、循环经济和可持续发展的道路，走科技先导型、资源节约型、生态保护型的经济发展之路；正确理解"好"与"快"。在淳安、磐安、景宁、开化等"后发"地区调研时，为当地谋划发展解疑释惑、把脉定向，强调"任何时候都要看得远一点，生态的优势不能丢"，必须发展以生态绿色为主导的产业，千万不能捧着金饭碗要饭吃，"生态是可以富县的，生态好不仅可以富县，而且可以让老百姓很富，是很高境界的富"。

这些思考和部署，推动浙江走上了在发展中保护、在保护中发展的道路，大力推进"腾笼换鸟""凤凰涅槃"，促使浙江在全国率先开启了绿色低碳循环的高质量发展新道路。这些思考和认识，成为"绿色发展是发展观的一场深刻革命"这一习近平生态文明思想战略路径的重要基础。党的十八大以来，绿色发展成为新发展理念的重要组成部分，党的十九大报告将"推进绿色发展"作为建设美丽中国的基本要求，党的二十大报告进一步提出"加快发展方式绿色转型"，强调"推动经济社会发展绿色化、低碳化是实现高质量发展的关键环节"。

六 坚持用系统思维方法推进生态省建设

生态文明建设是复杂的系统工程，是一项跨地区、跨部门、跨行业的系统工程，需要用系统思维推进。在推进生态省建设过程中，习近平同志坚持运用系统的思维和方法谋划推进，深刻指出，建设生态省是一项事关全局和长远的战略任务，是一项宏大的系统工程。生态省建设不仅仅局限于生态建设，而是生态环境保护、生态经济发展、生态文化建设、生态制度建设等子系统构成综合性极强的系统工程。在《之江新语》中，他将生态省建设比喻成"在治理一种社会生态病"，"既有环境污染带来的'外伤'，又有生态系统被破坏造成的'神经性症状'，还有资源过度开发带来的'体力透支'"，"需要多管齐下，综合治理，长期努力，精心调养"。强调寓生态建设于经济建设、社会发展之中，把生态建设与调整产业结构结合起来，与推进城市化结合起来，与加快农村劳动力转移结合起来，与提高全社会教育科技文化水平结合起来，促进经济社会与人口、资源、环境的协调发展。强调搞好生态涵养与环境治理并重。强调各级各部门必须加强协作，条块结合，上下联动，齐抓共管。

在"浙"里看见美丽中国
——浙江生态省建设20年实践探索

这些思考和部署，推动了浙江对生态省建设的前瞻性思考、全局性谋划、整体性推进。在习近平同志的亲自推动下，浙江全省上下全面推进十大重点领域建设，抓好"碧水、蓝天、绿色"三大环境保护工程，打出了生态功能区建设、万里清水河道建设、"碧海工程"、生态公益林建设、小流域综合治理、南太湖治理等一系列"组合拳"，每年集中解决一些生态省建设中的突出问题。这些思考和认识成为"山水林田湖草是生命共同体""坚持山水林田湖草沙系统治理"的重要来源。党的十八大以来，习近平总书记强调以系统思维推进生态文明建设，在党的二十大报告中进一步强调"必须坚持系统观念"，"坚持山水林田湖草沙一体化保护和系统治理"。

七 强调以改革创新精神推进生态省建设

制度建设是管根本管长远的，根据现代化发展的要求不断推进制度创新是我们党的重要法宝。在推动浙江生态省建设过程中，习近平同志特别注重以改革创新精神推动生态省制度创新。深刻指出生态省建设是一个全新课题，只有坚持改革创新，与时俱进，才能把生态省建设推向一个新的水平。突出强调"保证生态省建设的权威性、严肃性和连续性"，大力推进生态建设法制化步伐，切实把人口资源环境工作纳入依法治理轨道；指出建设生态省需要法制的规范、引导和保障，提出通过深化改革和制度创新，把节约资源转化为发展的动力和内在的约束。提出加大环境保护力度要创新机制，强化生态省建设的体制机制保障，完善有利于生态省建设的财政、税收、金融政策，逐步形成环境资源有偿使用机制；发挥市场机制在循环经济发展中的基础性作用，加快建立资源要素优化配置的有效机制，形成有利于污染治理和环境保护的机制，健全多方参与的生态环境治理体系。强调要加强生态建设和环境保护工作的督促和检查；建立水资源高效利用制度；努力实施依法治海；提出深化改革是建设节约型社会的动力。

这些重要思考和认识，深刻阐述了生态文明建设与依法治国的关系，揭示了法治建设、制度建设是生态文明建设重要动力的道理，为浙江推动依法治污、提升治理能力提供了遵循和指引，也是习近平生态文明思想中用最严格制度严密法治保护生态环境的重要基础。党的十八大以来，建立并实施中央生态环境保护督察制度，习近平总书记强调，"要加快制度创新，增加制度供给，完善制度配套，强化制度执行，让制度成为刚性的约束和不可触碰的高压线"。

八 创新提出让生态文化在全社会扎根

为了人民、依靠人民是我们党的鲜明品格，也是执政兴国的力量源泉。在推进生态省建设过程中，习近平同志把马克思主义基本原理同中国生态文明建设实践、同中华优秀传统生态文化相结合，对生态文化建设、发挥人民群众主体作用进行了系统的思考。深刻指出推进生态省建设，既是经济增长方式的转变，更是思想观念领域的一场深刻变革；在现实生活中一些无视生态规律的行为还时有发生，究其深层原因是我们还缺乏深厚的生态文化；生态文化的核心应该是一种行为准则、一种价值理念，衡量生态文化是否在全社会扎根，就是要看这种行为准则和价值理念是否自觉体现在社会生产生活的方方面面。强调"不重视生态的政府是不清醒的政府，不重视生态的干部是不称职的干部，不重视生态的企业是没有希望的企业，不重视生态的公民不能算是具备现代化文明意识的公民"；强调让生态文化在全社会扎根，要将生态文化贯彻到推动发展的方方面面；强调把广大人民群众的积极性充分发挥出来。深刻指出建设生态省、打造"绿色浙江"，必须建立在广大群众普遍认同和自觉自为的基础之上。明确提出要充分发挥人民群众在人口资源环境工作中的主体作用；人口资源环境工作的重点在基层，基础在群众，必须坚持相信群众、依靠群众、服务群众的原则。鲜明提出生态省建设的推进，需要各个领域的科学技术来支撑，需要方方面面的人才来保证。

这些重要思考和认识，深刻揭示了生态建设与文化建设的关系，推动浙江从内生动力角度加强生态文明建设，为系统形成"把建设美丽中国转化为全体人民自觉行动"提供了重要基础。习近平同志在推进生态省建设工作中，坚持顶层设计和基层首创相结合，推动形成了生态文明建设教育先导、科技支撑、法治保障、舆论监督等好经验好做法。党的十八大以来，习近平总书记进一步强调，"构建全社会共同参与的环境治理体系，让生态环保思想成为社会生活中的主流文化"，"生态文明是人民群众共同参与共同建设共同享有的事业"。

九 探索省域加强党对生态文明建设的全面领导

在推进生态省建设工作中，习近平同志多次强调"党政'一把手'是本辖区生态省建设的第一责任人，必须对生态省建设全面负责"，指出"生态省建设决不是环保、林业等几个部门的事情，而是各级党委政府必须集中精力抓好的一件大事，是各个部门，各个方面都要共同办好的一件实事，也是体现了立党为公，执政为民本质要求的一件好事"。亲自部署推动生态省建设，从方案起草、体系设计、规划论证到建设推进，他都亲力亲为，全程参与。他还亲自担任浙江生态省建设工作领导小组组长和发展循环经济领导小组组长。在浙江工作期间，每年出席领导小组会议并发表讲话，给全省上下作出了示范。2004年，在《浙江日报》"之江新语"专栏发表《既看经济指标，又看社会人文环境指标》，以强烈的政治担当指出，在发展观上出现盲区，就会在政绩观上陷入误区；在政绩观上出现偏差，就会在发展观上偏离科学；这无论是发展观还是政绩观上的问题，都会削弱党的执政能力；在考核中，既看经济指标，又看社会指标、人文指标和环境指标，切实从单纯追求速度变为综合考核增长速度、就业水平、教育投入、环境质量等方面内容。

习近平同志关于加强党对生态文明建设领导的思考、部署，为浙江坚决扛起生态文明建设政治责任提供了重要遵循和标杆指引。在习近平同志亲力亲为推动下，生态省建设任务纳入各级政府行政首长目标责任制，逐级签订生态省建设任期目标责任书。2006年浙江在全国率先出台《浙江省市、县（市、区）党政领导班子和领导干部综合考核评价实施办法（试行）》，把生态省建设与干部的政绩考核挂钩，把环境保护作为约束性指标纳入考核体系。这些重要思考和认识以及实践，为习近平生态文明思想的坚持和加强党的全面领导的形成与发展提供了重要基础。党的十八大以来，习近平总书记统筹谋划、全面推进美丽中国建设，在2018年5月和2023年7月两次出席全国生态环境保护大会，并发表重要讲话，提出"加强党对生态文明建设的领导"，强调"建设美丽中国是全面建设社会主义现代化国家的重要目标，必须坚持和加强党的全面领导"，将生态环境保护工作提到前所未有的政治高度。

伟大时代孕育伟大理论、伟大思想引领伟大征程。2018年5月，党中央召开全国生态环境保护大会，正式提出并系统、完整、深刻地阐述了习近平生态文明思想，为新时代中国特色社会主义生态文明建设提供了根本遵循和行动指南，成为习近平新时代中国特色社会主义思想的重要组成部分。树高千尺有根，水流万里有源。伟大的理论、伟大的思想都不是凭空产生的。实践，认识，再实践，再认识，这种辩证唯物论的知行统一观，正是习近平新时代中国特色社会主义思想磅礴力量的源泉。作为习近平新时代中国特色社会主义思想的重要组成部分，习近平生态文明思想有着坚实的理论基础、深厚的文化底蕴和丰富的实践支撑。与此同时，党的十八大以来，浙江以习近平生态文明思想为指引，不断丰富和拓展生态文明建设实践，进一步将这一思想转化为美丽浙江的生动实践，进一步为这一思想的丰富和发展提供浙江支撑。

攻坚行动篇

第三章
"811"行动持续推进引领生态环境改善

> 让老百姓呼吸上新鲜的空气、喝上干净的水、吃上放心的食物、生活在宜居的环境中、切实感受到经济发展带来的实实在在的环境效益。[①]

改革开放以来，浙江主要经济指标增长幅度均高于全国平均水平，经济增长一直走在全国前列。随着经济社会迅速发展，浙江资源能源与生态环境问题开始集中暴露。时任省委书记习近平同志在2004年浙江生态省建设论坛上就提及"环境污染整治是生态省建设的一项基础性、标志性工作，也是牵一发而动全身、影响全局的重点问题，要高度重视，认真整改，一抓到底，决不能停留在表面"。2004年10月，在习近平同志的亲自推动下，浙江省启动了以"八大水系和11个环境重点监管区"为工作重点的第一轮"811"环境污染整治行动。通过实施第一轮"811"行动卓见成效后，浙江省委省政府沿着习近平总书记

[①] 习近平：《论坚持人与自然和谐共生》，中央文献出版社2022年版，第136页。

指引的道路砥砺前行，持续深化载体和措施，接续启动第二轮"811"环境保护新三年行动、第三轮"811"生态文明建设推进行动、第四轮"811"美丽浙江建设行动，同步围绕污染防治重点领域和关键环节创新打出了"五水共治"、"清洁空气"行动、"清洁土壤"行动、"无废城市"建设等一系列"组合拳"，推动全省实现了从环境整治向美丽浙江的历史性跃迁，省控断面优良水质比例从2002年的42.9%提高至2022年的97.6%，全面消除劣Ⅴ类断面；设区城市$PM_{2.5}$平均浓度从2002年的61微克/立方米降到2022年的24微克/立方米；重点建设用地安全利用率保持100%；首个实现生活垃圾"零增长"、原生垃圾"零填埋"。近年来，浙江总体环境质量稳居长三角区域第一位、改善幅度全国领先，全省生态环境公众满意度连续12年提升，环境信访总量连续7年下降。良好的生态环境已经成为浙江高质量发展的优势所在、动力所在、后劲所在。

第一节 "五水共治"重现水墨清丽江南

浙江是江南水乡，境内河流众多、水系发达，有钱塘江（含曹娥江）、瓯江、椒江、甬江、苕溪、运河、飞云江、鳌江八大水系，8万多条河流。随着社会的发展，水资源、水环境、水生态方面的问题日益突出，浙江也出现了"水乡之困"。20年来，浙江以"重整山河"的雄心和壮士断腕的决心，打响铁腕治水攻坚战，以治理水环境质量为切入口，以修复生态环境为重要目标，以倒逼产业转型升级为根本方向，上下一条心，部署实施以治污水、防洪水、排涝水、保供水、抓节水的"五水共治"为代表的一系列治水行动，实现全域全民治水，换来了浙江大地江河湖海的新面貌，让"可游泳的河"不再难觅，逐步在全省形成可用、可赏、可游、可饮的水养人居环境，浙江水环境实现了由"脏"到"净"、再到"清"并向"美"的改变，从而有效满足了人民群众改善生活品质的新期待和新追求。持续多年的治水工作，浙江从解决突出生态环境问题入手，注重点面结合、标本兼治，实现了由重点整治到系统治理的转变，并进一步向数字智治、人水和谐的治水方向迈进。

一 不断加强环境基础设施建设

2003年以来，浙江坚定不移沿着"八八战略"指引的路子，进一步发挥浙江的环境优势，积极推进基础设施建设，浙江以实现好"民之所盼"为目标，部署推动补齐环境基础设施短板弱项，全面提升环境基础设施建设水平，为提升城乡人居环境水平和促进生态环境质量持续改善提供坚实基础。

不断促进城镇污水处理提质增效。提升城镇污水处理水平是治水工作的重中之重，是全面提升治水工作水平的迫切需要和必然要求。浙江坚持在城镇污水处理提质增效上补短板、强弱项，是进一步改善水环境质量，推动美丽浙江建设的重要路径。2007年，环境基础设施建设迈上了新台阶，27个城市污水处理厂都已建成并试运行，全省县以上城市都建成1个以上污水处理厂，在全国率先全面建成县以上城市污水、生活垃圾集中处理设施，率先建成环境质量和重点污染源自动监控网络。2010年，基本建成钱塘江流域、中心镇等106个镇的污水处理设施，超额完成100个镇的年度目标，新建县以上城市污水管网1180千米。累计建成规范的污泥处理处置设施22座，日处置能力达到6721吨。2014年，浙江城镇污水处理厂一级A提升改造工程全面启动。2017年，为全面完成"剿灭劣Ⅴ类水"的任务，浙江各地积极探索试点提高污水处理厂处理要求，金华市、台州市和杭州市淳安县等均先行提出了更严格的排放要求。2018年，在多地先行先试的基础上，浙江探索建立城镇污水处理厂污水排放"浙江标准"，并分类分区域启动城镇污水处理厂清洁排放技术改造。2019年，出台《浙江省城镇污水处理提质增效三年行动方案（2019—2021年）》，进一步提升城镇污水处理能力和水平，努力实现浙江省城镇污水全收集、全处理、全达标。到2022年，全省共有城镇污水处理厂336座，处理能力达1740万吨/日，总体满足基本需求，现有城镇污水处理厂全部执行一级A及以上排放标准，累计已完成285座城镇污水处理厂的清洁排放技术改造工作，累计完成改造规模1044万吨/日，做到了处理标准不断迭代升级，走在了全国前列。

深入推进农业农村污染整治。按照城乡统筹的要求抓好农村环境保护和农业面源污染治理是浙江治水的重要内容之一，是加快改变乡村发展面貌、改善农民生产生活条件、助推乡村振兴的重要一环。2003年起实施"万里清水河道"工程，累计整治农村河道超过1.3万千米。大力开展"千万农民饮用水"工程，解决了800万人口的饮水困难问题。2005年，在嘉兴召开浙江省农业农村面源污染防治现场会。到2007年累计完成1960个规模化畜禽养殖场污染治理，建成畜禽粪便收集处理中心75个，生态养殖小区491个，禁养区养殖场全部关停转迁；推广配方施肥，建立化肥农药减量增效控害示范区，全面禁用高毒高残留农药。2008年，浙江持续深入实施"千村示范、万村整治"工程，全面开展农村环境保护治理，农村环境面貌显著改善。2009年，为进一步统筹城乡环境保护，改善农村生活环境，浙江省人民政府办公厅印发《关于进一步加强农村环境保护工作的意见》，以饮用水水源保护、工农业污染防治、村庄环境综合整治为重点，着力解决农村地区突出的环境污染问题。2013年，浙江作出了全面实施"五水共治"的战略部署，通过开展"清三河""剿灭劣Ⅴ类水"和"美丽河湖"创建等一系列治污行动，让广大农村水变干净、塘归清澈。2015年，为进一步深入推进农村生活污水治理工作，浙江颁布实施《农村生活污水处理设施水污染物排放标准》(DB 33/973—2015)，出台了系列运维技术及管理导则，开展了"五位一体"运维管理体系建设。2019年全国首部农村生活污水治理领域的省级地方性法规《浙江省农村生活污水处理设施管理条例》出台，填补了农村生活污水处理设施管理的法律空白，标志着浙江省农村生活污水处理设施步入了依法管理的轨道。2020年，颁布实施《农村生活污水处理设施标准化运维评价标准》，规范运维单位对农村生活污水处理设施的运行维护，全面推进农村生活污水处理设施建设改造和标准化运维。同年，率先提出"肥药两制"改革，并以浙江省政府办公厅名义出台《关于推行化肥农药实名制购买定额制施用的实施意见》，同步推进"肥药两制"县域改革综合试点，目前累计创成"肥药两制"改革综合试点县51个。2021年，制定实施《浙江省农村生活污水治理"强基增效双提标"行动方案(2021—2025年)》和《浙江省农业面源污染治理与监督指导实施方案》，为农业农村污染治理标定了新目标、注入了新动力，全域提升城乡人居环境质量和生活品质。到2022年，浙江共建有农村生活污水处理设施59748个，覆盖行政村17083个、覆盖率84.81%，受益农村家庭900多万户、受益率85.80%，处理设施运行维护率100%，出水达标率82.84%，农村规划保留村生活污水截污纳管、雨污分流治理全覆盖，农村生活污水治理位列全国"第一方阵"。全省已实现长江经济带主要农作物测土配方施肥与统防统治覆盖率90%和44%的目标，化肥农药施用量保持负增长，累计建成611条生态沟渠系统，总长度达739.9千米，覆盖农田面积43.7万亩。

持续推进"污水零直排区"整治提升。"污水零直排区"建设是浙江省深化治水工作的创新之举，核心是雨污分流、截污纳管、长效运维，做到雨水排水口"晴天不排水，雨天无污水"。为高水平推进"五水共治"，有效解决"反复治、治反复"问题，浙江在2018年率先开展全省城镇"污水零直排区"建设，而后出台了《浙江省"污水零直排区"建设行动方案》《浙江省镇（街道）"污水零直排区"建设验收实施细则（试行）》《浙江省城镇生活小区"污水零直排区"建设验收评分标准（试行）》《浙江省工业园区（工业集聚区）"污水零直排区"建设评估指标体系（试行）及评估验收规程》等文件，以基本实现全省污水"应截尽截、应处尽处"，使城镇河道、大江大河水环境质量进一步改善为目标，采取"点、线、面、网"结合深度排查、方案制定、全面整改、快速建设、监管并举等主要措施，逐步实现城镇污水治理"从有到好"。2021年为进一步深化和推进城镇"污水零直排区"建设，编制了《浙江省城镇"污水零直排区"建设攻坚行动方案（2021—2025年）》，旨在加快补齐治水基础设施短板，推进长效运维管理，随后出台《城镇"污水零直排区"建设技术规范》，至此浙江省城镇"污水零直排区"建设标准化和规范化有据可依、有标可循。2022年，印发《浙江省长江经济带工业园区水污染整治专项行动暨深化工业园区"污水零直排区"建设工作方案》，持续推进长江经济带工业园区水污染整治专项行动，切实巩固工业园区"污水零直排区"建设成效，大力培育一批"污水零直排区"省级星级工业园区。到2022年，累计建成"污水零直排区"工业园区821个，生活小区11699个。

二 加强行业整治推进绿色转型

20年来，浙江省沿着习近平总书记指引的道路砥砺前行，以生态省建设、"811"生态环保系列行动及"千万工程"等重大载体为抓手，以重点行业和重点企业整治为突破口，加快产业转型升级，推进绿色低碳发展。

2004年，浙江全面推进水环境整治，全省各地坚决淘汰落后生产能力，加快推进了化工、医药、制革、印染、造纸、味精等重点涉水行业和重点工业污染源的整治，有力推动了产业结构的优化升级。共完成限期治理项目3610个，关停并转企业2419家。全省造纸行业化学制浆生产线全部关闭，造纸企业基本完成了废水处理设施二级生化改造；印染行业普遍实行技术更新、中水回用和污水集中处理；味精行业已全面完成污染整治，实现全行业废水化学需氧量和氨氮达标排放。2007年，浙江省加大对重点领域、重点行业、重点企业的污染整治力度，累计完成限期治理项目2870个以上，对3483家企业依法实行关停转迁，有力地推动了造纸、印染、化工、医药、制革等块状经济的改造提升。"十二五"以来，浙江省全面推进铅蓄电池、电镀、印染、造纸、制革、化工六大重污染行业的整治提升工作。六大行业累计关停企业2250家，搬迁入园和原地提升3490家，编制完成六大行业污染防治技术指南。各地完成22个特色污染行业整治，关闭企业3122家，整治提升6540家，建成特色污染行业工业园区9个。整治后铅蓄电池、电镀、印染、造纸企业重复用水率分别达到70%、35%、35%、60%以上，制革、化工行业重复用水率明显提高，六大行业废水排放量、化学需氧量、氨氮、总铬等污染物大幅削减。与整治前相比，电镀、铅蓄电池行业单位产值废水排放强度分别降低55%、71%，印染、造纸、制革、化工等行业废水单位产值排污强度平均降低32%。通过整治，关闭了一批低小散企业，工艺、装备、管理、环保配套设施全面提升，产业布局进一步优化，企业规模和竞争力显著提高。以铅蓄电池行业为例，整治前后相比，企业数仅保留1/10，但企业平均产值扩大了12倍，全行业产值与税收均明显增加。长兴县成为国内最大的铅蓄电池产业集聚地和新型电池研发基地，铅蓄电池产量占全国70%。2015年发布《浙江省环境保护厅关于浙江省实行差别化排污收费政策有关具体问题的通知》，对不同排污单位实行差异化管理。已制定了化学原料药、废水造纸、印染、电镀、农药、染料、啤酒、制革、黄酒、氨纶、涤纶等行业环境准入指导意见，印发浙江省金属表面处理（电镀除外）、有色金属、农副食品加工、砂洗、氮肥、废塑料行业污染整治提升技术规范。2017年，浙江省深入推进"腾笼换鸟"，通过治污倒逼产业转型升级，推进城市建成区重污染企业搬迁改造或关闭退出，开展"低散乱"企业整治和17个传统产业改造升级，到2022年，淘汰落后和过剩产能企业9503家，完成了1200多家造纸、钢铁、氮肥、印染、制药、制革等重点行业企业清洁化改造，全省17个重点传统制造业实现规上工业增加值12943.9亿元，同比增长2.4%。

2023年，为彻底治理全省重点行业突出性、普遍性和反复性环境污染问题，浙江打响新一轮行业污染整治提升"发令枪"，省政府办公厅印发《关于开展全省重点行业污染整治提升工作的通知》，提出通过3年努力，完成榨菜腌制、化工和电镀等涉水重点行业整治提升，其中榨菜腌制等5个行业重点淘汰"散乱污"作坊和加工户，引导低效产能有序退出；化工行业重点推动生产工艺装备改造提升，巩固企业污水输送明管化改造成效，推行雨水管网明渠化改造，加强地下水污染风险管控；电镀行业重点推进工业园区集中治污，统筹"污水零直排区"建设和管理，并总结重点行业整治提升工作经验，形成重点行业污染问题长效监管机制，强化基层网格化管理和部门专业化检查协同联动，有效实现污染风险隐患全量发现、快速处置和闭环管理，严防重点行业污染问题反弹复发。

三 推动重要水体生态治理修复

2004—2007 年，浙江省各市以编制实施流域污染整治规划为龙头，大力开展八大水系污染整治工作，突出钱塘江、鳌江、杭嘉湖太湖流域运河水系的污染整治。2005 年 7 月，浙江省人民政府办公厅发布《关于进一步加强钱塘江流域污染整治工作的通知》；同年，浙江省环境污染整治领导小组办公室印发《关于开展钱塘江流域省级环境保护重点监管区污染整治规划编制工作的通知》，推进钱塘江流域的污染整治工作。通过整治，2007 年钱塘江水系 Ⅰ—Ⅲ 类水质断面数占 73.3%，与 2004 年相比提高了 22.1 个百分点。对鳌江流域，主要开展了平阳水头制革业的污染整治。通过对水头制革基地的制革企业全面实行停产整治，废水排放总量从 7.15 万吨/日削减到 1.7 万吨/日以下。2007 年鳌江 Ⅰ—Ⅲ 类水质断面比例较 2004 年上升 25 个百分点。对杭嘉湖太湖运河水系，主要是开展了统筹城镇环境污染和农业农村面源污染的综合整治工作，局部区域的水质有了明显好转。

2008—2012 年，浙江省继续推进水环境治理，加强八大水系和平原河网污染防治，突出太湖、钱塘江和局部流域 3 个重点。严格落实国家"治太"部署和省政府"五个确保"的要求，坚持一手抓防范、一手抓治理，在加强太湖蓝藻监测、预警的同时，着力做好流域污染源的监督管理力度。编制实施《浙江省太湖流域水环境综合治理实施方案》，建立蓝藻水华立体监测网络，启动清水入湖工程，采取"控、清、拦、释、捞"等措施，削减水源地和取水口蓝藻。对钱塘江流域，加强氮磷污染控制，在强化钱塘江干流治理的同时，着力整治各支流的环境污染。着重抓乡镇污水处理设施建设，加强对金华江流域的整治，加大对氮磷污染物排放企业的监管力度。局部流域，主要是加强对温瑞塘河等各地治理难度比较大的小流域整治。相关市县编制实施了姚慈平原、绍虞平原、台州平原、温瑞平原河网水污染防治规划。2012年，全省八大水系、运河和主要湖库221个省控断面水质达到或优于地表水Ⅲ类标准的比例达到64.3%，较2004年上升23.3个百分点，劣Ⅴ类水质断面下降14.7个百分点，总体呈现向好趋势。

2013年发生了环保局长被邀请下河游泳、黄浦江死猪漂浮、"菲特"强台风袭击浙江3个典型事件，反映出浙江在水资源、水环境保护和干部水治理政绩观等方面的问题，成为浙江在高速发展过程中存在的深层矛盾。2013年11月，浙江省委十三届四次全会作出了全面推行河长制、实施"五水共治"的战略部署，以"五水共治"为突破口倒逼转型升级，全面吹响了治水的冲锋号。2013年起以"水十条"和"五水共治"碧水行动为抓手，先后实施"清三河"、"剿灭劣Ⅴ类"、碧水行动等一系列治水举措。2013年率先在全国全面建立了省、市、县、乡、村五级河长体系，全省共有各级河长5.2万余名，配套"河道警长"。2014—2015年，全省消灭垃圾河约6500千米，完成黑河臭河整治5200千米。河道"黑、臭、脏"等感官污染基本消除，城乡环境面貌得到显著改观。2016年"水十条"考核名列全国第一。2017年全部消除劣Ⅴ类水质断面，提前3年完成国家下达的"水十条"消劣任务，实现水质由"浊"到"净"到"清"的升级。2018年，在全国率先启动"美丽河湖"建设工作，并在2019年、2020年连续两年将其列入省政府十方面民生实事，持续深入推进全域美丽河湖建设。实施美丽河湖建设后，全省人居环境质量显著提高，呈现出"一城一江一风光、一镇一河一特色、一村一溪一水景"的大美画卷。"五水共治"破解了浙江多年治水的难题，打破了"分而治水"的格局，实现了"五水"的统一施策、协调推进。

浦江治水——打响浙江省"五水共治"第一枪

浦阳江是钱塘江的重要支流之一，浦江县80%以上的居民依江而居。20世纪80年代，水晶产业无序发展，2.2万多家水晶加工作坊每天约有1.3万吨水晶废水直排环境。全县垃圾河、牛奶河、黑臭河遍布，经济社会发展和生态环境协调发展的矛盾十分突出。近年来，浦江县充分发挥党建优势，走出了一条绿水青山就是金山银山的发展新路。浦阳江出境断面水质在治理后从连续8年劣Ⅴ类提升至Ⅲ类，连续7年夺得浙江省治水"大禹鼎"，生态环境质量群众满意度从全省倒数第一跃升至全省前五，实现了华丽蝶变。

一是全民治水。借助专题报道、宣讲、评论凝聚社会合力，保障全民治水强大精神动力；发挥基层党组织力量，坚持每月20日环境卫生保洁日制度，呼吁全民参与共同护水。二是依法治水。大力推进污染整治，关停水晶加工作坊2.2万余家，关停禁养区内养殖场775家，关停并转印染、造纸、电镀企业23家。以"拆违治污"为突破口，将违法建筑治理与治水工作紧密结合，累计拆除各类违法建筑670余万平方米。三是科学治水。将治理后的水晶企业集中到4个工业园区，实现"园区集聚、统一治污、产业提升"的目标。建设智慧排水系统、智慧水利系统、生态环境数智指挥系统，搭建数字治水网络以辅助科学决策。创新实施"一厂一湿地、一村一湿地、一库一湿地"模式，污水处理厂、水库以及265个村实现人工湿地配套全覆盖。四是长效治水。给每条河流都确立河长并配置指导员和监督员，公示信息24小时接受群众反映和监督。从严构建督查督办机制，以"1+2+X"模式成立督导组，对治水工作进行一对一督查指导。

"十四五"以来，水生态环境保护由污染治理为主向水资源、水生态、水环境协同治理、统筹推进转变，强化生态环境系统的保护和修复。2021年5月，印发实施的《浙江省水生态环境保护"十四五"规划》提出了"到2025年，水生态环境质量高位持续改善，水生态系统功能初步恢复，水生生物多样性保护水平明显提升，城乡居民饮水安全全面保障，展现'清水绿岸、人水和谐'的美丽江南水乡画卷"的目标，同时明确了八大水系和京杭运河流域的水生态环境保护方案。2021年8月，印发《浙江省深化"五水共治"碧水行动计划（2021—2025年）》，明确"四个五"总体思路举措：一是坚持系统治水、精准治水、科学治水、依法治水、全民治水"五个方法"；二是聚焦水生态、水环境、水资源、水安全、水文化"五向发力"；三是实施控源、截污、扩容、修复、连通"五措并举"；四是推动智慧治污、智慧防洪排涝、智慧保供抓节"五水共智"，以数字化改革和整体智治理念，加快推进治水体系和治水能力现代化。2021年9月，印发《浙江省八大水系和近岸海域生态修复与生物多样性保护行动方案（2021—2025年）》，计划到2025年，通过综合施策，绘就"百鱼竞游、千里绿岸、万顷碧水、人水和谐"的水美江南。2022年，生态环境部评选的全国首批美丽河湖优秀案例共9个，其中浙江有2个，分别为德清下渚湖、金华浦阳江（浦江段）。2023年3月，浙江在高质量推进"五水共治"、打造生态文明高地的新征程上明确了"五水共治"新"三五七"目标，即"三年加压奋进，数字智治补短板；五年变革重塑，人水和谐立标杆；七年成效显著，绘就幸福新画卷"。2013—2022年，全省296个省控断面中Ⅲ类以上水质断面占比持续提升，2022年占比97.6%，比2013年提升32.5个百分点。截至2022年，全省已累计完成美丽河湖建设585条（个），衢江、新安江、富春江、曹娥江、瓯江、苕溪等主要江河及其重要支流已基本形成美丽生态廊道。美丽河湖贯通滨水绿道6000余千米，串联滨水公园、文化节点3390余处。

2002—2022年浙江省地表水水质变化情况

饮水安全事关人民群众切身利益，事关社会安全和谐稳定。浙江省始终将饮水安全问题摆在突出位置，持续改善饮用水水源地水质，保障饮用水水源安全。2007年，浙江各地开展了全面清理饮用水水源保护区范围的排污口的饮用水水源安全专项行动，因地制宜开展了规范饮用水水源保护区的创建，建立了水源地环境事故预防和应急体系，有效确保了饮用水安全。2011年，为进一步加强饮用水水源保护工作，切实保障人民群众饮水安全，浙江省人民政府印发《进一步加强饮用水水源保护工作的意见》，要求各级政府、各有关部门要从贯彻落实科学发展观和执政为民、改善民生的高度，充分认识加强饮用水水源保护工作的重大意义，切实增强责任感和紧迫感，采取更加有力的措施做好饮用水水源保护工作。2017年，全面推进饮用水水源保护，开展"千吨万人"饮用水水源地建设，逐步健全饮用水水源地"一源一策"管理机制，切实清理饮用水水源周边污染源和跨界污染问题，继续推进重点建制镇实施饮用水水源一级保护区物理隔离和短信提示。2020年，先后印发实施《关于进一步加强我省集中式饮用水水源地生态环境保护工作的通知》《关于进一步加强集中式饮用水水源地保护工作的指导意见》等文件，明确饮用水水源保护区划定程序规范，全面强化饮用水水源保护区的"划、立、治、测、管"工作，全力确保群众饮水安全，县级以上饮用水水源地水质在2020年首次达到并一直保持100%达标。

第二节 综合施治实现蓝天白云常驻

习近平总书记指出，"环境就是民生，青山就是美丽，蓝天也是幸福"。[1] 空气质量直接关系到广大群众的幸福感。20年来，浙江省

---

[1] 习近平：《在省部级主要领导干部学习贯彻党的十八届五中全会精神专题研讨班上的讲话（2016年1月18日）》，人民出版社2016年版，第19页。

始终坚持环境空气质量改善，持续开展大气污染物减排，"十五"到"十二五"期间，浙江省着力于煤烟型大气污染治理和酸雨防控，以二氧化硫、氮氧化物减排为重点，大力推动脱硫脱硝工程建设；"十二五"开始，大气污染已呈现局地和区域污染相结合、多种污染物相互耦合的复合型大气污染特征，浙江省在深化二氧化硫、氮氧化物减排、率先推进煤电超低排放改造的同时，全面开展挥发性有机物（VOCs）治理减排，并相继实施"清洁空气行动""大气污染防治行动"和打响蓝天保卫战，从以末端治理、工程减排为重点，转向源头治理，系统治理、综合治理，大力推进产业、能源、交通运输结构优化调整，强化重点领域和重点区域污染治理，加强长三角区域联防联控，创新建设清新空气示范区，全面、持续、深入推进大气污染防治。从曾经的"雾霾重重"到现在的蓝天常驻、空气清新，全省环境空气质量取得显著改善，在全力打赢蓝天保卫战，"还老百姓蓝天白云、繁星闪烁"的征程中贡献浙江力量。

一 率先实施"清洁空气行动"，探索大气污染多源共治

2002—2009年，全省大气污染防治以二氧化硫减排和酸雨防控为主要目标，以重点行业、企业污染整治为主要任务，开展火电、化工、医药、制革、印染、水泥、造纸、冶炼等重点行业技术改造、关停并转及污染治理设施建设，推进小火电、小水泥、小冶炼淘汰关停。到2009年，全省已全面拆除淘汰水泥机立窑，基本完成燃煤机组脱硫设施建设，提前完成国家下达的"十一五"二氧化硫减排目标，大气二氧化硫浓度水平明显下降。"十二五"期间，随着经济社会的高速发展，快速增长的煤炭消耗带来的污染物排放量仍相当大，火电行业氮氧化

物污染治理尚未全面开展；机动车保有量快速增长，车辆尾气排放已成为大气污染的重要来源之一；餐饮油烟、建筑施工、秸秆焚烧、矿山开采排放污染物仍较严重；大气污染已从煤烟型污染转变为复合型污染，并逐步演变为区域性污染。为及时有效解决这些问题，让广大人民群众能够呼吸到清洁的空气，2010年，率先印发实施《浙江省清洁空气行动方案》，对大气污染进行全面整治，在继续加强工业污染治理的基础上，统筹考虑城市和农村大气污染防治，协同推进工业、交通、城市、农村等领域各项大气污染源的治理提升，推动大气污染防治工作向多因子、全方位、区域协同的治理方式转变。

一是工业污染治理方面。重点推进氮氧化物减排，大力推进燃煤发电机组烟气脱硝治理，试点开展水泥行业氮氧化物减排；继续加强烟粉尘和二氧化硫治理，加快钢铁企业脱硫、除尘设施建设，严格控制水泥行业粉尘排放；协同开展挥发性有机物废气治理，加强石化、化工、医药、农药、印刷、印染、合成革等重点行业有机废气收集处理；推动工艺落后、污染严重的小化工、铸造冲天炉、单段煤气发生炉、400立方米及以下炼铁高炉、30吨及以下炼钢转炉以及3.0米以下的水泥磨机等落后产能和落后生产设施淘汰。二是交通污染治理方面。出台《浙江省机动车排气污染防治条例》和《关于进一步加强机动车排气污染防治工作的意见》，逐步规范机动车污染防治，实施环保标志管理和黄标车区域限行等制度，加快"黄标车"淘汰。三是城市污染治理方面。主要对建筑工地扬尘、餐饮业油烟、服装干洗有机废气、垃圾处理设施废气以及地面和道路扬尘开展治理。四是农村大气污染防治方面。主要推进秸秆综合利用，强化秸秆露天焚烧监管，控制农业氨污染以及防治矿山开采污染。此外，还同步推进大气复合污染防治能力建设，优化空气质量自动监测点位，增加大气臭氧、细颗粒物、一氧化碳、有机污染物、大气能见度和灰霾等因子的监测,并逐步将臭氧、细颗粒物、挥发性有机物等因子纳入空气质量评价范围。

清洁空气行动实施期间,从以工业企业污染治理为主向多污染源协同治理推进,大气污染防治工作力度不断加大,到2013年,机动车排气污染控制、工业大气污染防治、大气复合污染监测体系建设等方面初见成效,烟粉尘、二氧化硫、氮氧化物等常规指标有较大幅度下降;51%的省统调机组建成投运脱硝设施,印染企业基本完成定型机废气净化设施建设,宁波等地石化企业探索开展LDAR技术废气治理;淘汰"黄标车"近13万辆;全省秸秆综合利用率达80%以上;所有县以上城市开展了$PM_{2.5}$监测和数据实时发布,成为全国首个涵盖各县(市、区)监测发布空气质量指数(AQI)的省份。

二 全面实施"大气污染防治行动",开启大气污染系统治理

2013年,浙江省率先实施新修订的《环境空气质量标准》(GB 3095—2012),新标准增加了细颗粒物($PM_{2.5}$)和臭氧(O_3)8小时浓度限值监测指标。根据新的环境空气质量评价指标,2012年,全省县以上城市只有39.1%达标,杭州、绍兴、宁波、嘉兴、湖州、金华等地区污染尤为严重。同时,由于长时间、大范围的污染天气频繁出现,大气污染问题成为当时社会各界关注的焦点。2013年9月,国务院印发《大气污染防治行动计划》(以下简称"气十条")。为改善环境空气质量,切实保障人民群众身体健康,浙江省根据国家"气十条"要求,于2013年12月印发实施《浙江省大气污染防治行动计划(2013—2017年)》,坚决向大气污染宣战,这是浙江省针对环境突出问题开展综合治理的首个行动计划,标志着全省治气工作从重点治理

向系统治理转变。

顶层设计方面，浙江省委省政府高度重视，成立了由省长为组长、分管省长为副组长和相关厅局负责人为成员的大气污染防治工作领导小组，2014—2017年连续4年把治理雾霾列入十大民生实事之一；印发实施《浙江省大气污染防治行动计划重点工作部门分工方案》和《浙江省大气污染防治行动计划工作推进机制》，明确部门职责分工，建立实施大气污染防治联络员会议制度，形成政府统领、部门协同、齐抓共管的工作格局，改变了生态环境部门"单打独斗"的局面。组织实施方面，按照源头治理、综合防治的工作思路，制定实施能源结构调整、机动车污染防治、工业污染治理、产业布局与结构调整、城市扬尘和烟尘整治、农村废气污染控制六大专项行动方案，以及餐饮油烟管理、建筑工地及城市道路扬尘管理、矿山粉尘管理等技术规范，形成分项治理、分年推进、统分结合的大气污染防治"1+6+X"体系。考核评估方面，出台《浙江省大气污染防治行动计划实施情况考核办法（试行）》及配套实施细则，每年对大气污染防治目标和工作完成情况进行考核，考核结果与财政奖惩挂钩，并纳入地方政府和主要领导的考核，落实属地责任。法律法规方面，率先在全国修订出台《浙江省大气污染防治条例》，以地方性法规形式明确地方各级政府，以及生态环境、发展改革、经信等18个部门的大气污染防治职责。能力建设方面，推进大气复合污染立体监测网络建设，建立覆盖所有69个县级以上城市的环境空气质量自动监测体系，开展大气环境应急预案体系建设，制定实施《浙江省大气重污染应急预案（试行）》，组建环境空气预报预警中心。大气污染联防联控方面，加强长三角区域大气污染防治协作，积极推进长三角区域船舶排放控制区相关工作，圆满完成G20杭州峰会、乌镇互联网大会、厦门金砖会晤等重大活动环境空气质量保障。

通过5年的努力,全省大气污染防治行动取得显著成效,环境空气质量全面改善,相较于2013年,2017年空气质量优良天数比率从68.4%上升到82.7%,提高14.3个百分点;$PM_{2.5}$浓度从61微克/立方米下降到39微克/立方米,下降幅度达36.1%。能源结构方面,完成了2017年煤炭消费总量较2012年负增长的目标任务,累计淘汰改造燃煤小锅炉4.5万台,县以上城市实现高污染燃料禁燃区全覆盖,100蒸吨以上工业园区全面实现了集中供热。产业结构和布局调整方面,以"壮士断腕"的决心全面关停杭钢半山生产基地,同时完成半山电厂、萧山电厂、钱清电厂煤电机组关停。工业废气治理方面,在全国率先实施煤电超低排放改造,63台3972万千瓦大型煤电机组和323台燃煤热电锅炉达到超低排放水平;全面启动挥发性有机物污染整治,制定实施挥发性有机物污染整治方案,推进杭州市萧山区、嘉兴市嘉兴港区等20个治气重点区域整治,石化等行业250家企业推行LDAR(泄漏检测与修复)制度。移动源治理方面,累计淘汰黄标车60.83万辆、老旧车37.2万辆,提升车用油品和机动车排放标准,在公交客运、出租客运、环卫、物流等公共服务领域推广使用新能源汽车,宁波舟山港核心港区率先设立船舶排放控制区,推动岸电设施建设,京杭运河水系水上服务区岸电设施基本实现全覆盖。城市烟尘废气整治方面,建立"7个100%"扬尘防控长效机制,全面提升道路清扫机械化水平;建立餐饮油烟净化设施定期清洗和长效监管制度。农村废气治理方面,全省秸秆利用率进一步提升至93%,对秸秆露天焚烧实行严格管控;开展矿山粉尘防治专项行动,绿色矿山建成率达76%。

浙江省率先开展燃煤电厂超低排放改造

2013年,浙江省在全国率先提出燃煤超低排放概念并全面部署实施。浙江省人民政府在印发《浙江省大气污染防治行动计划(2013—2017年)》中明确提出了火电机组开展超低排放改造的任务要求,并专门出台《浙江省2014—2017年大型燃煤机组清洁排放实施计划》,浙江省经济和信息化委员会等6部门联合印发《浙江省地方燃煤热电联产行业综合改造升级行动计划》等文件,要求全部30万千瓦及以上煤电机组和141家燃煤热电企业在2017年前全面完成超低排放和节能改造。

2014年5月22日,浙能嘉华电厂8号机组成为全国首台完成超低排放改造的煤电机组。同年6月25日,国华舟山电厂4号机组成为全国首台同步建成超低排放设施并投运的新建机组。同年10月,国家发展改革委等部门授予浙能嘉华电厂"国家煤电节能减排示范电站"称号。首创该项技术的浙江大学高翔院士团队获2017年国家技术发明奖一等奖。该项技术发明主要解决了三个方面的技术难题:一是发明了多污染物高效协同脱除集成系统,研发了燃煤机组超低排放新工艺,实现了燃煤机组主要烟气污染物排放优于天然气发电排放标准限值要求,引领我国燃煤机组超低排放工作;二是发明了多功能脱硝催化剂配方、催化剂制备及催化剂再生改性等系列技术,解决了燃煤机组高效脱硝难题;三是发明了细颗粒物高效脱除技术,解决了颗粒物的超低排放难题。

浙江省在燃煤电厂超低排放领域的示范和引领,不仅使煤炭在我国实施清洁生产成为可能,更为京津冀、长三角、珠三角等地区煤电产业发展探明了新路。目前,全省统调燃煤电厂、热电、工业锅炉均已全部实现超低排放,引领全国超低排放煤电机组超10亿千瓦,建成了全球最大的清洁煤电系统。

三 持续推进打赢蓝天保卫战三年行动,深化综合管控协同减排

2018年5月,习近平总书记在全国生态环境保护大会上指出,"广大人民群众热切期盼加快提高生态环境质量","还老百姓蓝天白云、繁星闪烁"。随着大气污染防治行动计划在浙江省的全面推进,全省环境空气质量得到显著改善,但仍有设区市和县级城市环境空气质量未达到国家二级标准,秋冬季 $PM_{2.5}$ 和夏秋季臭氧浓度超标仍是全省大气环境质量改善面临的主要瓶颈,与习近平总书记提出的"蓝天白云、繁星闪烁"的美好愿景仍有较大差距。为坚决打赢蓝天保卫战,加快改善全省环境空气质量,满足人民群众对于美好生活的追求和向往,2018年,浙江率先在《浙江省生态文明示范创建行动计划》中提出全面开展清新空气示范区建设,并明确了2020年和2022年的建设目标。2018年9月,根据国务院印发的《打赢蓝天保卫战三年行动计划》的要求,浙江省人民政府印发实施《浙江省打赢蓝天保卫战三年行动计划》,持续开展大气污染防治行动,并将"清新空气示范区"建设纳入目标指标体系,为高标准打赢污染防治攻坚战、高质量建设美丽浙江、实现"两个高水平"奋斗目标提供有力支撑。

三年行动实施计划期间，浙江省坚持全民共治、源头控制、综合治理、重点突破，以推进产业、能源、运输、用地结构调整优化为重点，以"清新空气示范区"建设为载体，实施"十百千"工程、深化工业废气治理，开展秋冬季攻坚、柴油货车污染治理攻坚、工业炉窑整治、挥发性有机物整治、重点领域臭气异味治理五大专项行动，强化区域联防联控，加强重污染天气应对，进一步完善大气环境监管体系，实现环境效益、经济效益和社会效益多赢。

开展蓝天保卫战行动3年来，全省环境空气质量实现高水平达标。2018年在长三角等全国重点区域率先达到国家二级标准，2019年设区城市首次全部消除重污染天气。2020年空气质量实现4个"新突破"：一是设区城市$PM_{2.5}$平均浓度首次达到世界卫生组织空气质量过渡时期第二阶段目标（25微克/立方米）；二是设区城市和县级城市首次实现全达标；三是县级城市首次实现全部消除重污染天气；四是$PM_{2.5}$和空气质量综合指数居全国重点区域第一，首次进入全国前10，分别排名第8和第10。

浙江省创新开展清新空气示范区建设

2018年，浙江省人民政府印发《浙江省生态文明示范创建行动计划》，提出全面开展清新空气示范区建设，并明确了到2020年60%的县级以上城市建成清新空气示范区、到2022年力争80%的县级以上城市建成清新空气示范区的建设目标。同年印发实施的《浙江省打赢蓝天保卫战三年行动计划》将清新空气示范区建设纳入主要目标。自此，浙江省以市、县

(市、区)为对象,强化目标引领、污染治理、数字智治,积极探索开展"清新空气示范区"建设,高标准推进省域大气污染治理,营造全省上下联动、争先创优的良好氛围,有效推进环境空气质量持续改善。

一是加强顶层设计。2018年10月印发《浙江省清新空气示范区评价办法(试行)》,明确了评选方式、申报基本条件、评价指标、申报及核准等要求,将"清新空气示范区"建设作为全省生态文明示范创建和打赢蓝天保卫战的标志性工程一体部署、一体推动。

二是开展科学评价。建立"正向激励+负面约束+浙江特色"的示范区创建指标体系,充分体现清新标准,把反映浙江特色的清新空气(负氧离子)指标纳入其中,包含环境空气质量达标、完成蓝天保卫战年度工作任务、大气污染防治体制机制健全、空气不清新率小于8%、未发生重大大气事件和无涉气重大负面舆情6大类20个子项。

三是实施动态管理。在全省66个县级以上城市中,按照"建成一批、评价一批、带动一批"的原则,每年开展1次评价,市、县对标自查和申报,授予名额控制在县级以上城市总数20%左右。对已获评"清新空气示范区"的城市,如下一年继续达到评价条件的可以保留,且不占用下一年度的名额;如未达到评价条件的,进行限期整改,达到要求的继续保留,达不到的则取消。

截至2023年6月,共有8个设区城市和52个县级城市分四批建成"清新空气示范区",累计91%的县级及以上城市建成"清新空气示范区"。通过清新空气示范区评比，作为推进打赢蓝天保卫战的有力抓手，形成全省各县级以上城市比学赶超的良好氛围，切实增强了人民群众蓝天幸福感。

四 深入打好蓝天保卫战三大战役，加强数字赋能精准治气

进入"十四五"以后，浙江省 $PM_{2.5}$ 浓度大幅下降，已多年未出现重污染天气；但是环境空气质量改善基础并不稳固，O_3 污染问题凸显，已成为影响环境空气质量的首要因子，特别是环杭州湾城市 O_3 污染形势非常严峻。2022 年 12 月，浙江省美丽浙江建设领导小组办公室印发实施《浙江省臭氧污染防治攻坚三年行动方案》；2023 年 4 月，浙江省生态环境厅等 17 部门印发实施《浙江省减少污染天气攻坚三年行动方案》和《浙江省柴油货车治理攻坚三年行动方案》；全面启动臭氧污染防治、减少污染天气和柴油货车治理三大行动，持续深入打好蓝天保卫战。全省治气工作逐渐从大气 $PM_{2.5}$ 污染防控转向大气 $PM_{2.5}$ 和 O_3 污染协同防控，从消除重污染天气转向减少中轻度污染天气，以数字化改革为引领，以数智之力开启精准治气新篇章。

臭氧污染防治行动以环境空气质量巩固改善形势最为严峻的环杭州湾地区和金衢盆地为重点，聚焦臭氧污染前体物 VOCs 和氮氧化物，实施协同减排，突出重点、精准施策，加大重点城市、重点区块、重点行业治理减排力度，部署实施低效治理设施升级改造、重点行业 VOCs 源头替代、治气公共基础设施建设、化工园区绿色发展、企业集群综合整治、氮氧化物深度治理、企业污染防治提级、污染源强化监

管、大气污染区域联防联控、精准管控能力提升10项主要任务，实现"到2025年，全省臭氧浓度稳中有降，设区城市空气质量优良天数比率达到94%，县级以上城市不发生臭氧引起的重污染天气，基本消除中度污染天气"的目标。

减少污染天气行动聚焦$PM_{2.5}$和臭氧污染，强化VOCs、氮氧化物等多污染物协同减排，精准实施冬季颗粒物和夏秋季臭氧污染应对，坚持区域协同、省市县联动，健全环境空气质量监测网络，数字赋能提升预测预报、污染分析能力，全面建立污染天气应对机制，精准有效应对污染天气，部署实施产业绿色转型升级、高污染燃料清洁低碳替代、锅炉炉窑提质增效、夏秋季臭氧削峰、冬季颗粒物污染控制、企业绩效评级引领、污染天气应对基础能力提升以及加强联合监管执法8项主要任务，实现"到2025年，县级以上城市不发生重度及以上污染天气，设区城市中度污染天数比率控制在0.5%以内"以及"$PM_{2.5}$年均浓度达到24.3微克/立方米"的目标。

2002—2022年浙江省空气质量变化情况

柴油货车污染治理行动以运输结构调整为总方针，以柴油货车、内河船舶、非道路移动机械为监管重点，坚持"车、船、油、路、河、企"统筹，聚焦港口码头、物流通道、施工工地等重点区域，部署实施"公转铁"、"公转水"、车辆清洁化、船舶港口机场绿色发展、非道路移动机械清洁发展、油品及油气综合管控、重点用车企业强化监管、柴油移动源联合监管检查、精准管控能力提升8项主要任务，实现"到2025年，运输结构、车船结构清洁低碳程度明显提高，燃油质量持续改善，机动车船、工程机械超标冒黑烟现象基本消除，全省柴油货车排放检测合格率超过90%，柴油移动源氮氧化物排放量下降15%，新能源和国六排放标准货车保有量占比力争超过42%，全省铁路和水路货运量占比超过35%"的目标要求。

第三节　先行先试打造净土清废标杆

浙江"七山一水二分田"，作为城市发展和农业生产的重要承载资源，土地资源十分稀缺。浙江省以改善土壤环境质量为核心，以保障农产品和人居环境安全为出发点，坚持预防为主、保护优先、风险管控、分类治理，为建设美丽浙江、创造美好生活提供良好的土壤环境保障。时任浙江省委书记习近平同志提出了要解决好"成长的烦恼"的总要求，并强调"加强工业固体废物、医疗废物特别是危险废物管理，……治理农药、化肥、农膜、水产和畜禽养殖废弃物污染"。20年来，浙江省始终把推动土壤生态环境保护和固体废物污染防治作为提升省域生态承载力、守住环境安全底线和推动形成绿色低碳生产生活方式的重要抓手，持续开展省域范围土壤调查、"清洁土壤行动"，固体废物污染防治试点，在全国首个开展全域"无废城市"建设，在土壤和固体废物污染防治的道路上探路先行，交出具有浙江特色的答卷。

一　源头末端齐发力，确保"放心"和"安心"

浙江省的土壤污染防治工作一直走在全国前列，2011年，浙江省在全国率先开展"清洁土壤行动"，将土壤污染防治纳入"811"生态文明建设行动，出台了《浙江省清洁土壤行动方案》，着力源头防治、监测监控、治理修复、保障支撑4个方面，率先在全国系统性地启动了土壤污染防治工作。

强化农用地源头管控，确保"吃得放心"。浙江省突出"遏制、稳定、改善"的工作总基调，围绕农用地污染防治，从类别划定、分类管理、监测网络建设、信息共享4个方面开展工作，一手抓未污染农用地的保护，确保好的不能变差；一手抓受污染农用地的安全利用，有效管控突出风险。近年来，浙江制定并实施了《浙江省受污染耕地安全利用和管制方案（试行）》《浙江省受污染耕地治理修复规划（2018—2020年）》《浙江省粮食禁止生产区划定试点工作方案》《浙江省耕地土壤环境质量类别划分实施方案》等一系列政策制度，在划定优先保护、安全利用、严格管控3类耕地的范围开展积极探索，形成了具有浙江特色的农业"两区"土壤污染治理试点成果，同时出台安全利用和严格管控实施方案，制定安全利用技术规范，浙江省在全国首个开展77个有受污染耕地分布县（市、区）耕地土壤污染"源解析"工作，摸清污染源，启动污染源头管控工作。截至2022年年底，浙江省受污染耕地安全利用率达到96%。

强化建设用地风险管控，确保"住得安心"。浙江省是全国最早发布和实施城乡一体化纲要的省份,城镇建设用地的变更和使用十分频繁,城镇工业企业地块退役后带来的土壤和地下水污染防治问题一直是浙江省土壤污染防治工作的重点。2008年,杭州市出台《关于加强政府储备经营性用地出让前期环境管理工作的通知》,在全国率先明确工业企业退役地块用途变更为储备土地的,要实行土壤污染评价制度,也为浙江省建立建设用地土壤污染防治工作体系提供了经验启示。2013年5月,在省级层面出台了《浙江省污染场地风险评估技术导则》(DB 33/T 892—2013),填补了当时我国在污染地块风险评估技术标准领域的空白。"十三五"期间,浙江省部署开展重点行业企业用地土壤污染状况详查工作,进一步摸清全省土壤和地下水污染底数。"十四五"期间,浙江省贯彻落实《中华人民共和国土壤污染防治法》要求,积极推动《浙江省土壤污染防治条例》的立法进程,在全国率先开展建设用地土壤污染风险管控和修复"一件事"改革,理顺了建设用地土壤污染风险管控和修复机制,构建较为完善的监督管理制度体系。2017—2022年,浙江省共修复污染地块161个,治理污染土壤和地下水467.99万立方米,为城市建设提供净地595.05万平方米,重点建设用地安全利用率保持100%,有效保障"住得安心"。

构建地下水污染防控体系,保障可持续发展。 浙江从"建体系、控风险"两个维度确定了地下水污染治理路径。2013—2017年,浙江每年组织开展地下水基础环境状况调查,累计监测地下水污染源913个。2016年3月,省政府印发《浙江省水污染防治行动计划》,明确强化地下水污染防治工作要求。2020年5月,省生态环境厅会同相关单位联合印发《浙江省地下水污染防治实施方案》,初步建立浙江省地下水污染防治体系,部署开展地下水环境状况调查、建立地下水环境监测体系工作,摸清家底;加强集中式地下型饮用水水源保护、推进重点地下水污染源风险防控、加强地表水与地下水污染协同防治、强化土壤与地下水污染协同防治，初步建立地下水防控体系；开展地下水污染防治试点示范，总结浙江经验；进一步厘清地下水污染防治工作的部门职责。2021年，浙江省在调查数据基础上，多部门联合印发《浙江省地下水污染防治分区方案（2021年版）》，初步划定全省地下水治理区、保护区、防控区范围，明确各区域的防控要求。在杭钢半山基地退役地块土壤地下水污染风险管控和修复改革国家试点中，探索开展水土共治试点工作，并将相关经验成果纳入《浙江省土壤污染防治条例》立法中。

"防控治"三位一体——浙江省台州市国家土壤污染防治先行区

浙江省台州市废五金拆解业始于20世纪70年代，主要分布在路桥区、温岭市一带，行业发展初期，布局不合理，设施简陋，拆解手段落后（特别是场外非法拆解），使得一些区域土壤污染事故和信访事件时有发生。20世纪90年代，曾发生过拆解电力设备导致的土壤多氯联苯污染事故；2003—2004年，发生了多起因酸洗拆解导致的土壤污染、农作物死亡事故；2008年，台州市固体废物拆解业污染被浙江省人民政府列为11个省级督办的重点环境问题之一。

为破解医药化工、废五金拆解、电镀、印染、造纸等重点行业粗放发展，污染物排放居高不下，土壤环境受损，影响农产品质量、人居环境安全和居民身体健康等问题，台州市先行先试，建立"防控治"三位一体，切实加强土壤污染防治，改善土壤环境质量。2009年，台州市出台实施《台州市固废拆解业整治暨土壤污染修复控制实施方案》，首次尝试对受污染农田进行修复。2011年，台州市启动典型区域土壤污染综合治理项目，出台实施《台州市土壤清洁行动方案》。2016年，台州被列入全国6个土壤污染综合防治先行区之一，明确以改善土壤环境质量为核心，以保障农产品质量和人居环境安全为出发点，坚持预防为主、保护优先、风险管控、综合治理，突出重点区域、行业和污染物，坚持"防控治"三位一体统筹建设先行区。"防"，即通过强化土壤污染源头预防，深化重点行业整治提升，严防新增污染，遏制土壤污染加重的态势。"控"，即强化土壤环境空间管制，强化农用地分类管控，加强企业责任管理，守住安全底线，保持土壤环境质量基本稳定。"治"，即强化土地开发利用关键环节的环境准入把关，强化污染地块环境管理，有序推进医药医化、电镀、拆解等重点行业企业退役场地治理修复工程，切实解决存在的突出问题，逐步消减污染存量，实现土壤环境质量的明显改善。

台州市国家土壤污染防治先行区建设为浙江省完善土壤污染防治顶层设计探路先行，提供了有效经验。2019年，台州市土壤污染综合防治工作案例入选生态环境部"美丽中国先锋榜"。

二　全域"无废"看"浙里"，数智赋能率先行

固体废物带来的问题归根结底是发展方式和生活方式的问题，20年来，浙江省持续深化固体废物污染防治，围绕"811"环境污染整治行动和"811"环境保护新三年行动，实现县以上医疗卫生机构的医疗废物集中处置，2006年首次颁布实施《浙江省固体废物污染环境防治条例》，2008年制定《浙江省危险废物集中处置设施建设规划（2008—2010年）》，在全国较早形成层次分明、功能清晰的固废污染防治法制体系。党的十八大以来，习近平总书记对加强固体废物污染环境防治工作多次作出重要指示批示，浙江省坚持示范引领，做到"总书记有号令、党中央有部署、浙江见行动"，2018年，国务院印发《"无废城市"建设试点工作方案》，浙江率先开展全域"无废城市"建设。2022年，浙江省11个设区市全部列入全国"十四五"时期"无废城市"建设名单，是全国唯一一个全域试点的省份。浙江省不但把其当作固体废物污染防治工作的重要抓手，也作为加快形成绿色低碳生产生活方式的关键一招。

强化顶层设计，坚持制度引领。通过顶层设计，浙江省全域"无废城市"建设突出高质量发展，突出绿色低碳发展，突出系统治理。机制推进方面，浙江建立了纵向协同贯通、横向协同推进的"无废城市"建设运行机制。纵向组建政府负责、部门协同的"无废"工作专班，一体化、整体性、全方位推进固体废物治理。在此基础上，浙江在2022年印发《浙江省全域"无废城市"建设实施方案（2022—2025年）》，进一步明确了"十四五"时期"无废"建设路径，并修订颁布《浙江省固体废物污染环境防治条例》，在全国率先将"推进全

域无废城市建设"写入地方性法规。浙江省省级各有关部门在"无废城市"建设的基础上，合力推进生活垃圾分类、建筑垃圾治理、塑料污染防治、"肥药两制"等固废治理工作。截至2022年年底，浙江省住房和城乡建设厅推进生活垃圾总量控制、源头分类，实现生活垃圾"零增长"、原生垃圾"零填埋"；省生态环境厅会同省交通运输厅、省卫生健康委员会构建医疗废物、工业危险废物全程闭环监管体系，危险废物利用处置率达98%以上；省农业农村厅强化农业废弃物回收处理，废弃农药包装物回收率达90%以上。

强化数字赋能，突出"无废"智治。在生态环境部支持指导下，浙江省积极开展全国"无废城市"建设数字化改革试点，系统梳理"无废城市"建设需求清单、多跨场景清单与改革清单，迭代开发"无废城市在线"数字化综合应用，以"1+7+N"为总体框架进行设计，聚焦固体废物精准减控、高效资源化、合理合规处置等核心业务领域，覆盖五大类固体废物，打通省、市、县3个行政层级，整合卫健、建设、农业、生态、交通等部门的业务数据，升级"危险废物在线"，打通交通"浙运安"、卫健"医疗废物在线"、公安"浙里净"等系统，截至2022年年底，纳网监管固废企业24万余家，实时监控危险废物转移91万批次，交互危险废物运输数据信息60万余条，基本形成"纵向贯通、横向协同、覆盖全域"的数字治废体系。浙江省在全国首个发布"无废城市指数"，成为部省共建"无废城市"的数字化改革成果，定期定量动态评价"无废城市"建设绩效。上线"浙固码"场景、"危废交易服务监管"、台州"蓝色循环"等一系列应用场景，推动"无废城市"数字智治走深走实。

强化能力建设，守牢安全底线。浙江省稳步提升固体废物资源化水平，以"无废城市"建设为契机，强化各类废物处理能力，牢固守住涉废环境安全风险底线。在工业危险废物方面，启动危险废物"趋零填埋"三年攻坚行动，推进大宗危险废物综合利用。截至 2022 年年底，全省危险废物处置利用能力突破 1600 万吨 / 年，历史性实现各设区市主要种类危险废物"产处平衡"，同时推动建成小微产废企业危废集中收运平台 103 个，服务企业 6.5 万余家，实现动态全覆盖，有效破解小微产废单位危废处置出路困难。在一般工业废物方面，浙江省在全省开展一般工业固体废物统一收运体系建设，90 个县（市、区）建成统一收运平台 208 个、覆盖企业 14.1 万家。在医疗废物处置方面，建成医疗废物处置设施 13 座，处置能力 457 吨 / 日，新冠疫情期间，协调 32 座工业危废和生活垃圾焚烧设施提供 1727 吨 / 日的应急处置能力，形成 2219 吨 / 日的综合处理能力，确保医疗废物"日产日清"。在生活垃圾方面，建成生活垃圾焚烧和餐厨垃圾处理设施 135 座，日处理能力 9.69 万吨，在全国率先实现生活垃圾"零填埋"。

强化协同共建，弘扬"无废"文化。浙江省经济社会发展已进入加快绿色化、低碳化的高质量发展阶段，开展"无废城市"建设，从城市层面统筹固体废物综合治理、系统治理、源头治理、协同治理，可以在突破源头减量不充分、过程资源化水平不高、末端无害化处置不到位等固体废物污染防治瓶颈的同时，改变"大量消耗、大量消费、大量废弃"的粗放生产生活方式。浙江省提出"无废城市细胞"作为"无废城市"建设的基本单元，通过在固体废物源头减量、资源化利用和无害化处置等工作绩效突出的社会生产生活各类组成单元，来践行"无废城市"建设理念。通过"无废城市细胞"建设促进形成资源节约、环境友好生产方式和简约适度，绿色低碳的生活方式。浙江省紧紧抓住杭州第 19 届亚运会举办的历史机遇期，以深入推进全域"无废城市"建设为主线，打造了以"无废亚运"为代表的一系列标志性成果：2023年"无废城市"建设工作推进会在杭州成功召开；"无废亚运"主题活动圆满成功，"无废亚运场馆""无废亚运加油鸭"等"无废"倡议，通过中央广播电视总台等中央级权威媒体迅速出圈走红。"物尽其用""因地制宜""循环利用"等蕴含在5000年中华文明和传统文化中的理念成功根植并贯穿亚运筹备、举办和赛后利用的全过程，向全国和世界生动展示了浙江省"无废城市"建设的显著成效。

社会协同共建，全民共享——"无废亚运"

自成功申办第19届亚运会以来，浙江省杭州市坚持以习近平生态文明思想为指引，全面贯彻绿色办赛要求，将"无废"理念融入赛事筹办全过程和各领域，深入开展"无废亚运"创建行动，全方位推进固体废物源头减量、循环利用和无害处置，形成具有杭州辨识度和世界影响力的"无废亚运"标志性成果，充分展示习近平生态文明思想的实践成果，展示中国"无废城市"建设的显著成效。

"无废城市"和"无废亚运"的核心要义是通过"无废"理念的宣传，推动全社会形成绿色生产方式和生活方式。杭州市为践行绿色办赛理念，把"无废"理念融入赛事筹办和赛后利用全过程，深入开展"无废亚运"创建行动。推动固体废物能减尽减、办会物资可用尽用，打造体现杭州辨识度的"无废亚运"品牌，出台《"无废亚运"实施指南》，提出《"无废亚运"共同行动倡议》，让人民群众在生活中感受到"无废"理念。

杭州亚运会在绿色住宿、节俭餐饮、无纸办赛、推广可再生材料等方面推进源头减量，将"无废"理念、行为、模式融入亚运筹备举办和赛后利用的全过程、各领域、各环节。建成了 200 余个"无废"亚运场馆和接待酒店，56 个竞赛场馆有 44 个为改建或临建。推出"云上亚运村"低碳账户，鼓励村民通过光盘行动、垃圾分类、无塑购物等"无废行为"获取积分、兑换奖品，亚运期间参与人次超过 64 万。累计回收纸质餐盒和牛奶盒 57 吨、其他低值废弃物 92 吨，可制成原生纸 89.34 吨，做成"无废亚运"纪念品。

第四节　陆海统筹建设清洁美丽海湾

习近平总书记强调："要高度重视海洋生态文明建设，加强海洋环境污染防治，保护海洋生物多样性，实现海洋资源有序开发利用，为子孙后代留下一片碧海蓝天。"[①] 浙江省拥有全国最多的海岛、最长的海岸线，还有着世界四大渔场之一的舟山渔场，海洋生物多样性丰富。浙江省海洋资源得天独厚，海洋生态环境保护工作也走在全国前列。2004 年，《浙江省海洋环境保护条例》出台实施，浙江省的海洋环境保护从此有了专门性的立法。各级海洋主管部门切实加强海洋综合管理和生态文明建设，全力开启"两山"理念海上新实践，取得了显著的成效。近年来，全省近岸海域水质逐渐好转，优良水质海水面积占比从 2002 年的 22.6% 改善到 2022 年的 54.9%，创有监测历史以来的

[①] 《习近平致信祝贺 2019 中国海洋经济博览会开幕》，新华社 2019 年 10 月 15 日。

最高水平，杭州湾海域生态系统从长期以来的不健康状态转变为亚健康状态。

一　陆海统筹加强污染源头治理

浙江省准确把握海洋生态环境形势，以提升入海河流水质为基点，高标准严要求推进海洋环境污染防治工作。自2004—2022年先后实施4轮"811"专项行动，自2014年起深入推进"五水共治"，2018年起通过《浙江省近岸海域污染防治实施方案》《浙江省近岸海域水污染防治攻坚三年行动计划》《浙江省重点海域综合治理攻坚战实施方案（2022—2025年）》推进多轮近岸海域污染防治攻坚行动，以杭州湾、三门湾、乐清湾等重点海域为主战场开展重点海域综合治理攻坚。

梯次推进入海河流氮磷控制。入海河流是入海污染物的最重要汇入途径，浙江省坚持陆海统筹、源头防控，城镇污水处理厂从全部完成一级A提标改造到向清洁排放标准提升，省级以上工业集聚区全面建成污水集中处理设施，通过《浙江省主要入海河流（溪闸）总氮、总磷浓度控制计划（2021—2022年）》《浙江省主要入海河流（溪闸）总氮、总磷浓度控制计划（2023—2025年）》，对入海断面氮磷浓度提出梯级控制目标，并通过实施一批城市污染治理、农业农村污染治理等源头治理工程，全面提升入海河流水质。大力推进入海河流污染源头控制和河流水生态修复治理，综合利用加密监测、通量监测、多元同位素、微生物指纹、三维荧光等技术，全方位、多角度地开展入海河流氮磷溯源分析和精准治理。2022年浙江省入海河流（溪闸）总氮、总磷浓度控制工作取得积极成效，20个主要入海断面总氮平均浓度较2020年均值下降了9%，总磷下降了22%。

全面开展入海排污口"查、测、溯、治"。入海排污口是污染物进入海洋的最后关口，也是最典型的陆源入海排放点源。浙江省先后开展多轮入海排污口规范化整治工作，清理非法和设置不合理入海排污口。2020年起，浙江省推进入海排污口"一口一策"落实责任、分类攻坚。2022年，组织地方开展入海排污口监测、溯源、整治。全省4453个入海排污口4大类型29小类完成分类调整，7个沿海设区市组织完成入海排污口监测、溯源工作。沿海设区市组织开展"排口治污、岸滩治乱、海域治违"百日专项整治行动，共组织开展入海排污口巡查5090人次，清理"两类"入海排污口85个。截至2022年年底，全省入海排污口在线监测达标率达到99.15%，直排海污染源监督性监测达标率达到99.8%，全省入海排污口依托"浙里蓝海"应用建立了"一口一档"并实现了落图管理。

积极探索海水养殖污染治理。浙江省海水养殖面广量大，为严格控制海水养殖无序发展引发的污染危害，浙江省积极探索养殖绿色发展，力争化解渔业提质增效与水环境保护之间的矛盾。优化调整养殖空间布局，发布了《浙江省养殖水域滩涂规划（2022—2030）》，科学合理划定禁养区、限养区和养殖区。高质量推进水产健康养殖示范县、示范场的创建，2022年，渔业健康养殖比例已达到89.3%以上，在全国率先实现了水产养殖尾水"零直排"全覆盖。2022年以来，积极推进海水养殖尾水排放地方标准研究制定工作，力争为全省的海水养殖尾水治理和管理提供更科学规范的依据支撑。

大力提升海洋智慧监管水平。浙江省以数字化改革为牵引，打造"浙里蓝海"应用场景，逐步实现省、市、县三级贯通，涉海部门协同治理；开展卫星遥感重点海域水色异常预警和污染溯源，联动"生态环境问题发现·督察在线"应用场景，实现海洋环境问题发现整改闭环化管理。首创"蓝色循环"海洋塑料垃圾治理新模式，采用数字化技术对海洋塑料垃圾进行回收利用。在全国首创"海洋云仓"智慧治污模式并在全省各地积极推广，利用云计算和智能网络对含油废水、生活污水等渔船污染物收集、转运和处置情况进行管理，实现船舶水污染物全流程智治。同时，浙江省还在2022年启用了国内首艘千吨级近海生态环境监测船"中国环监浙001"，进一步提升了应对突发性海洋环境污染事故的应急监测能力。

"蓝色循环"——打造海洋塑料污染治理新模式

"蓝色循环"是政府引领、企业主导、产业协同、公众联动的海洋塑料污染治理新模式，旨在破解海洋塑料垃圾收集难、高值利用难、缺乏长效多元共治体系的治理痛点，采用数字化技术对海洋塑料垃圾进行源头控制、低碳回收、高值利用，同时构建产业价值再分配体系、赋能社会弱势群体致富，实现减污降碳与共同富裕双融合，打造海洋生态环境治理领域的共富样板。项目由浙江省生态环境厅牵头，在浙江省台州市椒江区、黄岩区率先开展试点并取得明显成效。台州市6个沿海县市区已设立海洋垃圾暂存点16个，利用码头小店等设立垃圾回收点"小蓝之家"11个，吸纳沿海镇村困难群众超500人，4352艘海上渔船加入"蓝色循环"，构建了全方位的立体收集网络。台州市开展试点的3个月期间，共收集海洋垃圾1560吨，其中，塑料垃圾1270吨、塑料瓶12万个，减少碳排放约5000吨。"蓝色循环"模式推广后，预计全省每年可回收海洋塑料垃圾1.8万吨，减少碳排放7.2万吨，有力助推浙江省美丽海湾保护与建设。

二 有序开发利用海洋生态资源

海洋是高质量发展战略要地，保护好海洋生态环境是关乎全面贯彻新发展理念、建设美丽中国和海洋强国、增强人民群众获得感和幸福感的重要使命和任务。作为全国岛屿最多的省份，浙江省拥有全国最长的海岸线和数量众多的保护区，生物多样性极为丰富，为了守护好这片海洋野生动植物的生存"宝地"和这座海洋"天然基因库"，浙江省合理部署、严格保护，科学有序地开发利用海洋生态资源。

牢牢守住海洋生态保护红线。为科学合理管控海域空间、严守自然生态安全边界，浙江省编制实施了《浙江省海洋主体功能区规划》《浙江省海洋功能区划（2011—2020年）》《浙江省海洋生态红线划定方案》《浙江省海岛保护规划（2017—2022年）》《浙江省海岸线保护与利用规划（2016—2020年）》等重大空间规划，"一线四规"海洋资源空间规划体系基本建立，并在全国率先探索建立自然岸线与生态岸线占补平衡机制。2022年，《关于加强生态保护红线监管的实施意见》出台。截至2022年，全省海洋生态红线区面积为1.46万平方米（2188万亩），大陆自然岸线保有率均为36.1%，海岛自然岸线保有率为78%。

加强海洋自然保护地保护建设。自2005年浙江省温州市西门岛获批全国首个国家级海洋特别保护区以来，浙江省以海洋生态保护区建设为契机，大力推进海洋保护区基础设施建设。2008年，渔山列岛国家级海洋生态特别保护区获批成立。2019年，舟山市东部省级海洋特别保护区、温州市龙湾省级海洋特别保护区获批成立。浙江省的海洋保护区数量不断增多，保护面积逐步扩大，海岛鸟类拥有了广阔的栖息地和繁殖场。截至2022年年底，累计建成国家级、省级各类海洋保护地18个，总面积逾4000平方千米，占省管海域面积的8.96%。2013年以来，被称为"神话之鸟"的中华凤头燕鸥在浙江象山韭山列岛国家级自然保护区连续多年被发现，越来越多的海洋生物选择在浙江栖息繁衍，成为浙江建设海洋生态文明的真实写照。

开展岸线及滨海湿地保护修复。浙江省在严控围填海和岸线开发的同时，系统开展滨海湿地生态修复。实施水鸟栖息地营造、水系联通、外来入侵生物防治等生态修复项目，全省红树林造林300多公顷，2020—2022年修复湿地面积约1万亩，防治湿地有害生物面积约6000亩。2018年，印发实施《浙江省海岸线整治修复三年行动方案》。2019年，率先完成围填海历史遗留问题生态评估报告和生态修复方案的评审工作。截至2022年，全省已完成海岸线整治修复360千米，经评估海岸线整治修复效果较好，岸线生态系统、景观功能、防御能力得到稳固或提高。

持续推进海洋生物资源养护。保护海洋生物多样性，促进人与自然和谐共生，是浙江长期以来坚持不懈在做的事。2014年起，为破解"东海无鱼"困局，浙江省委省政府出台《关于修复振兴浙江渔场的若干意见》文件，开展"一打三整治"专项行动，全力破解海洋捕捞能力过剩、资源衰退的难题。积极推进海洋牧场建设，持续开展生态修复百亿放流，截至2022年年底，全省共获批国家级海洋牧场示范区12个，2014—2023年共投放各类礁体100多万空方，放流苗种374亿单位。近年来，海洋渔业资源出现了恢复向好态势，"四大渔产"比20世纪90年代末增加4倍以上，大黄鱼、墨鱼逐步回归。持续开展杭州湾、乐清湾等沿海区域的水鸟同步调查，对黑脸琵鹭、中华凤头燕鸥等濒危物种加大保护力度。目前已建成象山韭山列岛和定海五峙山列岛2处全球最重要的繁殖地，2022年共记录成鸟数量达139只，占全球的85%以上，中华凤头燕鸥保护入选《中国水鸟保护十佳案例》，为世界濒危野生动物抢救保护提供了中国样本、浙江方案。

三 着力打造美丽海湾特色样板

海湾作为近岸海域最具代表性的地理单元，是经济发展的高地、生态保护的重地、亲海戏水的胜地，同时是海洋生态环境治理的攻坚区、老百姓关注的热点区、制约海洋生态环境持续改善的关键区域。《"十四五"海洋生态环境保护规划》《重点海域综合治理攻坚战行动方案》等文件均明确提出以美丽海湾建设为主线，着力推动海洋生态环境保护从污染治理为主向海洋环境和生物生态协同治理转变，从单要素质量改善向海湾生态环境质量整体改善转变，从主要关注指标变化向更加注重人民群众获得感和幸福感转变。

"蓝色海湾"开启海湾系统保护修复。2016年，温州市洞头区成为全国首批8个蓝色海湾整治试点单位之一，浙江省进入了"蓝湾"时代，脏乱差的岸线环境得到快速改善，受破坏的海洋生态系统得到保护恢复，生态"杠杆"更是进一步撬动了产业崛起、海岛振兴。截至2023年，全省共成功申请10个国家"蓝色海湾"项目，总投入44.94亿元，全面清零修复受损的海岸带，初步形成了白沙湾万人沙滩、沈家门百年渔港、洞头十里湿地、乐清最北界红树林、嵊泗海洋牧场、定海湾区滨海带等一批具有浙江辨识度的标杆示范案例。

"一湾一策"推进美丽海湾保护建设。2022年,浙江省以省政府名义在全国率先出台《浙江省美丽海湾保护与建设行动方案》,推动海洋污染防治向生态保护修复和亲海品质提升升级,展现"水清滩净、鱼鸥翔集、人海和谐"的海湾之美。总体建立了美丽海湾保护与建设"1+34"的工作体系,将190个自然海湾划分为34个美丽海湾建设单元,点面结合、一湾一策,分区分类梯次推进美丽海湾保护与建设。2022年和2023年,温州洞头诸湾和南麂列岛诸湾分别入选全国首批美丽海湾优秀案例提名案例和第二批美丽海湾优秀案例。2023年,《浙江省海洋生态综合评价指标体系("蓝海"指数)(试行)》印发实施,打造了一套系统全面、针对性好、适用性强、具有浙江辨识度的美丽海湾评价管理办法,成为指引全省美丽海湾保护与建设的"指挥棒"。

先行先试建设生态海岸带示范段。2020年,浙江省政府办公厅正式印发《浙江省生态海岸带建设方案》,提出建设1800千米左右的生态海岸带,到2035年全面建成绿色生态廊道、综合交通廊道、历史文化廊道、休闲旅游廊道、美丽经济廊道"五廊合一"的生态海岸带。截至2022年年底,全省生态海岸带建设已取得了阶段性成果,4条生态海岸带示范段立足资源禀赋,亮点纷呈,海宁海盐示范段田园风光初现,钱塘新区示范段都市风情彰显,前湾新区示范段湿地韵味凸显,温州168示范段山海相映成趣,成为全省生态海岸带建设的重要发力点,进一步打造了浙江省大湾区的标志性工程和魅力窗口。

第五节 保护修复打造多样生物家园

浙江省地处长江重要生态区、南方丘陵山地带,位于海岸带中部区域，是全国重要生态系统保护和修复重大工程布局的重要节点。与此同时，浙江省是我国陆域面积较小的省份之一，人口密度较高，城镇化快速发展造成部分生态空间遭受挤占，森林植被群落破碎化严重，湿地等生态系统出现退化，对生物多样性构成了严重威胁。党的二十大报告明确提出站在人与自然和谐共生的高度谋划发展，强调"提升生态系统多样性、稳定性、持续性"，"加快实施重要生态系统保护和修复重大工程"，"实施生物多样性保护重大工程"。20年来，浙江秉持人与自然和谐共生理念，积极适应新形势、新要求，从高水平建设生态文明和美丽浙江的高度，不断加大山水林田湖草系统保护修复力度，加强和创新生物多样性保护举措，探索生物多样性可持续利用实现路径，生态保护修复取得显著成效，生物多样性治理能力得到全面提升。

一　统筹推进山水林田湖草保护修复，筑牢生态安全屏障

山水林田湖草是一个生命共同体，生态系统保护和修复是一项长期而复杂的系统工程。习近平总书记强调："对山水林田湖进行统一保护、统一修复是十分必要的。[①]"这些年来，浙江省开展了钱塘江源头山水林田湖草生态保护修复工程试点，实施了瓯江源头区域山水林田湖草沙一体化保护和修复工程，山水林田湖草生态系统的稳定性明显提升，生态系统服务功能显著增强，有效改善和修复了全省重点区域野生动植物生境，生态安全得到有力保障。

钱塘江源头区域生态保护修复工程试点取得重要突破。钱塘江是浙江省八大水系之一，也是浙江的母亲河，世世代代孕育着浙江文明。钱

---

① 习近平：《论坚持人与自然和谐共生》，中央文献出版社2022年版，第42页。

塘江境内流域面积占全省陆域面积的47%，打造钱塘江流域山水林田湖草生命共同体，对维护国家生态安全具有重要的现实意义。2018年，钱塘江源头区域成为国家"十三五"期间第三批山水林田湖草生态保护修复工程试点，共包含工程项目79个，概算总投资232.43亿元。针对钱塘江源头区域面临的水质安全存在隐患、森林系统林种比例失调、农业面源污染严重、林业生物多样性遭受威胁等问题，实施生态系统保护修复，突出源头区域所在4个县（市）生态地位和亮点特色，量身打造了内陆湖泊生态系统保护修复的"淳安模式"、废弃矿山生态修复的"常山模式"、生物多样性保护的"开化模式"、生态保护与历史文化融合的"建德模式"四大模式，通过差异施策、一体推进，污染物排放量进一步削减，流域水环境质量整体提升，水系源头、重要湿地、河谷等生态敏感区生态保护与建设取得明显进展，区域生态环境质量在保持全国领先的基础上进一步提高，人民群众的生态环境获得感、幸福感、安全感显著增强。2021年，钱塘江源头区域山水林田湖草生态保护修复工程入选自然资源部与世界自然保护联盟联合发布的《基于自然的解决方案中国实践典型案例》。截至2022年年底，78个工程项目已完工，完工率为98.73%。实际到位资金153.98亿元，实际完成投资135.25亿元，资金执行率为87.84%。

瓯江源头区域"山水工程"走出生态保护修复新路径。瓯江源头区域位于浙江省西南部的丽水市，占整个瓯江流域总面积的73.1%，是长三角地区重要生态安全屏障。尽管丽水市生态环境质量持续位列全省第一，但仍存在森林群落结构单一、矿山开采造成水土流失、环保基础设施建设和运维水平较低、"绿水青山就是金山银山"转化不足等问题。2021年，瓯江源头区域山水林田湖草沙一体化保护和修复工程被列为全国首批10个"山水工程"之一，获20亿元的中央奖补资金。

该工程秉承"山水林田湖草是生命共同体"理念，统筹部署重要生态系统及生物多样性保护修复、水生态保护修复、土地保护修复、森林生态保护修复及数字赋能智慧监管共五大类生态保护修复工程，实践基于自然的解决方案（NbS）思维模式和生态智慧监管方式，探寻人与自然和谐共生的高质量绿色发展道路。经过3年多的持续推进，该工程取得丰硕成果，不仅系统解决了生态系统各生态要素问题，从根本上实现生态系统质量、生态系统稳定性及生态系统服务能力的全面提升，更是通过"山水工程"引导当地调整产业结构和发展绿色经济，将生态资源优势转化为绿色产业优势，实现人与自然和谐共生。

钱塘江源头区域山水林田湖草生态保护修复工程入选自然资源部与世界自然保护联盟联合发布的《基于自然的解决方案中国实践典型案例》

2021年6月23日，自然资源部与世界自然保护联盟（IUCN）在北京联合举办发布会，发布了《IUCN基于自然的解决方案全球标准》，并结合我国生态保护和修复重大工程与实践，在全国范围内选取了10个代表性案例，形成了中国实践典型案例，钱塘江源头区域山水林田湖草生态保护修复工程成功入选。

"山水林田湖草"是一个生命共同体，一条都不落、一环都不少。以浙江省淳安县为例，该县牢固树立"山水林田湖草是一个生命共同体"理念，以千岛湖流域面临的生态环境问题为导向，以全流域为对象，从流域尺度的科学分析和系统规划出发，统筹治水和治山、治水和治林、治水和治理等，在优化流域生态、绿色农业、空间布局基础上，开展农村居民点搬迁、工矿企业及畜禽养殖场关停、入湖河流污染治理等先导工程，实施临湖地带整治、森林生态系统修复及矿区生态治理。如今，随着"水上菜园""岛上新岛"新景象的呈现，千岛湖不仅成为山水林田湖生态修复的样本，还成功谱写了生态美富新篇章。

二　持续加强生物多样性保护，全方位提升生物多样性治理能力

生物多样性关乎人类福祉，是人类赖以生存和发展的重要基础。浙江省将生物多样性保护纳入生态文明和美丽浙江建设顶层设计，以深化实施《浙江省生物多样性保护战略与行动计划（2011—2030年）》为抓手，不断加强和创新生物多样性顶层设计，多措并举，持续加强生物多样性就地和迁地保护，推进有害生物防控与监测预警，有效提升生物安全管理水平，生物多样性治理能力和治理水平显著提升。

法规政策规划不断完善。浙江根据省情实际，在贯彻落实国家相关法律法规的基础上，相继制定和发布了一系列地方性法规和政策文件。2006年出台了《浙江省自然保护区管理办法》，在2014年、2017年对部分条款做了修订，实行了省级以上自然保护区集体林租赁政策。针对海洋特别保护区的保护和利用，2006年发布实施《浙江省海洋特别保护区管理暂行办法》。2010年发布《浙江省野生植物保护办法》，

2012年发布《浙江省湿地保护条例》,生物多样性保护法规体系日趋完善,为生物多样性保护管理提供了法律依据。此外,出台古树名木保护办法、水域保护办法等地方政府规章,制定生态环境损害赔偿修复、农作物种子储备管理办法等地方规范性文件。2011年以来,先后发布《浙江省生物多样性保护战略与行动计划(2011—2030年)》《浙江省水生生物多样性保护实施方案》《浙江省八大水系和近岸海域生态修复与生物多样性保护行动方案(2021—2025年)》。2022年,省两办印发实施《关于进一步加强生物多样性保护的实施意见》,高规格召开全省建设新时代美丽浙江推进大会暨生物多样性保护大会,以前所未有的力度来抓生物多样性保护工作。在同年颁布实施的《浙江省生态环境保护条例》中,生物多样性保护首次写入浙江省级地方性法规。2023年,率先发布生物多样性友好指数,客观评价全省各地生物多样性保护工作,不断提高对生物多样性保护工作的统筹能力。为全力推动联合国《生物多样性公约》第十五次缔约方大会(COP15)第二阶段会议通过的"昆明—蒙特利尔全球生物多样性框架"目标有效落地,率先印发《浙江省生物多样性保护战略与行动计划(2023—2035年)》,为下一步生物多样性保护工作提供了指引。

调查监测评估全面开展。掌握全省生物多样性本底状况,明确其受威胁程度和胁迫因子是生物多样性科学保护的前提。20年以来,省级生物多样性相关管理部门组织开展生物多样性相关调查,2005—2007年,杭州市、宁波市、温州市先后完成了辖区内野生动物资源调查。原省环境保护厅2010年组织完成了"浙江省外来入侵物种调查",2011年开展省域生物多样性调查与评价,初步建立生态系统监测体系,陆续组织了一系列野生动植物资源本底调查,初步摸清野生动植物资源本底。2016年以来,省林业局连续7年进行全省迁徙水鸟同步调查及环志，持续推进濒危物种专项调查，已有13个县完成县域野生动物资源本底调查试点。2019年年底启动丽水市、舟山市和27个县（市、区）的重点区域生物多样性调查评估，逐年扩大调查范围，2023年调查工作扩展到80余个县域。累计投入省级生态环保专项资金1亿余元，累计发现新物种15种，记录物种1.2万余种，舟山海域调查共鉴定出11大类生物935种，进一步掌握了大黄鱼、曼氏无针乌贼、小黄鱼、刀鲚等特色物种的分布，逐步摸清全省生物多样性家底。建成浙江省生物多样性调查与监管系统、"浙样生态"应用场景，不断提升生物多样性治理效能。

就地迁地保护体系持续优化。浙江省主要通过自然保护区的建设和管理，对珍稀物种、重要生态系统等实施就地保护。全省自然保护区单个面积相对较小，但类型众多，涵盖森林生态、野生生物、内陆湿地、海洋海岸、地质遗迹等。截至2022年年底，已建成省级以上自然保护区27个（国家级自然保护区11个、省级自然保护区16个），总面积19.48万公顷，占全省国土面积的1.28%，初步形成了类型较为齐全、布局较为合理、功能较为健全的自然保护区网络。为切实提高自然保护区规范化建设和科学管理水平，2011—2017年，省环境保护行政主管部门会同有关自然保护区行政主管部门对全省省级以上自然保护区规范化建设情况进行年度考核，所有参加年度考核的自然保护区考核合格率均为100%。2017—2018年，原环境保护部联合六部门组织开展长江经济带国家级自然保护区管理评估，浙江省9个国家级自然保护区参与评估，天目山、清凉峰、古田山、南麂列岛、乌岩岭、凤阳山—百山祖、九龙山7个国家级自然保护区评估等级为"优"，长兴地质遗迹和大盘山2个国家级自然保护区评估等级为"良"，优良率达100%，其中优秀率为77.8%，优良率和优秀率均名列第一。迁地保护是就地保护的一种补充保护方式。2003年以来，浙江省持续实施极小种群野生植物拯救保护工程，对百山祖冷杉、普陀鹅耳枥、天目铁木等50个极小种群野生植物开展系统保护。2017年，率先在国内启动针对29个珍稀濒危物种（朱鹮等12种野生动物、百山祖冷杉等17种野生植物）的抢救保护工程，通过人工繁育、栖息地改良、野化放归等措施，有效缓解了物种濒危程度。推进野生动植物迁地保护设施建设，建立了一批陆生野生动物救护中心和植物迁地保护机构。不断加强农作物和林草种质资源收藏和保护，收集保存农作物种质资源14万余份，建成国家级水稻中期库以及省级茶树、食用菌等大型资源圃，收集保存林草资源100余种2.5万份，建成省级以上林草种质资源库32处。随着全省就地和迁地保护体系的逐步完善，部分珍稀濒危及特色野生动植物种群得到保护和恢复，重要生物遗传资源得到有效保护。

开化钱江源国家公园守护生物多样性

　　钱江源国家公园体制试点区位于浙江省开化县西北角，涉及苏庄镇、长虹乡、何田乡、齐溪镇4个乡镇，总面积252平方千米，是长三角地区唯一的国家公园体制试点区，境内拥有大面积全球稀有的中亚热带低海拔典型原生常绿阔叶林地带性植被，生态系统原真性、完整性保存完好，共有2234种高等植物、372种脊椎动物在此繁衍生息，是中国特有物种黑麂的集中分布区。试点区自2016年6月正式获得国家发展和改革委员会批复以来，钱江源国家公园不断探索生物多样性保护的新模式、新路径,打造了万物共生共荣的美好家园。

钱江源国家公园针对土地权属复杂问题,开展了地役权改革,同时配套制定了原住民特许经营、野生动物肇事保险、救助举报奖励等一系列配套制度政策,切实化解保护与发展、人与动物的各类冲突,相关做法入选COP15"生物多样性100+全球典型案例"中的特别推荐案例。钱江源国家公园建成了集卫星和近地面遥感、森林冠层、地面综合观测等于一体的森林生物多样性"空天地"综合监测体系,实现对全境重要生态系统以及关键物种的长期动态监测,为生态系统保育修复、濒危物种保护和可持续发展提供重要保障,相关经验写入2019年联合国可持续发展峰会《地球大数据支撑可持续发展目标报告》。开展朱鹮野外放归异地保护、黑麂等珍稀濒危物种抢救保护基地建设。此外,立足钱江源国家公园3省7县交界的区位实际,构建跨区域联动保护机制,与毗邻的淳安、休宁等6县签订合作协议20余份,成立钱江源国家公园融治中心,各区域每年联合开展"清源""清风"等专项行动,全力打击盗猎偷捕、破坏生态资源等行为,实现跨区域协同保护。同时,借助数字赋能等技术手段,推出野生动物自动识别、无人机巡检、火情监测预警等多种数字监管方式,实现生物多样性"看得见、管得住"。

生物安全防控稳步加强。浙江省高度重视生物安全管理,为防止危险性病、虫、杂草传播蔓延,省政府及相关单位发布实施一系列管理条例,建立生物物种资源对外输出审批和出入境查验等管理制度,强化外来物种、转基因物种的审查和监管，积极防控外来入侵生物。一方面，深入推进外来有害生物防控与监测预警，截至 2022 年年底，已建设 18 个国家级和 44 个省级外来有害生物监测区域站，建立标准化病虫观测场 686.7 亩。另一方面，推行美国白蛾、松材线虫、红火蚁、舞毒蛾等重点外来有害生物网格化监测管理，截至 2020 年年底，实施监测面积 47274.69 万亩次，覆盖率达 99.59%。为摸清全省外来物种入侵状况，2022 年省农业农村厅等 8 部门联合启动外来入侵物种普查。在农林业有害生物防控上，重点开展松材线虫病防治攻坚行动和红火蚁疫情阻截防控行动，松材线虫病疫情 30 年来首次出现第一个下降拐点，红火蚁疫情也得到有效控制。作为国门生物安全第一道防线，口岸生物安全防控也不容忽视，2011—2020 年共截获进境植物有害生物 47.8 万种次，2020 年在非贸易渠道截获非法入境外来物种 205 种次。为严格做好转基因生物监管，组织开展转基因作物及其产品抽样检测，创建农作物转基因成分快速筛查体系和信息溯源系统，实现对不同转基因生物样品进行同步快速准确的检测。此外，依托科研院所，针对水稻、玉米、大豆、棉花等转基因作物开展生态风险评估与环境安全监测，防范转基因生物环境释放可能产生的不利影响，生物安全防控工作取得显著成效。

三 创新推动生物多样性可持续利用，助力高质量发展

2020 年 9 月 30 日，习近平总书记在联合国生物多样性峰会上指出："生物多样性既是可持续发展基础，也是目标和手段。我们要以自然之道，养万物之生，从保护自然中寻找发展机遇，实现生态环境保护和经济高质量发展双赢。"浙江省依托丰富的生物资源，不断加强生

物资源价值转化，推进传统知识的保护传承和创新发展，开展生物多样性保护和可持续利用试点示范，积极助推绿色发展。

生物资源价值转化全面加强。浙江省筑牢生态产品价值实现基础，探索生物资源价值实现路径，全面激发生物多样性保护内生动力。丽水市开展首个生态产品价值实现机制国家试点，打响了"丽水山耕""丽水山居""丽水山泉"等品牌，不断拓宽生态价值转化实现路径。全省各地积极发展生态农业、生态旅游、绿色工业和健康休闲产业，创"生态赋能+循环低碳"的生态工业发展之路，吸引一批生态产品利用型企业入驻；成功入选国家全域旅游示范省创建单位，拥有国家5A级旅游景区19家，数量居全国第二。依托自然资源和文化特色优势，做好"生态+旅游"文章，启动诗路文化带建设，打造十大名山公园和十大海岛公园，公布两批大花园"耀眼明珠"。生物资源的转化利用为乡村振兴和共同富裕注入新动力。

传统知识传承发展稳步推进。浙江省深入调查发掘各地生物多样性传统知识，使生物多样性可持续利用真正融入群众生活。调查发掘黄粿、乌米饭、绿豆腐、黄陂辣、青口皮纸等为代表的生物多样性传统知识，详细记录了制作原料所涉及的生物多样性要素和制作工艺，还记录了一大批农业遗传资源相关传统知识和传统医药、技术、文化、地理标志产品，有效推动了生物多样性知识的传承和转化。依托非物质文化遗产（以下简称非遗）代表性项目和传承人、重要农业文化遗产等登记和申报，扎实推进传统知识的保护传承和创新发展。持续加强中医药传统知识保护与传承，2011年以来，浙江省入选传统医药类国家级非遗项目7项、省级31项，入选传统医药类国家级非遗项目代表性传承人6位、省级17位。截至2021年，共入选中医药类国家级非遗项目12项，位居全国第一；入选中医药类国家级非遗项目代表性传承人 7 位，位居全国第三。与此同时，不断推进农业传统知识保护与传承，截至 2022 年，浙江省入选中国重要农业文化遗产 14 项。青田稻鱼共生系统、绍兴会稽山古香榧群、湖州桑基鱼塘系统 3 项被列为全球重要农业文化遗产，入选中国重要农业文化遗产和全球重要农业文化遗产的数量位居全国第一。

多领域可持续利用试点先行先试。近年来，浙江在生物多样性保护和可持续利用方面创新思路、推动试点建设、梳理成功经验，走出了一条以保护生物多样性实践绿水青山就是金山银山理念的新路子。2022 年，召开生物多样性保护促进共同富裕示范区建设研讨会，相关院士、专家、科研人员、基层工作者分享生物多样性保护和可持续利用的研究成果和理念。梳理生物多样性促进共同富裕十大典型路径，在 COP15 第二阶段大会发布"生物多样性赋能共同富裕的浙江实践"成果。聚焦不同领域，开展丽水全国生物多样性保护引领区、磐安生物多样性友好城市、象山海上生物多样性保护实践地等 7 个生物多样性可持续利用试点建设。在丽水试点的基础上，创新开展省级生物多样性体验地建设，建成龙泉、庆元、海曙、仙居、北仑等 11 个体验地，截至 2023 年 6 月，各类试点示范体验地累计接待游客近 685 万人，带动收入 7.8 亿元。通过试点示范，全面推动全省生物多样性资源的保护和合理利用，为全国生物多样性可持续利用提供"浙江样板"。

北仑海洋生物多样性体验地

北仑作为宁波舟山港核心所在地，拥山抱海，拥有丰富的海洋生物多样性，辖区内更有全国独有的国家一级野生保护动物"镇海棘螺"。北仑梅山岛是典型的湿地岛屿，梅山湾中的生物种群丰富，在生态资源禀赋方面具有一定优势。为提升公众海洋素养，加强海洋生物多样性保护意识，宁波市投资1900万元，在梅山建成面积3000平方米的海洋生物多样性体验地——宁波海洋研究院实践创新基地。

体验地围绕"家国海洋""科创海洋""生态海洋""人文海洋"四大主题，应用VR、AR、3D等数字技术打造沉浸式生物多样性体验环境，向公众全面展示海洋生物多样性保护成效。体验地内人工模拟搭建海洋生物栖息环境，包含潮间带、海藻场、珊瑚礁、海洋湿地、海岸带等，同时设置棘皮动物、节肢动物、水母、海底总动员等海洋生物主题缸体近50个，养殖海洋生物150余种，展出生物标本近千件。根据不同学段，结合生物活体，开发20余门形式多样、内容丰富的生物多样性课程，比如《南海奇遇VR》《水母变形记》《虾说》等。体验地依托海岛、岸线等优质自然资源，深度挖掘梅山湾生物多样性的丰富资源，融合周边场地及生态环境，在中国港口博物馆、万博鱼帆船体验地、梅山湿地公园等地方，进行主题研学教育，并开发多时段、多龄段的矩阵式研学产品及线路，内容涵盖海洋生物分类学、生态环境监测分析等方面，让大众在教育实践中认识到生态环境的整体性和重要性，亲身感受海洋生物多样性的意义。此外，体验地注重生物多样性科普输出，组织优秀科研人员科普进校园，其中，《小贝壳大世界》已走进40余所学校，受众人数1.7万人；拍摄200多种海洋生物，制作生物多样性科普视频矩阵，其中，抖音号已发布70余部，阅读量超1200万次。

国际交流与展示不断深入。2020年以来，连续4年组织开展"5·22国际生物多样性日"浙江主场活动，全省各地组织开展了夏令营、有奖征集、新闻发布会、科普展、观鸟赛、自然笔记等各类生物多样性相关活动，创新开展中华凤头燕鸥、镇海炼化白鹭慢直播和搁浅鲸鱼救援直播。浙江受邀参加COP15两个阶段会议，第一阶段昆明会议，在生态文明论坛开幕式上作主旨发言，有5个项目入选"生物多样性100+全球特别推荐案例"和"生物多样性100+全球典型案例"；第二阶段加拿大蒙特利尔会议，成功举办中国角"浙江日"宣传活动，100余万人在线观看，通过城市峰会、自然峰会等平行活动及各类边会向全球展示浙江生物多样性保护成就和经验，其间，有关报道点击量超3亿次。浙江省湖州市被授予生态文明建设国际合作示范区，湖州、嘉兴双双入选"自然城市平台""生物多样性魅力城市"，泰顺县被授予COP15自然与文化多样性峰会新闻采风基地。随着全省生物多样性保护的氛围日益浓厚，越来越多的公众参与到这一"绿色事业"中，以行动诠释生物多样性保护的责任与意义。

第四章
"991"行动纵深拓展带动绿色高质量发展

建立绿色低碳发展的经济体系，促进经济社会发展全面绿色转型，才是实现可持续发展的长久之策[①]。

在保护中发展，在发展中保护。面对浙江在21世纪初出现的发展瓶颈，习近平同志对发展方式转型展开了深刻思考，强调统筹好保护与发展的关系，指出要"严格按照生态功能分区要求，确定不同地区的主导功能，配套以体现科学发展观要求的政绩导向，形成各具特色的发展格局"。[②] "要痛下决心，以'腾笼换鸟'的思路和'凤凰涅槃''浴火重生'的精神，加快经济增长方式的转变，让'吃得少、产

---

① 习近平：《与世界相交　与时代相通　在可持续发展道路上阔步前行——在第二届联合国全球可持续交通大会开幕式上的主旨讲话》，《人民日报》2021年10月15日。

② 习近平：《干在实处　走在前列——推进浙江新发展的思考与实践》，中共中央党校出版社2006年版，第201页。

蛋多、飞得远'的'俊鸟'引领浙江经济。"[1]"在选择之中，找准方向，创造条件，让绿水青山源源不断地带来金山银山。"[2]为推动浙江空间格局优化、经济结构调整和发展方式转变指明了方向。20年来，浙江始终坚持"生态优先、绿色发展"，建立完善生态环境分区管控体系，实施循环经济"991"行动计划，深化"亩均论英雄"改革，加快生态产品价值实现，以占全国1%的土地、3%的用水量、5%的能源消耗量，创造了全国6.4%的国内生产总值，绿色发展综合得分位居全国前列，[3]绿色正在成为浙江发展最动人的色彩。

第一节 打造生态优先空间格局

2006年5月29日，在全省第七次环境保护大会上，习近平同志指出，要"根据资源禀赋、环境容量、生态状况等要素，明确不同区域的功能定位和发展方向，将区域经济规划和环境保护目标有机结合起来，并根据环境容量、自然资源状况分别进行优化开发、重点开发、限制开发、禁止开发"。[4]浙江坚持贯彻生态优先的空间战略要求，通过20年的努力，全省经济社会发展布局与生态分区主导功能、保护与发展方向趋于一致，基本实现经济社会发展与资源、环境承载力相适

---

[1] 周天晓等：《绿水青山就是金山银山——习近平总书记在浙江的探索与实践·绿色篇》，《浙江日报》2017年10月8日。

[2] 习近平：《之江新语》，浙江人民出版社2007年版，第153页。

[3] 数据来源：《浙江举行高水平推进生态文明建设先行示范新闻发布会》，浙江省人民政府新闻办公室，http://www.scio.gov.cn/xwfb/dfxwfb/gssfbh/zj_13836/202308/t20230810_750030.html，2023年8月8日。

[4] 习近平：《干在实处 走在前列——推进浙江新发展的思考与实践》，中共中央党校出版社2006年版，第201页。

应，形成了生态格局安全稳定、产业布局优化协调、城镇发展统筹高效的空间保护与发展格局。

一 完善生态环境分区管控体系，强化生态环境准入引导

为有效管控生态空间，从源头防控生态环境风险，指导自然资源开发和产业合理布局，推动经济社会与生态环境保护协调、健康发展，自2003年以来，浙江省逐步优化生态环境空间的功能分区、细化管控措施、健全配套政策，构建了完备的生态环境分区管控体系，为制定切实可行的生态环境保护和管理措施提供科学依据，是推进浙江生态省建设的一项重要的具有创新性、实用性的基础性工作。

科学划定生态功能分区，构建省域空间保护和开发的基础构架。2003年年初，浙江省组织开展了生态功能区划专题研究，根据全省生态环境现状调查成果，以及对全省地形地貌、土壤属性、水热条件、植被覆盖、生态系统等反映自然生态属性的因素和指标的分析，结合浙江省自然保护区、动植物分布特征和浙江省农业区划、土地利用现状等划分生态功能区，初步研究成果被吸收到《浙江生态省建设规划纲要》中。为使生态功能区划更符合客观实际和更具可操作性，在《浙江生态省建设规划纲要》提出的六大功能分区引导下，运用GIS技术等先进的方法和技术手段进行了生态环境现状分析、生态环境敏感性评价和生态服务功能重要性评价，提出了浙江省生态功能区划方案（三级分区），划定六大生态区、15个生态亚区、47个生态功能区，明确了分区保护与发展导向，成为后续20年浙江省域空间保护与开发的基础构架，为优化全省生产力布局、科学合理利用生态环境资源奠定了重要基础。

首创综合型分区规划，为国家生态环境分区管控体系的建立提供浙江经验。2008年发布县域生态环境功能区规划，以《浙江省生态功能区划》为基础，对县域生态环境敏感性和主要环境问题进行空间分析和评价，结合地区社会经济发展现状和发展目标，将县域划分为禁止准入、限制准入、重点准入、优化准入4种不同类型的生态环境功能区，分类设置了区域开发和产业发展的环保准入门槛，明确各功能区生态环境保护和污染物总量控制目标、产业调整方向及区域环境管理重点。县域生态环境功能区规划是《浙江省生态功能区划》在县级行政区的延伸、深化和具体落实，是浙江深入推进生态省建设的一项创新性工作。自2008年印发后，县域生态环境功能区规划成为当地政府开展区域性开发建设活动时进行环境决策的重要基础，是生态环境部门实施建设项目环境审批的基本依据之一，是编制主体功能区规划和其他经济社会发展专项规划的基础，在全省环境管理中发挥了基础性、龙头性的作用。县域生态环境功能区规划的编制实施，是浙江省乃至全国从生态环境空间管理理论研究走上实践的一大步，标志着浙江省已经初步建立起生态环境分区管控体系，在全国率先实行差别化的区域生态环境政策和准入清单管理制度，率先形成覆盖全省、市、县的生态环境分区管控机制。

实施差异化清单式管理，充分发挥空间管控优化产业布局的功能。2013年纳入原环境保护部首批试点，并于2016年7月由省政府批复实施的《浙江省环境功能区划》，在县域生态环境功能区规划基础上结合国家要求进行了提升，以主导生态功能保护为导向，将省域国土空间划分为6类环境功能区，并对各类环境功能区提出了规范化管控措施，细化了工业污染防治管控措施，首次结合负面清单进行管理。2020年5月，《浙江省"三线一单"生态环境分区管控方案》正式发布实施。在《浙江省环境功能区划》已有分区和管控实践的基础上，基于区域发展格局特征、生态环境功能定位、环境质量目标和环境风险管控要求，生态环境分区管控方案建立了总体和环境管控单元分类别生态环境准入清单和工业项目分类表，形成了更加明确的建设项目环境准入门槛。从环境功能区划到生态环境分区管控方案，逐步完善了具有浙江特色的针对性强、可操作性强的工业项目分类表和分区管控措施，实现标准化、条目化管理，切实提升了项目准入管理水平，充分发挥了区划空间管控优化产业布局的功能，以及推动区域产业转型升级的作用。

加强生态环境空间数智治理，实现分区管控准入引导的协同化应用。浙江省开发了"三线一单"数据应用管理系统，把"三线一单"分区管控要求和环境管控单元进行落图和固化，打通"三线一单"分区管控、区域环评、饮用水水源保护区、畜禽养殖禁养区、声环境功能区划等图集成果应用，实现信息共享和动态更新，实现生态环境领域"多规合一"，为生态环境综合管理提供有力的技术支撑。"三线一单"数据应用管理系统嵌入国土空间治理数字化平台，生态环境分区管控方案管理要求深度嵌入城市总体规划、土地利用规划、开发区建设规划、行业发展规划等各项规划中，实现了一个建设项目在同一个平台同时开展环保审批和用地审批等业务协同，充分发挥"三线一单"宏观调控和战略引导作用，有效提升了经济发展决策效率。

二 建立健全国土空间规划体系，优化开发保护总体布局

浙江坚持贯彻主体功能区战略要求，以"多规合一"改革为核心构建国土空间规划体系，强化国土空间开发利用和保护的顶层设计，建

立了可持续发展的空间布局支撑体系，率先建成"多规合一"省域空间治理数字化应用平台，为国土空间治理现代化提供强有力的支撑。

贯彻主体功能区战略要求，完善国土空间规划体系。2013年浙江发布实施《浙江省主体功能区规划》，对空间开发保护秩序重构发挥了重要作用。《浙江省主体功能区规划》以《浙江生态省建设规划纲要》分区为基础，构建了以浙东北水网平原、浙西北山地丘陵、浙中丘陵盆地、浙西南山地、浙东沿海及近岸和浙东近海及岛屿六大生态区为主体的生态安全格局。按照是否适宜进行大规模高强度的工业化城市化开发为标准，划分优化开发、重点开发、限制开发、禁止开发4类区域，同时将限制开发区域细分为农产品主产区、重点生态功能区和生态经济地区，并根据《浙江生态省建设规划纲要》分区管控措施引导，分别制定和细化了各类主体功能区开发方向和空间管制要求。2019年浙江启动国土空间规划编制。省级国土空间规划制定省域国土空间保护、开发、利用、修复总体战略目标，构建区域协调、城乡融合、陆海统筹、绿色高质量发展的省域国土空间总体格局。针对以往主体功能区规划一定程度上存在的管控单元偏大、空间政策协同偏弱等问题，省级国土空间规划进一步健全主体功能区制度。市级国土空间总体规划在确定县域主导功能的基础上，因地制宜明确其兼容、复合的主体功能类型，形成"主导功能+复合功能+附加功能"的主体功能分类体系。县（市）级国土空间总体规划在突出市辖区及县（市）承担区域主体功能定位的基础上，结合各县主体功能定位和"双评价"结果，进一步细化落实到乡（镇、街道）单元，因地制宜形成乡（镇、街道）主体功能与县域主体功能互为套嵌、相互融合的空间主体功能关系，推动实现格局传导、功能传导、政策传导。

坚持生态优先，构建生活、生产和生态协调有序的"三生"空间。

《浙江省主体功能区规划》在进行国土空间综合评价时，将《浙江省环境功能区划》中的自然生态安全评价、人群健康维护评价以及环境综合评价纳入其评价体系，充分考虑了各类环境功能区的主导功能和区域主体功能的衔接，在制定区域政策时，将环境保护中的产业准入政策、污染物总量控制政策、生态补偿政策等纳入其中，同时环境功能区划将主体功能区规划中环境约束条件进一步具体细化和落实。其中的重点生态功能区，需要在国土空间开发中限制进行大规模高强度工业化、城市化开发，以保持并提高生态产品供给能力的区域，其分区与生态功能区划的重要生态功能区基本一致。省级国土空间规划在资源环境承载能力和国土空间开发适宜性评价的基础上，科学有序统筹布局生态、农业、城镇等功能空间，划定生态保护红线、永久基本农田、城镇开发边界等空间管控边界，以生态功能重要性、生态环境敏感性与脆弱性为基础，按照生态功能系统性、整体性、连通性原则，识别出陆域生态保护极重要区和重要区，在此基础上保护和建构以山海为基、以林田为底、以蓝绿廊道为脉、以重要生态源地为节点的山水林田湖生命共同体。

推进"多规合一"数字化改革，推动国土空间规划有效实施。浙江以国土空间"一张图"为基础，推进国土空间网格化、标准化、数字化、精准化，率先建成省域空间治理数字化平台。构建了"1+11"省市分建、市县统建的统分结合的国土空间基础信息资源体系和管理与服务体系，包括国土空间规划数据应用服务、国土空间规划分析评价、国土空间规划成果审查与管理、国土空间规划实施、资源环境承载能力监测与预警、国土空间规划运维等管理应用系统，形成了覆盖全省、动态更新、权威统一的全省国土空间规划"一张图"，建立了规划编制、审批、修改和实施监管全程留痕制度，实现了国土空间规划实施监督全生命周期管理，为各个规划部门协同开展各类专项规划编制、项目审批提供公共基础技术支撑，优化提升国土空间保护开发利用效率。

空间治理数字化平台

浙江省率先建成省域空间治理数字化平台，实现"多规融合"。

浙江省域空间治理数字化平台在夯实"空间大脑"的基础上，形成了"一库一图一箱X场景"整体构架。通过建立健全"规划为引领、保护为前提、利用为重点、安全为保障"的空间治理应用体系，走出了一条"空间数字化、数字可视化、协同网络化、治理智能化"的空间整体智治新路径。

县域平台纵向贯通省域空间治理数字化平台、省市公共数据平台，横向归集跨部门数据和图层。以德清县为例，归集县域公共数据10亿条、图层近500个，汇集了国土空间规划生态保护红线、永久基本农田、城镇开发边界3条控制线，以及"三线一单"生态环境分区管控方案和来自各部门的基础和规划数据，实现了"三线一单"和国土空间规划同屏实时显示对比，实现了规划"一张图"。县域空间治理数字化平台的建设，实现了一个建设项目在同一个平台同时开展环保审批和用地审批，实现了建设用地"批、供、用、补、建、验、登"全生命周期业务协同一体化，实现了自然资源全业务、全流程、全要素统一管理。

在"浙"里看见美丽中国
——浙江生态省建设 20 年实践探索

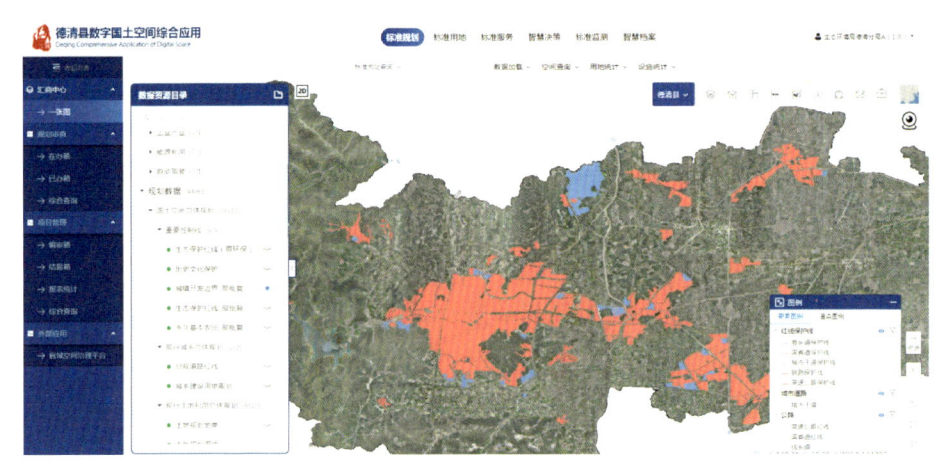

德清县数字国土空间综合应用平台

三　构建区域协调发展空间格局，推动浙江绿色均衡发展

浙江通过划定并严守生态保护红线、完善自然保护地体系、强化重点生态功能区建设、推进山海协作、实施"四大建设"，省域空间布局全面优化，形成"一湾引领、四极辐射、山海互济、全域美丽"空间格局，形成优势互补、高质量发展的区域经济布局。

强化重要生态空间保护，优化绿色生态空间格局。划定并严守生态保护红线，全省生态保护红线面积3.67万平方千米（5514万亩），其中，陆域生态保护红线面积2.21万平方千米（3326万亩），占陆域国土面积的21%，海洋生态保护红线面积1.46万平方千米（2188万亩），占管辖海域面积的33%。严格落实生态保护红线监管。构建和完善自然保护地体系，截至2022年年底，已建成省级以上自然保护区、森林公园、风景名胜区、湿地公园、地质公园、海洋特别保护区（海洋公园）311个，创建国家公园体制试点1个。自然保护地面积显著增加，陆域面积约1万平方千米，占全省陆域的9.7%；海域面积约0.4万平方千米，占全省海域管辖面积的8.9%。强化重点生态功能区建设，2013年发布的《浙江省主体功能区规划》确定了省域范围的重点生态功能区，以规划强化了生态功能主导定位。重点生态功能区主要包括浙西山地丘陵重点生态功能区、浙南山地丘陵重点生态功能区以及浙中江河源头重点生态功能区。浙江以试点推动重点生态功能区建设，将开化、淳安的试点政策向国家主体功能区建设试点示范县扩面，取得积极成效。持续加大对淳安县、文成县、泰顺县、磐安县、常山县、开化县、龙泉市、遂昌县、云和县、庆元县、景宁畲族自治县11个县（市）的财政、投资等政策支持力度，推动其建设进程。以重点生态功能区支持性政策逐步取代欠发达地区扶持性政策，建立重点生态功能区的产业准入政策。重点生态功能区建设与保护成效显著，生态功能区的生态环境优势转化为生态农业、生态工业、生态旅游等生态经济的优势，生态经济与美丽经济成为重点生态功能区富民强县的经济支撑，走出一条绿水青山就是金山银山的绿色发展生态富民之路，开创了优势后发实现绿色跨越的新模式。

实施山海协作工程，实现区域优势互补的联动发展。 实施山海协作工程，是"站在统筹区域发展的高度，解决欠发达地区发展道路的选择问题"[1]，是科学发展观在区域发展战略中的具体体现。山海协作工程从决策到实施，一直受到时任浙江省委书记习近平同志的关心和重视。20年来，随着山海协作工程不断深入，浙江逐步形成了一套协同化、全方位、多层级、不断有机更新完善的政策体系，推出山海协作产业园、生态旅游文化产业园等，共建产业、科创、消薄3类"飞地"，增强山区内生发展动力。浙江山区26县通过山海协作累计获得结对县（市）

---

[1] 习近平：《之江新语》，浙江人民出版社2007年版，第93页。

援助、土地指标外调等渠道资金近1000亿元；推动山海协作产业合作项目12438个，完成投资7305亿元；经济强县帮助山区26县建立20多个山海协作实训基地，累计培训劳动力近150万人次，[1]26县经济总量从850亿元提高至7404亿元。通过山海协作，有效推动浙江区域协调发展水平走在全国前列。如今，浙江城乡居民可支配收入比缩小到1.9，地区居民收入最高最低倍差缩小到1.58，农村居民人均可支配收入连续38年位列全国省区第一[2]。

实施"四大建设"战略，优化生产生活空间格局。以《浙江生态省建设规划纲要》分区为保护和发展导向，在生态功能分区引导下，浙江省委省政府作出全面实施大湾区大花园大通道大都市区重大决策部署。立足资源特色与发展基础不同，结合大港口、大路网、大航空、大水运、大物流建设省域交通"五大建设"，推进开发区和产业集聚区全面优化整合，建设具有核心竞争力的"万亩千亿"新产业平台，推进区域特色化发展、网络集群发展，以海洋经济区和生态经济区为两翼，推进海洋、海湾、海岛"三海联动"，实现全省全域陆海统筹发展的新格局和省域生产空间结构的进一步优化，形成了环杭州湾产业带、温台沿海产业带、金衢丽高速公路沿线三大产业带。持续推进新型城市化和深化城乡一体化发展战略，把城与乡作为一个整体统筹谋划，塑造以城市群为主体形态，构建大中小城市协调发展新格局。把城市群和都市区建设放到突出位置，重点推进环杭州湾、温台和浙中三大

---

[1] 数据来源：邬焕庆等《山与海的"双向奔赴"——浙江"山海协作"20年纪事》，新华每日电讯，http://www.news.cn/mrdx/2023-09/13/c_1310741208.htm，2023年9月13日。

[2] 数据来源：《"八八战略"实施20周年系列主题第三场新闻发布会》，浙江省人民政府新闻办公室，https://www.zj.gov.cn/art/2023/5/22/art_1229740711_6756.html，2023年5月22日。

城市群发展，实施"一城数镇""小县大城"战略和现代化美丽县城建设，由长三角区域中心城市、省域中心城市、县（市）域中心城市、重点镇和一般镇构成的五级城镇体系不断完善，"三群四区七核五级网格化"的省域城镇空间结构不断优化，城市化质量和水平进一步提高、城市群和都市区功能明显提升，全省人口、建设用地持续向湾区和都市区集聚，环杭州湾城市密集带初步成形，杭州、宁波"双核"凸显，温州、金义都市区加速集聚。"四大建设"的实施全面优化了省域空间布局，推动形成"一湾引领、四极辐射、山海互济、全域美丽"空间格局。

第二节　实施"腾笼换鸟、凤凰涅槃"

人类活动对生态环境造成了巨大压力，不合理的生产方式是环境污染的重要来源。步入21世纪，率先发展起来的浙江，最早遇到了缺地、缺电、缺水的窘境，要素瓶颈让发展难以为继的警告变成严峻的现实。同时，经济发展带来的环境污染令人揪心。接踵而来的种种"麻烦"，指向的都是长期积累的结构性矛盾，是浙江经济相对粗放发展的模式。因而，破解资源环境约束与经济粗放发展之间的矛盾，在当时的浙江已然是迫在眉睫的事情。2004年年底，在浙江省经济工作会议上，习近平同志明确指出，要破解浙江发展瓶颈，必须切实转变经济发展方式，实施"腾笼换鸟"——"天育物有时，地生财有限，而人之欲无极。""浙江只有凤凰涅槃，才能浴火重生。"[①] 由此，浙江正式揭开了"腾笼换鸟、凤凰涅槃"的大幕。20年来，浙江深入推进污染行业

---

① 夏丹：《先进制造，舍我其谁——"八八战略"实施20周年系列综述之三》，《浙江日报》2023年6月29日。

整治和淘汰落后产能,坚持改造提升传统产业和发展高新技术产业并重,奋力建设全球先进制造业基地,成功实现了从块状经济到先进集群、从制造小省到制造大省的精彩蝶变。

"凤凰涅槃""腾笼换鸟"

所谓"凤凰涅槃",就是要拿出壮士断腕的勇气,摆脱对粗放型增长的依赖,大力提高自主创新能力,建设科技强省和品牌大省,以信息化带动工业化,打造先进制造业基地,发展现代服务业,变制造为创造,变贴牌为创牌,实现产业和企业的浴火重生、脱胎换骨。

所谓"腾笼换鸟",就是要拿出浙江人勇闯天下的气概,跳出浙江发展浙江,按照统筹区域发展的要求,积极参与全国的区域合作和交流,为浙江的产业高度化腾出发展空间;并把"走出去"与"引进来"结合起来,引进优质的外资和内资,促进产业结构的调整,弥补产业链的短项,对接国际市场,从而培育和引进吃得少、产蛋多、飞得高的"俊鸟"。

——习近平:《从"两只鸟"看结构调整》,《之江新语》

一 大力推进重污染行业整治提升,淘汰落后产能

世纪之交,面对工业化、城市化进程加快带来的结构性污染问题,浙江深刻认识到工业污染防治任务艰巨,必须以生态环境保护倒逼产业结构调整。

推进重点行业整治。浙江块状经济特色鲜明，全省的行业性污染特征较为明显。首轮"811"环境污染整治行动开展期间，浙江在取缔"十五小"和"新五小"企业，关闭、取缔淘汰落后生产能力、工艺和产品的基础上，重点加强化工、医药、制革、印染、味精、水泥、冶炼、造纸、固废拆解9个重点行业的专项整治。3年期间全省完成限期治理项目3610个，关停并转企业2419家，对705家企业实施了强制性清洁生产。[①] 在前期整治的基础上，2011年浙江印发《关于"十二五"时期重污染高耗能行业深化整治促进提升的指导意见》，明确要对铅蓄电池、电镀、印染、造纸、制革、化工六大行业进行重点整治，力争经过4年的努力从根本上解决六大重点行业存在的突出环境问题。截至2015年年底，全省累计投入整治资金745亿元，六大行业纳入整治范围内的企业共5740家，关停2163家，搬迁入园或整治提升3577家，完成率100%。[②] "十三五"时期，浙江进一步发挥生态环境引领、倒逼作用，印发实施《浙江省工业污染防治"十三五"规划》，要求在继续深化提升六大重点行业的同时，各县（市、区）根据产业特点和污染负荷确定地方特色污染行业，着力解决酸洗、砂洗、氮肥、有色金属、废塑料、农副食品加工等行业的污染问题。各地加快推进特色产业整治和转型升级，富阳造纸、柯桥印染、温岭修造船等一批地方特色污染行业得到有效治理。2023年，为系统治理全省重点行业突出性、普遍性和反复性环境污染问题，浙江印发《关于开展全省重点行业污染整治提升工作的通知》，提出通过3年努力，基本实

---

① 数据来源：新华社《浙江：三年否决不符合环保要求的建设项目5196个》，中国政府网，https://www.gov.cn/jrzg/2008-02/20/content_895512.htm，2008年2月20日。

② 数据来源：《浙江省工业污染防治"十三五"规划》。

现报废机动车回收拆解、榨菜腌制、修造船、复合布加工、再生资源回收、废橡胶利用、废塑料加工、木制家具、建材石料加工、烧结砖、玻璃制造、化工、电镀 13 个重点行业整治提升工作。通过多轮持续接力，全省行业整治不断深入，行业污染治理水平显著提升。

浙江省长兴县铅蓄电池行业转型发展

浙江省长兴县蓄电池产业起步于 20 世纪 70 年代，兴起于 21 世纪初，到 2004 年已达 175 家之多，加上一些非法无照经营的小厂，总数超过 200 家。粗放式发展导致了很多环境问题。2004 年，该县爆发了"血铅事件"，成为长兴人心中之痛，长兴县蓄电池行业也被列为浙江省 11 个环境保护重点监管区域之一。长兴县委、县政府痛定思痛，20 年来开展了 3 轮产业整治和转型升级，实现产业精彩蝶变，长兴也成功获评国家新型工业化产业示范基地和全国重金属污染防治示范区，有力推动了县域工业经济高质量发展。

以"壮士断腕"之誓开展初次行业整治：2004 年，长兴县开展了第一轮以"关闭一批、规范一批、提升一批"为总体思路的专项整治，企业从 175 家减少到 50 家，全行业 200 条落后生产线全部淘汰，技术装备由手工操作转向机械设备，全部配备治污装备，基础好的企业实现清洁生产，实现了第一次转型升级。

以"凤凰涅槃"之志推动行业再次转型：2011 年，面对全国重金属污染防治专项行动，长兴县将此次全国性行业整治作为加快该县蓄电池产业转型升级一次难得的战略契机，开展了以"关停淘汰一批、搬迁入园一批、原地提升一批"为总体思路的第二次根本性、革命性的专项整治，通过兼并、重组企业减少到16家，并全部集中到新能源高新园区，做到布局园区化、企业规模化、工艺自动化、厂区生态化、产品多样化、用途多元化，实现了第二次转型升级。

以"外引内育"之法实现行业蝶变升级：在持续推动自身产业结构优化、层次攀升的同时，长兴县严格对照"八八战略"建设先进制造业基地的要求，围绕"1+4+2"制造业现代产业体系，外引内育、双向发力，全力打造智能汽车及关键零部件首位产业，推动蓄电池、建材等产业向新能源、新材料领域转型，着力培育发展新能源等战略性新兴产业。2018年以来，先后招引了吉利汽车、爱康科技、捷威动力等一批50亿元以上项目，并成功培育了天能控股集团、超威集团两家销售收入超千亿元的行业龙头企业，现代产业体系日趋完善。

加快淘汰落后产能。浙江持续依法依规淘汰落后产能，促进总量削减、质量改善、发展优化。"十一五"期间，全省累计关停小火电机组531万千瓦，淘汰落后炼钢能力231万吨、落后水泥产能2397万吨、落后造纸产能57.8万吨，淘汰低效工业锅炉2100台，关停粘土砖瓦窑2547座。[①]2011年，浙江印发《关于进一步加快淘汰落后产能

---

① 数据来源：《从绿色浙江到生态浙江　浙江生态文明建设辉煌五年》，浙江工人日报网，http://www.zjgrrb.com/zjzgol/system/2012/05/25/015064904.shtml，2012年5月25日。

的意见》，提出要努力实现淘汰落后产能的"三个转变"，即从以行政推动为主向以市场手段为主转变，从企业被动淘汰为主向企业自觉主动淘汰为主转变，从单纯推动淘汰为主向以淘汰促转型发展为主转变，努力构建淘汰落后产能的长效机制。通过实施亩均绩效综合评价管理等手段，浙江加速推进淘汰落后产能，仅2014年，全省淘汰落后印染产能36.54亿米、织造产能12.69亿米、造纸产能213万吨、制革产能458万标张等，提前一年超额完成国家下达浙江省的"十二五"淘汰落后产能目标任务。[1]"十三五"以来，浙江严格执行国家钢铁、水泥、平板玻璃等行业产能置换政策，坚决遏制"两高"项目盲目发展，2017—2020年，累计淘汰落后和过剩产能企业7584家，整治提升"低散乱"企业（作坊）12.62万家；2021—2022年上半年，采取改造提升、兼并重组、回收盘活、集聚入园、关停退出等方式分类推动9325家高耗低效企业改造提升或依法退出，腾出用地13.2万亩，腾出用能337.3万吨[2]。

二 建设先进制造业基地，打造经济绿色发展引擎

制造业是国民经济的主体，是立国之本、兴国之器、强国之基。"八八战略"前瞻性地作出"进一步发挥浙江的块状特色产业优势，加快先进制造业基地建设，走新型工业化道路"的重大决策部署，引领浙江以脱胎换骨的勇气，率先摆脱对粗放型增长方式的依赖，大力提

---

[1] 数据来源：沈凤珍等《浙江工业经济的转型升级之路》，《浙江日报》2015年3月4日。
[2] 数据来源：《浙江省经济和信息化厅关于省政协十二届五次会议第1号提案的答复》，浙江省经济和信息化厅，https://jxt.zj.gov.cn/art/2022/12/16/art_1229123456_5039452.html，2022年9月27日。

高自主创新能力和绿色发展水平。

持续推进先进制造业基地打造。2003年，浙江省规模以上制造业的增加值率只有22.8%，低于韩国20个百分点，规模以上制造业的劳动生产率只有5.98万元，这一水平只是美国1995年的7.4%，但在资源消耗和碳排放上，却数倍于一些发达国家。[①] 按照"腾笼换鸟"的工作思路，浙江一边淘汰落后产能，一边加快先进制造业基地建设。2003年，浙江召开改革开放后第一次全省工业大会，对建设先进制造业基地作出全面部署，随后制定出台《浙江省先进制造业基地建设规划纲要》。2005年，《浙江省先进制造业基地建设重点领域、关键技术及产品导向目录》出台，明确了高技术产业、装备制造业、传统优势产业改造提升和循环经济四大类先进制造业基地建设重点。随后，历届浙江省委省政府持续推进先进制造业基地建设。2012年以来，浙江进一步加强"腾笼换鸟"工作推进机制，加快推动落后产能退出和产业升级。浙江省委省政府提出了"四换三名"（腾笼换鸟、机器换人、空间换地、电商换市，培育名企、名牌、名家），在《关于全面实施"三名"工程的若干意见》《关于开展浙江省第一批"三名"培育试点工作的实施意见》等政策文件引导下，浙江向工业强省、智造强省、品牌强省转变。2021年、2022年，浙江先后印发《浙江省全球先进制造业基地建设"十四五"规划》《关于高质量发展建设全球先进制造业基地的指导意见》，提出要形成一批世界级领军企业、单项冠军企业、知名品牌、核心自主知识产权和国际标准，全面巩固拓展以"415X"产业集群为"柱"，"双核一带一廊"空间布局为"梁"的全球先进制造业基地"四梁八柱"。

---

① 数据来源：《浙江宣传｜浙"两只鸟"已飞遍全国》，浙江在线，https://zjnews.zjol.com.cn/zjxc/202304/t20230423_25664012.shtml，2023年4月23日。

数字化转型加快产业绿色升级。近年来，以"数字浙江"建设为引领，全省大力实施数字经济"一号工程"、数字经济创新提质"一号发展工程"等，以信息化和工业化深度融合为主线，遵循产业发展与转型升级规律，从机器换人到企业上云到工业互联网到"产业大脑＋未来工厂"，梯度推进、层层深化。2022年，累计打造细分行业产业大脑96个、未来工厂52家、智能工厂（数字化车间）601家。[①] 以新产业、新业态、新模式为主要特征的"三新"经济快速增长，2022年，浙江"三新"经济增加值占GDP比重为28.10%；数字经济核心产业制造业增加值比上年增长10.7%，高技术、战略性新兴、装备和高新技术产业增加值分别增长11.5%、10.0%、6.2%和5.9%。[②] 全面推进绿色制造体系建设，截至2022年3月，全省已有国家级绿色工厂213家、绿色设计产品322种、绿色工业园区14家、绿色供应链管理企业46家，数量均居全国前列。[③] 2020年开始启动省级绿色低碳工业园区、工厂建设评价，制定出台《浙江省绿色低碳工业园区、工厂建设评价导则（2022版）》《浙江省绿色低碳供应链管理企业建设评价导则（2023版）》，完善动态管理机制。截至2023年10月，已创建省级绿色低碳工厂379家、绿色低碳工业园区30个。持续推进清洁生产审核，2022年全省1206家单位通过省级清洁生产审核验收，组织地方开展清洁生产

---

① 数据来源：《走新型工业化道路 加快建设全球先进制造业基地 浙江制造未来之路绘出蓝图》，浙江省经济和信息化厅，https://jxt.zj.gov.cn/art/2023/5/18/art_1229567693_58930542.html，2023年5月18日。
② 数据来源：2022年浙江省国民经济和社会发展统计公报。
③ 数据来源：《数量居全国前列！浙江一批工厂、产品、园区、企业入选工信部2021年度绿色制造名单》，微信公众号"浙江经信"，https://mp.weixin.qq.com/s/LmNPKaO99Ex1G5l8jUjEJw，2022年3月8日。

审核 876 家。[1]

2017—2022 年浙江省"三新"经济、数字经济增长情况[2]

第三节　推进资源节约循环发展

节约资源是保护生态环境的根本之策。"十五"期间，浙江经济增长与资源消耗和废物排放共同增长，有些资源消耗指标和废物排放指标甚至高于经济增长。比如，玻璃和塑料消耗年均增长 30% 左右；水泥和柴油消耗年均增长 20% 左右，而钢材消耗则在 2002 年增长高达 44%。[3] 2005 年 6 月 21 日，浙江召开全省循环经济工作会议，习近平同志强调："继续沿袭传统的发展模式，以资源的大量消耗、环境的大

---

[1]　数据来源：《浙江省生态环境厅关于省十四届人大一次会议金 94 号建议的答复》，浙江省生态环境厅，https://www.zj.gov.cn/art/2023/7/28/art_1229709046_5147966.html，2023 年 7 月 28 日。

[2]　数据来源：2017—2022 年浙江省国民经济和社会发展统计公报。

[3]　数据来源：鲍健强《循环经济，浙江该如何推进》，《浙江经济》2004 年第 19 期。

量污染来实现工业化和现代化，已经难以为继。大力发展循环经济，转变增长方式，建设资源节约和环境友好型社会是我们发展的唯一出路。"[①] 多年来，浙江沿着习近平总书记指引的方向，始终坚持在建设节约型社会、发展循环经济、推进资源能源高效循环利用上先行一步，有所作为，循环型产业体系初步构建，资源利用效率显著提高，打造出全国绿色低碳循环发展标杆。

一 建立循环经济发展的"浙江模式"

作为经济大省和资源小省，浙江对发展循环经济有着迫切的现实需求和强大的内生动力，近20年来，全省不断探索推进循环经济可持续发展路径，基本破解经济发展与资源环境约束这对制约浙江省可持续发展的最大矛盾，既为制造大省提供了资源保障，又为减少生态环境影响、建设美丽浙江提供了有力支撑。

以"991"为抓手完善循环经济顶层设计。浙江省循环经济发展起步较早，"十五"时期全省正式启动循环经济工作。2003年，浙江成立由省委书记任组长、省长任常务副组长的循环经济工作领导小组，落实相应各市各部门的工作机构和职责，形成省、市、县三级循环经济组织领导体系和目标明确、责任落实、上下联动、合力推进的工作机制，有力地推动了全省循环经济快速发展。在持之以恒推动循环经济发展过程中，浙江坚持以政策规划为引领，完善顶层设计。2005年8月，省政府印发《浙江省循环经济发展纲要》，强调要走浙江特色的循环经济发展之路，实施循环经济"991"行动计划，即九大重点领

---

① 习近平：《大力发展循环经济　积极探索科学发展的新路子——在全省循环经济工作会议上的讲话》，《浙江经济》2005年第13期。

域、"九个一批"示范工程和100个重点项目,将其作为发展循环经济的主要载体。2010年11月,省政府印发《关于加快循环经济发展的若干意见》,明确提出率先建成全国循环经济发展示范区,并继续实施全省循环经济"991"行动计划,在再生资源回收利用等重点领域每年滚动实施100余项循环经济重点项目。20年来,浙江连续实施三轮循环经济"991"行动计划,率先探索出一条经济转型升级、资源高效利用、环境持续改善、城乡协调发展的高质量绿色发展之路,循环经济"991"行动已成为浙江持续推进绿色低碳循环发展的标志性行动。随着循环经济发展的"十一五"至"十四五"规划和《关于加快建立健全绿色低碳循环发展经济体系的实施意见》等政策规划的陆续出台,以及《浙江省循环经济"991"行动计划(2011—2015年)》和"991"行动计划重点项目各年度实施计划等文件的制定,浙江省形成了系统的循环经济发展规划和行动体系。

加强循环经济试点示范。2007年年底,浙江省被国家发展和改革委员会等六部委列为全国第二批循环经济试点省之一。全省努力探索循环经济特色化发展,根据"结合本地特色、先行先试、创出经验"的总体部署,以建设循环经济示范城市(县)、示范园区、示范企业等为主要抓手,充分发挥试点示范引领带动作用。重点加强衢州市、永康市、宁海县、台州市、海宁市、安吉县6个国家级循环经济示范城市建设,加快推进第一批省级循环经济示范城市建设。2014年,浙江省、浙江省废旧家电回收利用、浙江绍兴滨海工业园区、浙江巨化集团公司以及宁波市、宁波金田铜业股份有限公司成为首批通过验收的国家循环经济试点示范单位;巨化集团和杭州市环境集团顺利通过国家循环经济教育示范基地试点验收,浙江省循环经济各领域试点探索取得阶段性成果。浙江省通过实施工业循环经济"4121"示范工程[确定4

个市、10个县（市、区），20个园区（块状经济）和100家企业作为工业循环经济首批试点地区和单位］和工业循环经济"733"工程（抓好绿色设计制造、资源能源利用效率提高、可再生能源推广应用、资源循环产业发展、工业"三废"回收利用、废旧工业产品再生利用、生活垃圾回收利用7个领域的试点示范工作，培育30个工业循环经济示范园区和300家工业循环经济示范企业），生态循环农业"2115"示范工程（创建省级生态循环农业示范县20个、示范区100个、示范企业100个、示范项目500个），树立了一批循环经济示范工程，建立了完善的"点、线、面"结合的循环经济示范试点体系，形成了一批独具浙江特色的典型循环经济模式。

建设循环型产业体系。浙江大力推进循环型工业发展，把握循环型工业产业发展重点，努力构建工业循环产业链，全省形成了以电厂粉煤灰、钢铁厂冶金渣等大宗固体废物综合利用为重点的企业循环型产业链，以化工、医药、合成革等主导产业为纽带的园区循环型产业链，以废金属、废塑料、废纸等再生资源回收利用为核心的社会循环产业链等工业循环经济体系。积极促进循环型农业发展，在3市41县整建制推进现代生态循环农业；在县域尺度，打造以规模生态畜禽养殖场、种植基地、有机肥加工厂、沼液配送服务组织、动物无害化处理中心、农作物秸秆收储运中心、农业废弃物回收处理为关键节点的现代生态循环农业大循环，全境域、全领域推进现代生态循环农业常态化发展；在园区尺度，农牧对接、产业融合、物质循环，实现园区中循环，如"猪+沼液+花木"的养殖模式，"鹅—稻秆—砻糠—雷笋"的废弃物循环利用模式等；在企业尺度，通过生态循环农业集成模式推广，经营主体内部种养配套生产、"种—种"结合、农业废弃物循环利用，实现主体小循环，比如湖州的桑基鱼塘模式、青田的稻鱼共生模式。努力推动循环型服务业发展，积极推进生态旅游业，培育壮大生态物流业，加快发展绿色餐饮业，在快递物流等领域推广可循环包装等应用。

浙江循环经济典型模式

循环经济示范城市（县）：2013年，浙江省衢州市被列为国家首批循环经济示范城市，创建期为2013—2017年。通过5年的创建，全市基本形成氟硅循环产业链、余热余压循环利用的钢铁产业链等工业循环产业链，以及"养殖业—生猪排泄物—沼气发电—有机肥生产—种植业"的农业循环产业链。市区再生资源回收利用体系不断完善，包含工业废弃物、餐厨废弃物、生活垃圾等处置设施的静脉产业基地加快建设。城市绿色公交、慢行系统、绿色建筑快速发展。初步建立起资源产出率统计体系，完成2013—2016年衢州市区资源产出率的测算。衢州建设循环经济城市，以巨化集团循环型产业链构建为引领，形成了一批极具产业特色的集团循环经济模式：包括大型化工企业特色循环链网的"巨化模式"，以钢铁厂变身发电站的"元立模式"，造纸工业废水循环高效利用的"仙鹤模式"，突破副产物综合利用行业瓶颈的"华友模式"。同时，以产业废弃物资源化、无害化处置推动静脉产业兴起，推进整个城市生活垃圾、餐厨垃圾、再生资源的收运和利用。

园区循环化改造示范试点：浙江省化学原料药基地临海园区于2012年被列为首批22个全国园区循环化改造示范试点园

区。2017年8月,临海园区完成实施方案所有指标和重点项目建设后,顺利通过国家验收。通过园区循环化改造,临海园区污染物治理水平大幅提高,固体废物处置能力由1.8万吨/年提升至5.8万吨/年,废水处理能力由1.25万吨/日提升至2.5万吨/日,大部分医化企业安装RTO蓄热式废气处理设备。同时,园区也获得良好的经济效益和社会效益,万元工业增加值取水量下降46.6%、能耗下降16.2%,周边居民环保投诉大幅降低。临海园区在循环化改造的探索和创新中,着眼于变末端治理为源头减量和全过程控制,构建起"以重点企业小循环为突破口、园区中循环和社会大循环为方向"的医化产业循环链模式。同时,以点带面催化式铺开改造工作,让其他企业深切感受到实施改造带来的技术革新和成本优势,园区90%以上企业实施一大批循环化改造项目,"绿色药都"建设进程显著加快。

二 以节能降耗推动实现社会可持续发展

坚持开发与节约并举、大力推进节能降耗、提高资源能源利用效率,是浙江省建立资源节约型、环境友好型社会的重要举措。全省始终把节能降耗作为绿色发展的重要方针,以节能降耗促进社会可持续发展。

实行最严格水资源管理制度。 浙江省作为一个与水休戚相关的省份,在中国陆域面积1%的土地上密布着钱塘江、瓯江、椒江、甬江、苕溪、运河、飞云江、鳌江八大水系，但是人均水资源量较低、时空分布不均匀等问题也制约着浙江经济社会发展，因此浙江历来对合理开发、利用、节约和保护水资源尤为重视。一是不断完善工作机制。从 2002 年发布《浙江省水资源管理条例》，2009 年进一步修订完善，到 2016 年实行最严格水资源管理制度，浙江全面推进节水型社会和水生态文明建设，省政府建立了水资源管理和水土保持工作委员会及其办公室常态化运行机制，高位推动最严格水资源管理工作，建立了分工明确、各负其责的工作格局。二是不断加强指标约束。2017 年以来，浙江出台了《"十三五"实行最严格水资源管理制度考核工作实施方案》和《浙江省实行最严格水资源管理制度考核暂行办法》，分解下达水资源总量、效率和水功能区限制纳污"三条红线"控制指标，全面建立省、市、县三级水资源控制指标体系与管理目标责任制，将省对市考核结果纳入省委对设区市党政领导班子和领导干部实绩考核内容，确保最严格水资源管理制度落实。在国务院实行最严格水资源管理制度考核以来，浙江的考核结果均为优秀。三是全面提升水资源开发利用监管。严格按照"以水定需、量水而行、因水制宜"的要求，加强源头把控，修订完成《浙江省取水许可和水资源费征收管理办法》《浙江省取水户年度取水计划管理规定》《浙江省用（取）水定额（2015年）》等政策制度，强化水资源承载能力刚性约束。大力推进农业节水和高耗水行业节水，先后出台《关于加快推进高效节水灌溉工程建设的意见》《浙江省高效节水灌溉工程总体建设方案》，启动了高效节水灌溉"四个百万工程"建设，淘汰工业领域落后的高耗水工艺、设备和产品，推动节水技术进步，实现年取水 5 万吨以上的取水户在线监控全覆盖，拧紧取水口"龙头"，全力打好强化水资源刚性约束组合拳。在水资源"双控行动"实施方案引领下，"以县域为单位、以政府为主体"的节水型社会创建工作全域推进，推动水资源利用方式根本性改变。2022年，浙江省万元GDP用水量为21.6立方米，远低于同期全国万元GDP用水量的49.6立方米，水资源利用效率是全国的2倍多[1]，较2002年下降91.7%[2]。

不断降低能源消耗水平。在能源总量和强度双控方面，自"十一五"时期开始，浙江就将节约能源作为调整经济结构、转变发展方式的突破口和重要抓手，搭建起推进节能工作的基本框架。一是加强顶层设计，不断完善制度建设。成立了节能减排工作领导小组，修订《浙江省实施〈中华人民共和国节约能源法〉办法》，出台《浙江省人民政府关于加强节能降耗工作的通知》《浙江省建筑节能管理办法》《浙江省节能减排综合性工作实施方案》，制定实施浙江省资源节约地方标准计划，制定实施44项强制性能耗限额标准。建立绿色发展财政奖补机制、制订能源"双控"目标考核奖惩办法，加大奖惩力度，进一步推动节能降耗积极性。二是优化能源要素配置，引导产业转型升级。浙江省以能源"双控"为抓手，加快新旧动能转换，促进资源要素向优势地区、优势行业和优势项目集中，以产业技术能效推动产业结构转型，跑出高质量发展的加速度。全面推行区域能评改革，印发《关于全面推行"区域能评+区块能耗标准"改革的指导意见》，制定《区域能评工作指南》和省级区域能评负面清单。三是增强节能监管能力，严格管控高耗能项目准入。加强能源统计、能源监察机构建设。全省11个市建立了能源监察机构，年耗能百万吨标煤以上的县（市、

---

[1] 数据来源：2022年浙江省水资源公报、2022年中国水资源公报。

[2] 数据来源：《"八八战略"实施20周年系列主题第六场新闻发布会》，浙江省人民政府新闻办公室，https://www.zj.gov.cn/art/2023/6/8/art_1229740711_6754.html，2023年6月9日。

区）中，90%以上设立了能源监察机构，建立了适合浙江省实际情况的能源统计、监测与能源监察体系。实施项目节能评估审查评价制度，制定并实施《浙江省固定资产投资项目节能评估和审查管理办法》，对年耗3000吨标准煤以上（或年用电300万千瓦时以上）的固定资产投资项目，未进行节能审查或未能通过节能审查的项目一律不得审批、核准，不得开工和通过验收。2022年，浙江省万元GDP能耗0.40吨标准煤[①]，能效水平居全国前列，较2002年下降63.8%。

三 "亩均论英雄"改革走出提质增效新路径

进入21世纪以来，浙江省为破解资源环境约束，积极推进从"规模论英雄""增幅论英雄"到"亩产论英雄""亩均论英雄"改革，逐步形成了促进区域经济高质量发展的系列政策和做法，走出了一条提质增效新路径。

逐步探索健全改革路径。2006年，作为全国传统纺织业最发达的绍兴县（现"绍兴市柯桥区"），率先从追求规模化快速发展转为向亩产要效益，提出了"亩产论英雄"的改革，围绕节约集约用地、节能降耗减排等重点，公布企业效益"排行榜"，探索建立导向、准入、制约、激励"四大机制"，试行与"亩产效益"紧密挂钩的城镇土地使用税、排污费等激励和倒逼政策，引导企业走科学发展之路，促进经济结构调整和发展方式转变。这一先行先试做法和实践成果得到了地方政府、企业及社会各界的认同，并逐步在全省铺开。

---

① 数据来源：《节能降碳 你我同行！2023年浙江省节能宣传月启动仪式在杭州举行》，浙江省发展和改革委员会，https://fzggw.zj.gov.cn/art/2023/7/19/art_1621019_58936559.html，2023年7月19日。

2013年，浙江在总结原绍兴县改革实践的基础上，在海宁市启动了以"亩产效益"为导向的改革试点。2014年，进一步将"亩产论英雄"改革试点拓展到全省资源要素瓶颈制约突出的24个县（市、区）。通过试点，逐步在"24+1"个试点县（市、区）中建立完善以"亩产效益"为导向，综合考虑亩均产出、亩均税收、单位能耗、单位排放等指标，分类分档、公开排序、动态管理的企业综合评价机制。同时，根据综合评价结果，完善落实差别化的用水、用地、用电、用能、排污等资源要素配置和价格政策措施，并探索区域性要素交易制度，破除要素配置中的体制性障碍。2015年，浙江省印发《关于全面推行企业分类综合评价加快工业转型升级的指导意见（试行）》，开始在全省推广"亩产论英雄"改革。此后几年，《关于三级联动抓好企业综合评价工作的通知》《关于全面深化企业综合评价工作的意见》《关于深化"亩均论英雄"改革的指导意见》等文件陆续印发，使"亩均论英雄"改革成为浙江产业结构调整、经济发展方式转变、迈向高质量发展的重要政策和制度。

持续完善配套政策机制。 浙江从项目准入、激励倒逼、综合评价、搭建数据平台等多个方面入手，持续完善"亩均论英雄"改革的配套政策机制。完善市场准入标准，严格新增用地的准入门槛，分区域、分行业设置相应的投资强度、亩均产出、能耗地耗、污染排放、技术水平、产品质量、安全生产等标准和门槛，逐步建立相对统一的市场准入标准体系，并将标准从新增建设用地逐步向存量企业覆盖。完善电价、水价、城镇土地使用税、排污费等差别化收费机制，制定以单位建设用地增加值为基础的土地配置制度、以单位增加值能耗为基础的用能权交易制度、以水定产以水定城的水资源配置制度，主要污染物排放财政收费制度。拓展评价领域范围，科学制定规模以下企业同

第四章 "991"行动纵深拓展带动绿色高质量发展

规模以上企业无缝对接的排序归档机制，构筑更加公平的竞争环境，以企业综合评价推进小企业升为规模以上企业。分级搭建数据平台，多维度归集全省经济发展年度数据与动态数据，加快实现以更精准为方向的服务升级。简政放权，深化落实"零土地"技改项目审批制度改革，实行承诺验收制，打造更加公平的营商环境。

"亩均论英雄"改革作为转变发展方式、优化经济结构、转换增长动力的有力抓手，在浙江经济发展中取得了显著成效。2022年，浙江全省规模以上工业企业实现亩均税收34.8万元/亩、亩均增加值176.9万元/亩，而2013年这两项指标仅分别为12.6万元/亩、85.8万元/亩[1]。浙江推进"亩均论英雄"改革的相关工作做法得到国家发展和改

2013—2022年浙江省规上工业亩均税收和增加值情况[2]

---

[1] 数据来源：2013—2022年全省及设区市"亩均效益"有关情况相关数据；《积极探索区域经济高质量发展的新路径——浙江"亩均论英雄"改革的经验与启示》；《两会聚焦｜"亩均论英雄"改革 为浙江带来怎样一番图景？》，浙江省经济和信息化厅，https://jxt.zj.gov.cn/col/col1657959/index.html；https://jxt.zj.gov.cn/art/2018/10/24/art_1657970_35697758.html；https://jxt.zj.gov.cn/art/2020/3/24/art_1657970_42363193.html。

[2] 数据来源：浙江省经济和信息化厅网站。

革委员会、工业和信息化部、自然资源部等部门的高度肯定，且在不同程度、不同层面被上海、广东、江苏、安徽、广西等省（自治区、直辖市）吸收和采用。浙江"亩均论英雄"改革已在全国初步形成示范效应，成为实现高质量发展的重要促进手段和制度供给。

第四节　促进生态产品价值实现

在提出"八八战略"、部署创建生态省工作中，习近平同志特别强调利用生态优势做大做强特色产业，他强调："如果能够把这些生态环境优势转化为生态农业、生态工业、生态旅游等生态经济的优势，那么绿水青山也就变成了金山银山。绿水青山可带来金山银山，但金山银山却买不到绿水青山。绿水青山与金山银山既会产生矛盾，又可辩证统一。"[①]浙江坚持生态经济化不动摇，始终注重把"生态资本"变成"富民资本"，依托绿水青山培育新的经济增长点，因地制宜推动生态产品价值转化，探索走出了经济发展与生态环境保护双赢的新路子。

一　生态产品价值实现实践基础良好

浙江依托各地生态优势，重点从生态农业、生态林业、生态旅游、生态品牌建设4个方面，开展生态产品价值实现的早期探索。

生态农业价值实现早期探索。生态农业在浙江省有着悠久历史，最为典型的是杭嘉湖地区著名的"桑基鱼塘"模式，还被联合国粮食及

[①] 习近平：《之江新语》，浙江人民出版社2007年版，第153页。

农业组织誉为中国唯一保存完整的传统养鱼生态农业模式。2004年，浙江省委省政府顺应经济全球化、工业化、城市化不断加快的趋势和传统农业向现代农业转变的规律，作出了大力发展"高效生态农业"的重大决策，要求各地以提高农业市场竞争能力和可持续发展能力为核心，深入推进农业结构战略性调整。"做大"绿色产业，加快无公害农产品、绿色食品和有机农产品生产基地建设，加快农产品产地环境监测、市场监管，完善市场体系，扩大绿色无公害农产品市场份额；"做优"特色产业，以特色、品牌、规模为取向，以特色资源为依托，以特色基地、各类"特产之乡"为重点，搞好资源的深度开发和高效利用，保护地方名特优产品，扩大生产规模，培育主导产业。作为绿水青山就是金山银山理念发源地的浙江省安吉县，坚持把农业绿色发展作为推动乡村振兴的重要抓手，2005—2017年，安吉白茶种植面积、产量、产值3个指标分别增长了4.6倍、6.9倍和8.3倍；安吉县毛竹采伐量由2005年的1790万支增加到2017年的2893万支；安吉县冬笋获评全国十佳蔬菜地标品牌；2017年全县累计建成现代农业园区93个，形成了安吉白茶、高山蔬菜、生态甲鱼等一批高收益的农业产业；以粮食、白茶、竹业、果蔬、水产养殖等特色主导产业为主，形成生产基地、龙头企业、批发市场一体化建设，打造"良种推广—农业生产—精深加工—品牌销售"完整产业链[①]。

生态林业价值实现早期探索。浙江省自2004年就全面启动了森林生态效益补偿制度，建立健全了重点生态公益林管护体系，积极通过技术创新促进林业产业结构转型升级、林业产业集聚发展和实施林业品牌战略等措施推进林业产业化经营。通过林业改革等一系列举措，

---

① 韩树根：《实施标准化战略 推进茶产业发展——安吉县建设"全国茶叶标准化示范县"历程》，《中国标准化》2019年第9期。

全省林业产业结构日趋合理，林业的三大产业产值都呈现快速增长的态势。中小民营企业构成浙江林业产业集聚的主力军，形成了木材制品加工产业、花卉苗木产业、特色干鲜果产业三大林业产业集群。浙江在生态林业发展过程中也形成了一批具有特色优势的林业产业，打造了珍稀干果、木本粮油和山地精品水果三大产业带，板栗、山核桃、竹笋干和油茶籽的年产量逐年递增。板栗产量从1978年的0.19万吨上升到2009年的7.75万吨；山核桃产量从1978年的0.39万吨上升到2009年的2.07万吨；竹笋干、油菜籽的产量在2009年分别达到了12.44万吨、4.96万吨；1985年花卉产业的产值达到5亿元，之后呈现高速发展的态势，2008年达到了93.8亿元，是全国仅3个花卉销售收入突破亿元的省份之一，且在全国保持领先水平[①]。

生态旅游价值实现早期探索。生态旅游是一项以良好生态资源为基础，融文化、健康、养生及体育等为一体的综合运动，已成为一种增进环保、崇尚绿色、倡导人与自然和谐共生的旅游方式。浙江省以森林旅游为突破口，发展森林休闲、森林养生、森林体验等产业，深度挖掘林业景观功能和生态功能，变生态禀赋为后发赶超优势。强化景观森林、古村落、古道、古树等森林休闲养生资源的修复保护和利用，培育融森林文化与民俗风情为一体的森林旅游。温州市、丽水市和淳安县、安吉县、磐安县等市县荣获全国森林旅游示范市县称号，2017年浙江省森林旅游休闲养生产业产值高达1661亿元，占全省林业总产值的29.5%。在滨海生态旅游经济效益方面，2016年宁波游客数量高达9371.9万人次，同比增长16%，旅游收入达到1446.4万元，同比增长17.3%；在湿地生态旅游效益方面，云和梯田是浙江山区传统农耕

---

① 沈满洪等：《2012浙江生态经济发展报告》，中国财政经济出版社2012年版，第95页。

文化的典型代表，2013年云和县共接待国内外旅游者144.90万人次，比上年同期增长32.50%，旅游总收入42244.51万元，比上年同期增长35.30%；在山水生态旅游经济效益方面，淳安千岛湖旅游度假区是对优越山水生态旅游资源进行休闲度假旅游开发的典型案例，2016年以淳安千岛湖旅游度假区为核心的淳安旅游业共接待游客1266.53万人次，实现旅游经济收入119.83亿元，比2015年分别增长12.89%和14.25%[1]。

生态品牌价值实现早期探索。生态品牌是以环境友好和生态优势为显著特点的区域品牌，体现了一个地区的功能、情感、关系和战略要素共同作用于公众所形成的生态性联想，既有品牌的名称、象征和标识等基本属性，又有生态识别性、品牌资产性和市场竞争性等特征。浙江省十分重视并大力推进生态品牌标准化建设，实行产品质量追溯、企业诚信和质量监管体系"三位一体"的品牌质量保证体系，打响"最美湿地""最美古树"等"最美系列"品牌，做优油茶、香榧、山核桃文化节等节庆品牌，高水平培育经典品牌，让好产品实现了优质优价。加强农产品区域品牌建设，涌现出"丽水山耕""千岛湖有机鱼头""安吉白茶"等区域品牌。以"丽水山耕"品牌为例，2014年9月，"丽水山耕"农业区域品牌正式创建，其通过"政府+协会+农发公司运营"的方式，由丽水市政府统筹全局，提供政策资金等全方位的支持；成立丽水市生态农业协会，由协会注册商标，进行具体的生产检测与执行以及品牌营销方面的指导；由丽水市农业发展投资公司提供"丽水山耕"系统的运营管理，推动行业内标准和品质的提升。通过建设"丽水山耕"农业区域品牌平台，将各利益相关主体纳入全产业链

---

[1] 谢慧明等：《2017/2018浙江生态经济发展报告——生态旅游发展的浙江实践》，中国财政经济出版社2018年版，第164页。

一体化服务体系，实现了公用"母品牌"与加盟企业"子品牌"的双商标运营模式，并站在消费者的立场上确保食品质量安全，提高农产品生产的附加值，打造"平台＋企业＋产品"价值链，实现了利益共享和价值共创。

二 生态产品价值实现政策框架先行

2021年，中共中央办公厅、国务院办公厅印发《关于建立健全生态产品价值实现机制的意见》，对生态产品价值实现过程中存在的问题总结为难度量、难抵押、难交易、难变现（以下简称"四难"）。造成"四难"主要是产权界定不清、方法学研究不足、软硬件条件缺失及机制之间缺少联动，亟须在顶层设计、平台搭建、产品设计和产权界定等方面探索解决路径。[1]浙江省以丽水市生态产品价值实现机制试点为开端，全省生态产品价值实现政策框架不断完善。

推进丽水试点先行。早在2000年撤地设市之初，丽水就提出了"生态立市、绿色兴市"的发展战略，经过多年不懈努力，丽水先后获得国家级生态保护与建设示范区、全国首个生态产品价值实现机制试点市、全国"绿水青山就是金山银山"实践创新基地、国家生态文明建设示范区等荣誉。2018年4月26日，在深入推动长江经济带发展座谈会上，习近平总书记专门点赞丽水指出："浙江丽水市多年来坚持走绿色发展道路，坚定不移保护绿水青山这个'金饭碗'，努力把绿水青山蕴含的生态产品价值转化为金山银山，生态环境质量、发展进程指数、农民收入增幅多年位居全省第一，实现了生态文明建设、脱贫

---

[1] 高晓龙等：《生态产品价值实现关键问题解决路径》，《生态学报》2022年第20期。

攻坚、乡村振兴协同推进。"①丽水市制定出台了全国首个山区市生态产品价值核算技术办法，发布《生态产品价值核算指南》地方标准，出台《关于促进 GEP 核算成果应用的实施意见》《丽水市 GEP 综合考评办法》《关于金融助推生态产品价值实现的指导意见》等政策文件，建立常态化核算与发布机制、GDP 和 GEP 双考核机制及生态产品市场交易制度，推进 GEP 进规划、进决策、进项目、进交易、进监测、进考核②。

构筑省级政策体系框架。浙江贯彻落实国家《关于建立健全生态产品价值实现机制的意见》精神，结合前期各地探索实践，印发《关于建立健全生态产品价值实现机制的实施意见》，围绕生态产品价值实现工作中亟待破解的问题短板，提出健全生态产品调查监测、价值评价、开发经营、保护补偿、保障、推进六大机制，为全省探索完善生态产品价值实现机制提供了指导。制定全国首部省级生态产品总值（GEP）核算标准，印发实施《浙江省生态系统生产总值（GEP）核算应用试点工作指南（试行）》《浙江省生态系统生产总值（GEP）核算统计报表制度》等核算工作支撑制度文件，持续优化 GEP 核算体系。2023年 5 月，印发《关于两山合作社建设运营的指导意见》，进一步指导全省各地做好两山合作社建设运营工作。出台《关于支持山区 26 县加快发展高效生态农业的意见》，支持 26 县大力发展生态产业，推动生态惠民富民。

---

① 潘亚：《"绿色传播"如何守护"金饭碗"？——以丽水日报的媒体实践为例》，《新闻战线》2019 年第 5 期。
② 雷金松：《端起绿水青山的"金饭碗"——生态产品价值实现的丽水实践》，《中华环境》2023 年第 4 期。

三 生态产品价值实现路径拓宽

"绿水青山就是金山银山"转化的关键问题是转化通道，当前要实现"绿水青山"向"金山银山"的转化，必须依靠政府和市场两种手段，浙江省在推进 GEP 核算多场景应用、培育发展生态产业、搭建"两山合作社"平台及探索实践 EOD 模式等方面拓展"绿水青山就是金山银山"转化通道。

推进 GEP 核算多场景应用。开展生态系统生产总值核算是衡量绿水青山生态价值的重要方法。2020 年 10 月，浙江省人民政府正式发布全国首部省级《生态系统生产总值（GEP）核算技术规范 陆域生态系统》，为量化绿水青山价值提供了"一把标尺"，并选取衢州丽水大花园核心区、山区 26 县、大花园示范县建设单位作为试点地区开展核算，已完成 36 个试点县（市、区）2019 年、2020 年、2021 年 GEP 核算工作。依托浙江省大花园数字化管理系统，探索 GEP 核算数字化平台建设，推动核算应用流程标准化、结果可视化、应用模块化、体系科学化。浙江省、市、县积极探索推动价值核算成果进规划、进考核、进政策、进项目。2021 年，湖州市在全国率先建成县域 GEP 核算决策支持系统，形成了一整套生态价值的评估、监测与管理体系。在丽水试行与 GEP 挂钩的绿色财政奖补机制，省财政 3 年累计向丽水 9 个县（市、区）兑现资金 1.4 亿元；青田县创新基于 GEP 的生态产品确权改革和绿色金融创新等；莲都区、缙云县、松阳县等建立基于 GEP 核算结果的公共生态产品政府采购机制；云和县、景宁畲族自治县等创新基于 GEP 的"生态地"出让制度；德清县、庆元县等将 GEP 有关指标纳入领导干部自然资源资产离任审计；开化县探索建立生态占补平衡机制，通过

GEP交易平台，收储绿化造林、森林经营等项目的GEP增量，用于损耗GEP项目的交易；杭州市人民检察院探索将GEP核算结果，创新用于生态公益林损害公益诉讼司法实践；嵊州市实现全国第一个通过GEP核算推动生态价值转化并且实现共富项目落地，中国农业发展银行嵊州市支行正式向嵊州市交通投资发展集团有限公司授信GEP贷款9.5亿元。

促进生态产业融合发展。浙江积极推进农村产业融合发展示范园建设，立足生态资源，注重生态价值转换，主动适应消费结构升级，通过产业链延展、新技术应用、跨界融合等多种手段，催生了生态康养、乡村体验、互联网农业、共享农房、中央厨房、个人定制等一系列产业融合新业态，助推"美丽乡村"向"美丽经济"转型发展。2019年，34个示范园第一、第二、第三产业总产值为453亿元，同比增长18%，其中，3/4的示范园第一、第二、第三产业总产值保持两位数增长，比如湖州德清东衡示范园，村民股权收益从2017年每股1万元增值到2019年每股2.8万元，带动农民就业从2018年的351人增加至2019年的713人[1]。浙江把农业品牌建设放在更加突出的位置，持续推进农产品特色化、精品化、品牌化，开展浙江名牌农产品和"浙江农业之最"评选，推行农产品质量认证，建立优胜劣汰的管理机制，着力培育农产品区域公用品牌，不断提高无公害、绿色、有机食品、地理标志等"三品一标"农产品、品牌农产品比重。截至2021年年底，浙江省农产品地理标志产品达154个，有效期内绿色食品达2444个，建设国家

---

[1] 中华人民共和国国家发展和改革委员会：《经验分享｜浙江省推进农村产业融合发展示范园创建经验总结》，https://www.ndrc.gov.cn/fzggw/jgsj/zys/sjdt/202111/t20211124_1304982.html，2021年11月24日。

农产品地理标志保护工程 30 个、省级精品绿色农产品基地 35 个。[①] 以乡村旅游助力共富发展,通过积极探索乡村文旅运营、建设创新未来乡村等举措,为全国乡村旅游高质量发展提供了有益借鉴;2022 年 6 月,浙江省推出 109 条"浙里田园"休闲农业与乡村旅游精品线路,围绕红色乡情、田园村韵、绿色康养、教育研学、农事体验、乡村夜游六大主题。打造全域旅游发展,从"大"处着眼,强调全空间大拓展、全产业大融合、全领域大布局;从"小"处着手,将举措具体落实到一座小城、一个小镇、一个小村,实现"各美其美、美美与共";截至 2022 年,全省 84% 以上的县(市、区)达到国家全域旅游示范区标准,共建有景区城 83 个,景区镇 986 个,景区村 11531 个,A 级旅游景区 935 家,省级以上旅游度假区 59 家,省级旅游休闲街区 10 家,基本构建了全省 A 级旅游景区、旅游度假区及景区村、景区镇、景区城四级空间布局[②]。

搭建"两山合作社"平台。"两山合作社"与"两山银行"是同一个概念的不同表述,"两山银行"是指在农村"三变"改革背景下,借鉴商业银行的"零存整取"业务模式,将"两山"理念融入银行的"金融、信用、库、库存、货币"功能中,搭建起"绿水青山"生态资源与"金山银山"产业资本相互转化的平台。"两山合作社"的探索自 2018 年浙江安吉农商银行首次推出具有绿色金融功能的"两山乡居贷"产品开始孕育,成为浙江"两山银行"发展的雏形。随后 2019 年 11 月,浙江丽水创造性地建立农户生态信用档案,2019 年 12 月,浙江省发展改革委首次将丽水市提供"两山贷"产品的县级工作平台定义为"两山银行",2020 年 6 月,浙江省召开"两山银行"试点工作推进

---

① 《2021 年浙江省国民经济和社会发展统计公报》。
② 《潮声 | 勇夺全国县域旅游百强榜三个第一,浙江没有秘密》,浙江在线,https://www.zjol.com.cn/rexun/202308/t20230801_26043349.shtml,2023 年 8 月 1 日。

会，标志着"两山银行"建设进入快车道。目前，全省已有1个地级市、25个县（区）、1个乡镇成立"两山银行"共29家，衢州、丽水、湖州等地实现"两山银行"县县全覆盖。初步形成了以生态富民惠民为导向的生态资源保护开发新模式，有效推动了山区26县村集体和农户增收致富。截至2022年年底，全省共成立近40家县级两山合作社，累计开发项目111个、总投资超380亿元，累计带动村集体超1000个、村集体累计增收超5亿元，富民利民成效初显。各地探索形成了一批生态资源收储开发模式，创新推出了水资源生态链贷、生态资源储蓄贷、GEP贷等生态金融产品。

探索实践EOD模式。实施EOD模式是践行绿水青山就是金山银山理念，加强生态环保投融资，推进生态产品价值实现，支撑深入打好污染防治攻坚战和推进生态文明建设的重要探索。通过经营性项目和公益性项目"肥瘦搭配"、一体化实施，实现生态环境治理对产业开发价值的提升，以及产业开发收益对生态环境治理的反哺，实现发展和保护的融合。全省各地创新EOD模式拓宽生态产品价值实现路径，截至2023年5月，浙江共有12个EOD项目纳入国家金融支持项目库，总投资约640亿元，融资需求近500亿元，已授信330亿元，项目数量、投资额度、授信额度均走在全国前列，形成了一批具有示范性意义的引领性项目，有力支撑"绿色共富"高地打造。

让生态"颜值"变绿色"产值"

生态环境导向的开发模式（EOD模式），是以生态保护和环境治理为基础，以特色产业运营为支撑，以区域综合开发为载体，采用产业链延伸、联合经营、组合开发等方式，推动公益性较强、收益性较差的生态环境治理项目与收益较好的关联产业有效融合，统筹推进，一体化实施，将生态环境治理带来的经济价值内部化，是一种创新性的项目组织实施方式。

浙江省生态环境厅出台《关于支持山区 26 县跨越式高质量发展生态环保专项政策意见》，针对 26 个山区县的发展现状和难点，优先支持申报国家生态环境导向的开发（EOD）模式试点。加大对遂昌县、开化县、青田县的扶持，开展厅领导带队服务、技术服务团驻点服务、"博士团"上门服务等多种形式，加大力度，加密频次，响应山区县生态环境治理和产业发展需求。

浙江省生态环境厅与国家开发银行浙江省分行、中国农业银行浙江省分行、中国工商银行浙江省分行分别签署战略合作协议，就深入打好污染防治攻坚战共同推进生态环保重大工程项目融资达成战略合作，将 EOD 模式项目作为双方合作的重点领域之一，对符合要求的 EOD 模式项目优先予以各种优惠政策。

浙江试点以"生态环保＋数字分时经济""生态环保＋运动小镇打造""生态环保＋城市绿色更新"等路径，构建生态环保导向的多元产业开发模式，在试点项目实施中注重协调城乡基础设施改造提升、注重以产业开发带动地方群众收入，促进"共同富裕"。以衢州市柯城区项目为例，实施"互联网＋农业"行动计划，利用移动互联网、大数据、云计算、物联网等新一代信息技术与农业的跨界融合，创新基于互联网平台的现代农业新产品、新模式和新业态。村播基地建设形成集网红培训、创业直播、电子商务、农产品加工于一体的综合平台，全区直播带动农特产品网络销售额 6.23 亿元，实现税收 3150 万元，带动就业 1000 余人。

第五节　推动经济社会低碳转型

2020 年 9 月，习近平总书记在第七十五届联合国大会一般性辩论上向全世界庄严承诺，中国力争在 2030 年前实现碳达峰，2060 年前实现碳中和。这充分体现了我国推动和引导建立公平合理、合作共赢的全球气候治理体系的决心和信心。"推进碳达峰碳中和是党中央经过深思熟虑作出的重大战略决策，是我们对国际社会的庄严承诺，也是推动高质量发展的内在要求。"[①] 浙江是较早参与全球应对气候变化治理、大力推进绿色低碳发展的省份之一，多年来持续深化低碳发展战略部署，完善低碳发展机制，积极开展多层级、多主体低碳试点建设，探索减污降碳协同创新，推动全社会形成低碳生产生活方式，不断引领经济社会高质量发展。

一　秉持低碳发展理念，不断深化低碳建设部署

推进低碳转型发展是破解资源环境约束突出问题、实现可持续发

[①] 习近平：《论坚持人与自然和谐共生》，中央文献出版社 2022 年版，第 258 页。

展的必由之路。浙江早在2007年即成立了由省长挂帅、31个省级部门为成员的浙江省应对气候变化及节能减排工作领导小组，全面开启经济社会低碳转型探索。多年来，浙江始终坚持走绿色低碳发展之路，持续推进低碳转型谋实谋深，为新时代践行"双碳"目标奠定良好基础。

以控制温室气体排放为抓手，开启低碳转型探索之路。"十二五"时期，为顺应国际绿色低碳发展潮流、适应国内经济发展的新常态，浙江省人民政府先后印发《浙江省应对气候变化方案》《浙江省控制温室气体排放实施方案》，陆续出台转变经济发展方式、促进节能减排、加快新能源推广利用等一揽子应对气候变化相关政策文件，形成了以省级应对气候变化方案为核心的"1+N"政策体系，并成为全国首批7个温室气体清单编制的省级试点之一。"十二五"时期，浙江省着力推进低碳经济发展，推动信息经济、环保、健康、旅游、时尚、金融、高端装备制造等绿色低碳产业快速发展，加快淘汰落后产能和化解过剩产能，实现单位能耗较高的非金属矿物制品和黑色金属冶炼等产业生产持续回落，大力推进实施生态循环农业"2115"示范工程。谋划实施浙江省创建国家清洁能源示范省行动计划，持续优化能源结构，稳步提高能源运行效率。大力推广绿色建筑，统筹推进新建建筑绿色化、新型建筑工业化、既有建筑节能改造和绿色适用技术和产品推广应用。全面启动绿色交通运输示范省创建，印发实施《浙江省加快推进绿色交通发展指导意见》。全省产业结构调整加快，能源结构进一步优化，碳强度持续下降。截至2015年，浙江省煤炭消费占能源消费总量较2010年下降9.1个百分点，清洁能源利用比例（含调入水电）提升至22.0%，单位GDP能耗从2010年的0.608吨标准煤/万元下降至2015年的0.483吨标准煤/万元，经济社会绿色低碳转型迈出坚定步伐。

在全国率先制定低碳发展规划，推动低碳转型厚积成势。党的十八届五中全会将"绿色发展"纳入新发展理念，将其作为关系我国发展全局的一个重要理念。浙江省委省政府全面贯彻新发展理念，在全国率先印发实施《浙江省低碳发展"十三五"规划》，从构建低碳生产体系、培养低碳生活方式、营造低碳生态环境、建立低碳能源体系、创新低碳发展体制机制等方面系统谋划低碳发展的战略任务。于2017年制定出台省级清单管理办法，以此为基础完成了省级2005—2017年度温室气体清单、11个设区市和90个县（市、区）2010—2017年度温室气体清单，并印发了《浙江省"十三五"设区市人民政府控制温室气体排放目标责任考核试行办法》，正式启动对设区市人民政府控制温室气体排放目标责任的考核，推动全省低碳发展厚积成势。2016—2019年，浙江省以年均3.4%的能源消费增速支撑了7.3%的GDP增速；2019年，浙江省以占全国4.58%的能源消费总量，贡献了占全国6.3%的GDP和7.8%的税收收入，低碳转型成效明显。

系统谋划"双碳"行动，低碳转型进入新的历史阶段。2020年以来，国家层面围绕"3060"目标，系统构建了以《中共中央 国务院关于完整准确全面贯彻新发展理念做好碳达峰碳中和工作的意见》《2030年前碳达峰行动方案》为核心，能源、工业、交通运输、城乡建设等分领域分行业碳达峰实施方案，以及科技支撑、能源保障、碳汇能力、财政金融价格政策等保障方案为补充的碳达峰碳中和"1+N"政策体系。在国家积极稳妥推进碳达峰碳中和的大背景下，浙江坚持率先突破、争做先锋，以积极行动推进省域碳达峰碳中和。2021年5月21日，浙江在全国率先召开了全省碳达峰碳中和工作推进会议，明确以"4+6+1"为推进"双碳"行动的总体思路，"4"即瞄准能源消耗总量、碳排放总量、能耗强度、碳排放强度4个核心指标，"6"即统筹推进能源、工业、建筑、交通、农业和居民生活6个重点领域绿色低碳变革,"1"即用好科技创新这一关键变量,并成立由省委书记、省长担任双组长的碳达峰碳中和工作领导小组,率领全省探索以最低碳排放实现更高质量发展的现代化新路。2021年6月,浙江省印发全国首个省级碳达峰碳中和行动方案——《浙江省碳达峰碳中和科技创新行动方案》;2022年2月,省委省政府印发《关于完整准确全面贯彻新发展理念做好碳达峰碳中和工作的实施意见》,分别提出到2025年、到2030年、到2060年阶段性目标,系统部署了推进经济社会发展绿色变革、构建高质量低碳工业体系、构建绿色低碳现代能源体系、推进交通运输体系低碳转型、推进建筑全过程绿色化、推进农林牧渔低碳发展、推行绿色低碳生活方式、实施绿色低碳科技创新战略、完善政策法规和统计监测体系、创新绿色发展推进机制等系列任务;同年6月,印发全国首个省级财政支持碳达峰碳中和的政策文件,即《关于支持碳达峰碳中和工作的实施意见》,提出到2025年,初步建立有利于绿色低碳发展的财税政策框架,支持各行业领域加快绿色低碳转型,多领域、多层级、多样化低碳零碳发展模式取得突破。随后,陆续印发《浙江省碳达峰实施方案》和各重点领域碳达峰行动方案,逐步形成以碳达峰碳中和实施意见为指引,碳达峰实施方案为核心,分领域分区域碳达峰实施方案为支撑,财税、金融、价格、标准等系列配套政策为保障的政策体系,扎实推进省域碳达峰碳中和行动。此外,浙江省还充分发挥数字发展优势,开发建设了省级"双碳"综合管理平台和全省统一的碳排放数据库,陆续上线碳排放统计核算及预测预警、节能降碳e本账、碳试点、碳普惠等10余个重大场景,以数字化有效赋能低碳发展。

二　鼓励基层创新探索，持续推进低碳试点建设

坚持"自上而下"的顶层设计与"自下而上"的基层创新相结合，是浙江省推进各类改革事项的主要路径。在推进低碳转型发展过程中，浙江省一如既往地重视基层创新，结合不同时期低碳发展形势，鼓励开展各类低碳试点。

率先开展低碳城市试点建设。 2010年，国家发展和改革委员会在全国启动低碳试点城市建设工作。为积极响应上级部署，进一步激发创新意识，浙江各城市因地制宜探索绿色低碳发展路径。同年7月，杭州市成功入选首批低碳城市试点，探索出一条"城市以低碳经济为发展方向、市民以低碳生活为行为特征、政府公共管理以低碳社会为建设蓝图"的绿色低碳发展道路，呈现"低碳经济加速发展、低碳交通逐步健全、低碳建筑有效推进、低碳生活深入推广、低碳环境取得成效、低碳社会稳步构建"的发展特点，为推进低碳试点建设贡献首个浙江经验。2012年11月，宁波市、温州市获批开展第二批国家低碳城市试点，其中宁波作为华东地区重要的能源原材料基地和先进制造业基地，在产业结构低碳转型和能源结构优化提升方面取得显著成效。比如，在镇海打造副产"蓝氢"综合利用"零碳"产业链，为工业型城市低碳建设提供宝贵经验；温州作为千年商港，全力打造全国新能源产能中心和应用示范城市，积极推动千企节能改造行动，并在建设过程中打通绿色低碳共富渠道。2017年7月，嘉兴市、衢州市、金华市获批第三批国家低碳城市试点，嘉兴坚持"生态立市"战略，大力发展核能氢能共促绿色低碳循环，在全国首创"煤样—链管"平台；衢州开展工业强市专项行动，全域推进园区循环改造，积极开展

"碳账户"体系建设，精准评价碳生产力；金华聚焦协同增效、多产融合发展，大力推进低碳产业转型、能源结构调整、减污降碳协同增效，打造全国首个将 CCUS 技术与煤电全流程耦合的示范项目。这 6 个低碳城市在生活、工业、管理降碳，减污降碳协同以及碳汇增碳等方面作出了积极探索和先行示范，在 2023 年 7 月 12 日 "全国低碳日" 主场活动会上发布的《国家低碳城市试点工作进展评估报告》中，衢州、杭州、嘉兴、金华、温州低碳城市试点建设工作评估为优良，浙江成为全国优良试点数量最多的省份。浙江进一步凝聚全社会合力，积极应对气候变化，推动形成全域绿色、低碳、可持续的生产生活方式。

着力推进低（零）碳发展模式的全面探索。在积极稳妥推进"双碳"行动的大背景下，为激发各领域、各层级探索创新精神，浙江于 2021 年 8 月出台了《浙江省关于开展低（零）碳试点建设的指导意见》，采取点线面结合的方式，鼓励基层开展多领域、多层级、多样化的低碳零碳化发展模式探索。其中，"点"即关键领域点上突破，包括储能电站建设试点、减污降碳协同试点、碳捕集利用及封存（CCUS）试点、蓝碳生态系统调查评估试点和碳账户金融试点；"线"即重点领域线上推进，包括构建绿色低碳能源体系、推动工业领域低碳转型、提升建筑绿色低碳水平、构建低碳交通运输体系、加快打造低碳农业模式、全面推行绿色低碳生活、推进固碳增汇能力提升等方面的探索示范；"面"即县、镇、村面上示范，以县（市、区）、乡镇（街道）、村（社区）为主体，系统推进区域层面的低（零）碳试点建设，形成一批可复制可推广的低（零）碳发展经验和模式。截至 2022 年年底，全省共建成低碳试点县 23 个、低（零）碳乡镇（街道）80 个、低（零）碳村（社区）632 个、林业增汇试点县 4 个、新型储能示范项目 34 个、绿色低碳工厂 279 家和绿色低碳园区 20 个、低碳生态农场单位 279 家，形成一大批绿色低碳转型的先进案例，有效带动全省低（零）碳建设工作的整体推进。

三　紧握绿色转型抓手，积极探索减污降碳协同

习近平总书记强调，要把实现减污降碳协同增效作为促进经济社会发展全面绿色转型的总抓手。2022年6月，生态环境部、国家发展和改革委员会等7部委联合印发《减污降碳协同增效实施方案》，对推动减污降碳协同增效作出系统部署。同年9月，浙江省获生态环境部复函同意，在全国率先开展减污降碳协同创新区建设，积极探索减污降碳协同由理论到实践的解决方案，助力高质量发展。

做好减污降碳协同路径的顶层设计。浙江省委省政府高度重视减污降碳协同工作，将其纳入2022年度牵一发动全身重大改革项目清单，并组织开展系统谋划，强化顶层设计对减污降碳协同治理改革的战略指导。2022年12月，浙江省生态环境厅会同省发展和改革委员会等8个部门印发实施《浙江省减污降碳协同创新区建设实施方案》，明确了浙江省"十四五"以及到2030年减污降碳协同工作的主要目标，提出加强源头防控、推进大气污染防治协同控制、推进水环境治理协同控制、推进固废污染防治协同控制、统筹保护修复和扩容增汇、开展模式创新、创新政策制度、提升协同能力8个方面具体工作，明确了创新区建设的目标清单、任务清单、政策清单和评价指标体系。

鼓励多元减污降碳协同模式创新。为发挥基层积极性和创造力，浙江省建立一体化、多层次的减污降碳协同创新模式探索机制，在城市、园区、企业等层面组织开展减污降碳协同试点建设和标杆项目建设，推动不同类型城市、不同行业和产业园区开展减污降碳协同创新，及

时发现并推广基础好、技术新的试点模式和标杆项目，充分发挥带动作用。城市层面，围绕现代化国际大城市、工业型、数字经济型、生态良好型等不同类型探索减污降碳协同模式创新与协同实施路径；园区层面，聚焦石化、化工、化纤、纺织印染、造纸、建材、钢铁、电镀等重点行业产业园区，积极探索符合园区特点的减污降碳协同创新模式，促进资源能源集约节约高效循环利用，提升基础设施绿色低碳水平；企业层面，聚焦污染物和二氧化碳排放量大、环境治理绩效提升空间大的石化、化工、化纤等重点行业，推进一批减污降碳协同创新标杆项目建设。截至2023年8月，浙江已组织开展三批省级减污降碳协同试点工作，累计有城市试点22个、园区试点41个、企业标杆项目建设124个，减少大气污染物约8万吨、水环境污染物2.8万吨，每年减少二氧化碳排放约480万吨，年资源化利用危废约38万吨，实现环境、经济和社会效益"三赢"。

加强减污降碳协同创新考核激励。推进政府层面的考核引导，浙江省在全国率先发布浙江省减污降碳协同指数，从协同效果、协同路径、协同管理3个维度对区域减污降碳协同治理工作开展定量化跟踪、评估、反馈，并将减污降碳协同指数纳入各设区市污染防治攻坚战考核和美丽浙江考核，发挥了"指挥棒"作用。实施财政补助的资金引导，建立减污降碳协同试点专项资金补助机制，一方面，对遴选为省级减污降碳试点的对象给予试点建设基础补助资金；另一方面，对试点建设开展定期评估，并根据评估结果给予差异化的赛马激励资金，充分调动地方先行先试、创新探索的积极性。鼓励减污降碳的金融支持，浙江省生态环境厅会同中国人民银行杭州中心支行、省地方金融监管局，制定《关于金融支持减污降碳协同的指导意见》，以加大绿色信贷投放、支持发行绿色债券、设立绿色发展基金、创新环境权益类金融产品、建立减污降碳协同项目库等举措支持地方、企业开展减污降碳协同探索。

"小指数"撬动减污降碳协同创新区"大建设"

减污降碳协同创新区建设是浙江省深入贯彻党中央、国务院关于减污降碳工作决策部署，立足浙江省生态环境保护和"双碳"目标作出的重要制度探索。作为创新区建设一项核心理论成果，减污降碳协同指数从协同效果、协同路径、协同管理3个方面，对地区减污降碳协同增效水平和能力进行综合评价。自2022年6月实施以来，切实帮助各地区了解优势领域和薄弱环节，有效提升各地区减污降碳工作推进力度，为浙江省建立完善减污降碳政策机制，助力经济社会高质量发展和生态环境高水平保护提供有益借鉴，也为在全国范围内推进减污降碳协同增效工作贡献"浙江经验"。

一、创新设计。减污降碳协同指数既要考虑环境质量改善与降碳效果协同，又要考虑减污降碳工作措施一体化谋划以及协同管理机制的统筹融合。综合考虑系统性、代表性、导向性、可获得性原则，城市层面的减污降碳协同指数主要包括协同效果、协同路径、协同管理3个方面，涵盖环境质量、碳排放水平、协同耦合度、结构调整措施协同度、治理路径协同度、生态环境管理协同度6个一级指标以及16个二级指标和24个三级指标。

二、创新功能。减污降碳协同指数是以评价减污降碳协同增效工作水平和成效为核心的综合性指标体系。从狭义上讲，它是反映污染物和碳排放现状，衡量污染物和碳排放治理路径实施程度的量化指标。从广义上讲，它是考虑降碳、减污、扩绿、增长，统筹产业结构调整、污染治理、生态保护、应对气候变化的评价体系。指数横向排名反映各地区减污降碳工作成效，纵向比较反映各年度各项减污降碳目标、指标、任务措施的进展情况，可全方位体现区域绿色低碳发展水平。

三、实践创新。2022年6月，减污降碳协同指数在浙江省全国低碳日活动上正式发布，首次对浙江省11个设区市减污降碳工作成效与不足进行评估。指数每季度动态更新，实现了对各地减污降碳协同效果和措施进展的定量化跟踪、评估、反馈，将有力推动各地减污降碳工作提质增效。目前，减污降碳协同指数已纳入各设区市污染防治攻坚战和美丽浙江考核，将进一步发挥"指挥棒"作用，为统筹推进减污降碳协同创新区建设指明方向。

| 第五章

"千万工程"久久为功绘就全域美丽图景

> 山峦层林尽染,平原蓝绿交融,城乡鸟语花香。这样的自然美景,既带给人们美的享受,也是人类走向未来的依托。[①]

建设美丽家园是人类的共同梦想。2003年,时任浙江省委书记习近平同志亲自调研、亲自部署、亲自推进"千村示范、万村整治"工程(以下简称"千万工程"),引领浙江开启了建设美丽家园的征程。在推进生态省建设的20年间,浙江凝聚起人民的期盼与力量,以"千万工程"为抓手,持续绘就美丽乡村新画卷,着力打造美丽城镇新格局,系统建设全域美丽大花园,努力创造幸福美好新生活,实现了从农村、城市各美其美到"诗画浙江"大花园的美美与共,开创了高水平推进、高质量建设生态家园的有效路径。

---

① 习近平:《共谋绿色生活,共建美丽家园——在2019年中国北京世界园艺博览会开幕式上的讲话》,新华社2019年4月28日。

在"浙"里看见美丽中国
——浙江生态省建设 20 年实践探索

第一节　持续绘就美丽乡村新画卷

浙江始终把"千万工程"作为"一把手"工程，持之以恒、锲而不舍深化提升。历经 20 年，"千万工程"作为解决农村诸多共性难题关键战略，全面塑造农村人居环境、理顺城乡一体关系、激活农村发展动能、提升农民生活品质、提高乡村治理水平，不断引导着浙江省美丽乡村华丽蜕变，造就了万千美丽乡村，造福了万千农民群众，成效显著、影响深远。

一　持续深化迭代升级"千万工程"

从"千村示范、万村整治"引领起步，推动乡村更加整洁有序，到"千村精品、万村美丽"深化提升，推动乡村更加美丽宜居，到"千村未来、万村共富"迭代升级，推动乡村实现共富共美，再到"千村引领、万村振兴"谱写新篇，推动全面建成乡村振兴样板区，"千万工程"的内涵不断深化、外延不断扩展、成果不断放大。

谋划提出——"千村示范、万村整治"。习近平同志到浙江工作后，基于浙江农村"污水横流、垃圾遍地、臭气熏天"的现状，开展广泛调查研究，并指出"要把农村人居环境整治工作放在非常重要的位置"[1]。2003 年 6 月亲自作出了实施"千万工程"的战略决策，提出用 5 年时间整治 1 万个村庄，建设 1000 个社会主义新农村示范村，并将其作为生态省建设、打造绿色浙江的重要内容。从面上看，"千万工

---

[1]《习近平在浙江》(下册)，中共中央党校出版社 2021 年版，第 123 页。

程"着眼于改变农村环境脏乱差状况,旨在通过推进村庄布局优化、道路硬化、四旁绿化、路灯亮化、河道净化、环境美化等改变村容村貌;从实质上看,"千万工程"是顺应广大农民对美好生活向往,推动实施的一项统筹城乡的"龙头工程"、全面小康的"基础工程"、优美环境的"生态工程"、造福农民的"民心工程"。

深化提升——"千村精品、万村美丽"。在前期重点村落基础性整治提升基础上,浙江省委省政府始终坚持一张蓝图绘到底,推进"千万工程"持续深化,深入实施垃圾、污水、厕所"三大革命",积极开展"五水共治""三改一拆""四边三化",浙江乡村面貌得到深刻改变。2008年,浙江在全国率先开展"中国美丽乡村"建设,以改善农村人居环境为突破口,有效探索生态文明建设和新农村建设同步推进,创设并推广美丽乡村建设标准,形成美丽乡村建设"浙江模式"。2010年,印发出台《浙江省美丽乡村建设行动计划(2011—2015年)》,提出建设"四美三宜两园"乡村,"千万工程"在浙江全省全面推进,内涵也从基本的农村改造向乡村振兴全面转型升级。2014年发布全国首个美丽乡村建设省级地方标准《美丽乡村建设规范》(DB33/T912—2014)。2019年发布《新时代美丽乡村建设规范》(DB33/T912—2019),推动浙江美丽乡村建设不断专业化、规范化。

迭代升级——"千村未来、万村共富"。在现代化发展的过程中,浙江省"千万工程"从原本的生态提升全域修复转向村落价值的保护与全域美丽环境建设,对乡村文化内涵进行最大限度保留的同时,乡村建设工程的内涵也逐渐从一处美向全域美、一时美向持久美、外在美向内在美、环境美向生活美转型,对乡村建设各方面提出了全方位的美丽要求。2021年,印发实施《浙江省深化"千万工程"建设新时代美丽乡村行动计划(2021—2025年)》,浙江"千万工程"全面迭代升级，全力打造美丽乡村升级版。以片区化、组团式建设为特色，串点成线、连线成面，根据山区、丘陵、平原、海岛、水乡等不同地理形态和文化底蕴，差异化推进美丽乡村组团建设。力求到2025年，县域美丽乡村建设全国领先，全面展现美丽浙江大花园的"富春山居图"，城乡一体化高质量发展达到新水平。

再谱新篇——"千村引领、万村振兴"。2023年，印发实施《中共浙江省委、浙江省政府关于坚持和深化新时代"千万工程"全面打造乡村振兴浙江样板的实施意见》，提出全面绘就"千村引领、万村振兴、全域共富、城乡和美"新画卷。到2027年，农村人居环境质量全面提升，生态文明制度体系更加成熟，高效生态农业强省建设再上台阶，农民群众获得感、幸福感、安全感显著提升，基本建成乡村振兴样板区；到2035年，整体大美、浙江气质的城乡风貌全域展现，现代乡村产业体系全面建立，省域共同富裕基本实现，城乡融合发展体制机制成熟定型，文明善治达到新高度，农民生活幸福和美，高水平实现农业农村现代化，全面建成乡村振兴样板区。

二 开拓创新美丽乡村建设路径

习近平同志在浙江工作期间，亲自制定"千万工程"目标要求、实施原则、投入办法，对"千万工程"既绘蓝图、明方向，又指路径、教方法。20年来，浙江按照习近平总书记重要指示要求，深入谋划推进、加强实践探索，推动"千万工程"持续向纵深迈进，形成了一系列行之有效的做法。

党建引领、党政主导。"千万工程"是一项系统工程，需要充分发挥党的领导核心作用。习近平同志在浙江工作期间，要求各级党政主要负责人要切实承担"千万工程"领导责任,充分发挥基层党组织的战斗堡垒作用和党员的先锋模范作用。浙江坚持把加强领导作为搞好"千万工程"的关键,建立党政"一把手"亲自抓、分管领导直接抓、一级抓一级、层层抓落实的工作推进机制,实行"四个一"工作机制:实行"一把手"负总责全面落实分级负责责任制;成立一个"千万工程"工作协调小组,由省委副书记任组长;每年召开一次"千万工程"工作现场会,省委省政府主要领导到会并部署工作;定期表彰一批"千万工程"的先进集体和个人。坚持政府投入引导、农村集体和农民投入相结合、社会力量积极支持的机制。将农村人居环境整治纳入为群众办实事内容,纳入党政干部绩效考核,强化奖惩激励。突出党政主导、各方协同、分级负责,配优配强村党组织书记、村委会主任,推行干部常态化驻村联户、结对帮扶,实行"网格化管理、组团式服务",确保各项工作落到实处,促进美丽生态、美丽经济、美好生活有机融合。

因地制宜、科学规划。习近平同志在浙江工作期间,要求从浙江农村区域差异性大、经济社会发展不平衡和工程建设进度不平衡的实际出发,坚持规划先行,以点带面,着力提高建设水平。浙江注重规划先行,着眼遵循乡村自身发展规律、体现农村特点、注意乡土味道、保留乡村风貌,城乡一体编制村庄布局规划,因村制宜编制村庄建设规划。构建以县域美丽乡村建设规划为龙头,村庄布局规划、中心村建设规划、农村土地综合整治规划、历史文化村落保护利用规划为基础的"1+4"县域美丽乡村建设规划体系。在规划实施过程中,立足山区、平原、丘陵、沿海、岛屿等不同地形地貌,区分发达地区和欠发达地区、城郊村庄和纯农业村庄,结合地方发展水平、财政承受能力、农民接受程度,坚持因地制宜、分类指导,制定针对性解决方案和阶段性工作任务,实现改善农村人居环境同地方经济发展水平相适应、相协调。同时，紧盯"千万工程"目标，强化规划刚性约束和执行力，坚持久久为功，每 5 年出台 1 个行动计划，每个重要阶段出台 1 个实施意见，保持工作连续性和政策稳定性。

改革创新、完善制度。浙江在"千万工程"实施过程中，围绕推进城乡一体化，在土地制度、财政制度、项目审批制度、社会保障制度、产权制度等体制机制上推进一系列创新。建立全省统一的就业制度、最低生活保障制度、被征地农民社会保障制度、新型农村合作医疗制度，开展农村产权制度改革、农村金融制度改革、户籍制度改革，创新形成河长制、路长制、湖长制、田长制等项目责任制，逐一破解"千万工程"推进中的制度难题和要素资源瓶颈，并以此撬动乡村治理现代化制度体系的系统变革。充分发挥市场在资源配置中的决定性作用、更好发挥政府作用，激发各类经营主体活力，通过明晰生态资源的所有权和经营权，推动生态产业化和产业生态化，着力构建绿水青山转化为金山银山的政策制度体系。坚持鼓励基层创新，允分发挥各地积极性主动性创造性。逐步健全乡村治理机制，创新出台乡村治理工作规范、村民说事监督规范、村民诚信指数评价规范等形式多样的制度，形成"幸福积分制""垃圾分类积分制"等创新激励机制，乡村治理体系和治理能力现代化水平显著提高。

以人为本、共建共享。习近平总书记在浙江工作期间强调，必须把增进广大农民群众的根本利益作为检验工作的根本标准，充分尊重农民的意愿，充分调动农村基层干部和广大农民群众的积极性和创造性。浙江在实施"千万工程"过程中，始终从群众角度思考问题，尊重民意、维护民利、强化民管。把增进人民福祉、促进人的全面发展作为出发点和落脚点，从群众需要出发推进农村人居环境整治。在进行决策、推进改革时，坚持"村里的事情大家商量着办"。厘清政府干和农民干的边界，该由政府干的主动想、精心谋、扎实做，该由农民自主干的不越位、不包揽、不干预，激发农民群众的主人翁意识，广泛动员农民群众参与村级公共事务，推动实现从"要我建设美丽乡村"到"我要建设美丽乡村"的转变。注重推动农村物质文明和精神文明相协调、硬件与软件相结合，努力把农村建设成农民身有所栖、心有所依的美好家园。

三 先行探索推进乡村全面振兴

浙江始终践行绿水青山就是金山银山的理念，坚持山水林田湖草沙是有机生命共同体，持续深化实施"千万工程"，着力推进农村生态环境体系、农村生态经济体系和农村生态生活体系建设，加快促进乡村走向生产发展、生活富裕、生态良好的可持续发展新道路，实现了从改善农村环境到促进农村全面发展、全域推进宜居宜业和美乡村建设的拓展提升，为如何加快推进人与自然和谐共生的现代化提供了生动例证、基本经验和有益启示。

打造美丽生态。浙江牢牢秉持生态先行的理念，进行系统谋划，分类施治，开展农村人居环境系统治理和保护。全面推进垃圾、污水、厕所"三大革命"，强势打出农村环境"五整治一提高"工程、"五水共治"和"四边三化"等组合拳，实施生态修复，关停"小散乱"企业，整治重污染高耗能行业，积极探索建设"无废村庄""低碳村庄"，从源头上彻底消除污染，农村人居环境得到深刻重塑。开展乡村全域土地综合整治与生态修复，对农村山水林田湖草进行全要素综合整治，对乡村人居环境进行统一治理修复。浙江规划保留村生活污水治理和卫生厕所实现全覆盖，生活垃圾基本实现"零增长""零填埋"。全省建成风景线743条、特色精品村2170个、美丽庭院300多万户，形成"一户一处景、一村一幅画、一线一风光"的发展图景,农村人居环境质量居全国前列。浙江"千万工程"获联合国"地球卫士奖"。

催生美丽经济。立足乡村实际,浙江不断探索加快生态经济化和经济生态化实现多产业一体化进程,积极引进生态经济,把美丽乡村的生态优势转化为现实的产业优势、富民优势。"千万工程"加速乡村产业转型,因地制宜开发旅游功能、文化功能、休闲功能、教育功能、体验功能,充分挖掘乡村独特的生态资源、田园风光、农耕文化、特色产业、人文景观等优势,休闲农业、农村电商、文化创意等新业态不断涌现,带动农民收入持续较快增长,乡村产业得到蓬勃发展。实施"十万农创客培育工程",累计培育农创客超4.7万名,打造出"衢州农播"、丽水"农三师"等一批人才培养品牌。"绿水青山就是金山银山"转化通道不断拓宽,生态产品价值实现机制逐步建立健全,探索完善具有浙江特点的生态系统生产总值(GEP)核算应用体系。

造就美好生活。"千万工程"通过对资源禀赋的重新利用与生态环境的有效复原,改善了农村的生产生活条件,引导城市基础设施和公共服务向农村延伸覆盖,城市文明向农村辐射,努力缩小城乡差距,为浙江在全国率先开展统筹城乡发展、推动城乡一体化建设、实现公共服务普惠共享打下了坚实基础。城乡基础设施加快同规同网,最低生活保障实现市域城乡同标,基本公共服务均等化水平全国领先,农村"30分钟公共服务圈""20分钟医疗卫生服务圈"基本形成。2783个历史文化村落和一大批重要农业文化遗产得到抢救性保护,成功举办全球重要农业文化遗产大会。农民精神风貌持续改善,全域构建新时代文明实践中心、新时代文明实践所、农村文化礼堂三级阵地,建成一批家风家训馆、村史馆、农家书屋等,文明乡风、良好家风、淳朴民风不断形成。"城市有乡村更美好、乡村让城市更向往"正在成为浙江城乡融合发展的生动写照。

促进共同富裕。加快推进农业农村现代化，是美丽乡村建设的重要内容，也是促进农民共同富裕的有效途径。20年来，"千万工程"造就了万千美丽乡村，也造福了广大农民群众，"千万工程"形成了促进共同富裕的有力抓手。浙江以"千万工程"为牵引，积极开展人本化、生态化、数字化的未来乡村建设，积极探索富民强村的共同富裕基本单元建设，着力推进农民农村共同富裕，实现低收入农户、山区海岛县与全省同步率先基本实现现代化。针对山区发展较为薄弱这一短板，浙江打造山海协作升级版，经济强县和26个山区县结对互助，产业发展上携手致富，在探索解决发展不平衡不充分问题方面取得了明显成效。2022年，浙江农村常住居民人均可支配收入由2003年5431元提高到2022年37565元，连续38年居全国省区首位，村级集体经济年经营性收入50万元以上的行政村占比达51.2%，城乡居民收入倍差缩小至1.90。

"美丽乡村"范例——浙江省淳安县下姜村

下姜村是淳安县西南大山深处的一个资源匮乏贫穷偏远小山村。2003—2007年，时任浙江省委书记习近平同志多次来到下姜村实地考察，和乡亲们一起探索科学发展、脱贫致富的路子。

在"千万工程"助推下，下姜村立足山区特色，通过保护绿水青山，重新组合生产要素，发展特色农业，以生态旅游和民宿经济，实现产业多元化的绿色发展。下姜村先后建成精品水果园、林下中药材基地、下姜人家餐厅、民宿、乡村酒吧等经济实体，走出了一条从"脏乱差"到"绿富美"的乡村振兴之路，实现了"半年粮，烧木炭，有女莫嫁下姜郎"到"瓜果香，民宿忙，游人如织到下姜"的华丽蝶变。

现在的下姜村已成为浙江省共同富裕百村联盟成员之一，联合周边24个村成立"千岛湖·大下姜"乡村振兴联合体，着力构建强村带弱村、先富带后富、区域融合带动的帮扶机制。"大下姜联合体模式"被农业农村部作为全国经典案例推广；"以大下姜联合体模式，打造共同富裕淳安样板"案例入选全省缩小城乡差距领域首批试点；"大下姜党建联盟乡村联合体共富模式"入选浙江省乡村振兴十佳创新实践案例。

2022年下姜村集体经济总收入153.39万元，大下姜25个行政村集体经济总收入2617.84万元，全部完成"5030"消薄任务。大下姜2022年全年接待游客73.56万人次，实现旅游收入6565万元。

第二节　着力打造美丽城镇新格局

2006年8月，在浙江省城市工作会议上，习近平同志首次提出"坚定不移地走新型城市化道路"，强调"坚持统筹发展、集约发展、和谐发展、创新发展"。[①]多年来，浙江历届省委省政府持续深入推进新型城市化，把城市建设与生态环境保护结合起来，坚持一张蓝图绘

---

① 《习近平新时代中国特色社会主义思想在浙江的萌发与实践》，浙江人民出版社2021年版，第40页。

到底，把新型城市化这篇大文章书写得气势磅礴，为美丽浙江建设增添了浓墨重彩的一笔。

一 美丽城镇建设百花齐放

如果说"千万工程"奠定了浙江大地生态美丽的基底，那么美丽城镇建设则是在此基础上孕育出了美丽的花朵。美丽城镇建设被浙江省委省政府纳入省域城镇治理现代化大势中思考，被放在"美丽系列"新篇章的蓝图中衡量，随着城镇环境综合整治特色小镇创建以及现代化美丽城镇建设等重点工作的次第推进，呈现出百花齐放的局面。

城镇环境综合整治全面铺开。针对小城镇环境"脏乱差"的突出问题，浙江省委省政府打出以"拆治归"为基本招法的转型升级系列组合拳，重拳出击治环境，重典治污修生态，深入推进城乡环境综合大整治。2012年实施公路边、铁路边、河边、山边等区域的乱搭乱建、废品垃圾、青山白化、"蓝色屋面"等十大类问题的治理，实现洁化、绿化、美化的目标（简称"四边三化"）。2013年实施旧住宅区、旧厂区、城中村改造和拆除违法建筑行动（简称"三改一拆"）。2016年开始，浙江省启动小城镇环境综合整治行动，到2019年7月底，在全国率先完成对所有1191个小城镇的全面环境整治工作，成为全国唯一对小城镇进行全面、全域环境整治的省份。同时，浙江制定和出台了《小城镇环境和风貌管理规范》等一批长效管理的制度，从空间布局、环境卫生、城镇秩序、乡容镇貌、功能品质等方面进一步规范了治理要求，巩固了城乡环境综合整治的成效。全省小城镇环境面貌、基础设施水平、公共服务能力、产业发展活力等大幅提升。

特色小镇创建点燃美丽城镇"星火"。浙江在中心镇建设"强镇扩权"基础上，结合浙江"块状经济"和区域特色产业优势，提出"特色小镇"建设。特色小镇作为深入践行新发展理念的平台，在创建中以"形态小而美、产业特而强、功能聚而合、机制新而活"为导向，推动生产生活生态空间"三生融合"、产业社区文化旅游功能"四位一体"。浙江首创特色小镇，这一模式也从浙江走向了全国。特色小镇不是行政区划上的单元，不是单纯的产业园区，而是具有明确产业定位、文化内涵、旅游功能和一定社区功能的新空间。浙江省特色小镇建设过程中涌现出杭州西湖云栖小镇、上城玉皇山南基金小镇、余杭梦想小镇、富阳硅谷小镇、德清地理信息小镇、诸暨袜艺小镇、莲都古堰画乡小镇等一大批特色小镇，点燃了全域"美丽城镇"建设的星星之火。2022年浙江省特色小镇总产出达1.98万亿元，建有省级以上研发机构1056个，集聚高新技术企业3188家，就业总人数超193.2万人。特色小镇正成为高品质生活的"新空间"，成为支撑浙江省高质量发展和"两个先行"建设的前沿阵地。

美丽城镇建设助推全域共富共美。建设现代化美丽城镇，是浙江省推进"八八战略"再深化、改革开放再出发作出的重大部署，也是践行初心使命、实现人民对美好生活向往的实际行动。2019年9月，浙江全面启动美丽城镇建设，实施"百镇样板、千镇美丽"工程，高水平全面推进全省1010个美丽城镇建设。美丽城镇建设坚持因地制宜，突出规划引领、一镇一策、分类指导施策；坚持"五美"并进，用绿水青山就是金山银山理念引领环境之变、用"生活圈"圈出生活之变、用"产城融合"塑造产业之变、用"以文化人"展现人文之变、以"整体智治"推进治理之变，形成美美与共发展局面；坚持社会协同，通过吸引社会资本加大投入、发动群众共谋共建、激发干部干事创业，凝聚共富共美大合力。强化城镇连城接乡纽带作用。浙江把美丽城镇建设作为新时代城镇工作的总抓手，充分发挥城镇扩展城市生态空间、疏解非核心功能、连城接乡的重要纽带作用，促进城乡高质量融合发展，推动形成城乡互补、全面融合、共同繁荣的新型城乡关系，夯实了城乡共同富裕的基础。2023年8月，出台了《浙江省人民政府办公厅关于全面推进现代化美丽城镇建设的指导意见》，明确了浙江省美丽城镇深入推进的方向。

二 美丽城市建设精彩蝶变

良好的生态环境，是城市文明的重要体现，以创建促提升，以创建促发展是美丽城市建设的灵魂与核心。浙江以文明城市、卫生城市、园林城市、未来社区等创建工作为载体，全面提升城市功能品质，不断夯实美丽城市建设基础。

美丽城市建设系列创建成果丰硕。浙江省以文明城市创建为龙头，带动文明村镇、文明单位、文明家庭、文明校园等，把创建活动延伸到各个领域、各类人群，群众素质和文明程度持续走高，为忠实践行"八八战略"、奋力打造"重要窗口"积聚文明力量、打造"最美风景"。2020年年底，浙江成为首个全国文明城市设区市"满堂红"的省份，也是全国唯一一个连续两届所有参评城市全部成功获牌的省份。园林城市围绕建设"富饶秀美、和谐安康"的总要求，突出鲜明特色，一大批具有浙江本土特色的城市公园在继承、保护和创新中享誉国内外，跨入国家重点公园行列，比如绍兴镜湖城市湿地公园、湖州市莲花庄公园、衢州市府山公园、杭州市花港观鱼公园等，浙江持续开展国家森林城市、园林城市和省森林城镇建设，推进金义都市区森林城市群建设。国家卫生城市既考察城市环保、市容环境卫生等指标，也考察居民的健康教育和健康促进、食品和饮用水安全等民生福祉。2015年浙江省成为全国首个设区市国家卫生城市全覆盖的省份，2017年率先实现国家卫生城市、国家卫生县城全覆盖，2020年度和2021年度连续两年被全国爱国卫生运动委员会通报表扬。

未来社区创建蓬勃开展。2019年，浙江省首次提出未来社区概念，未来社区是浙江着力打造的高质量发展的"金名片"，是"重要窗口"建设的标志性成果，是共同富裕现代化城市的基本单元。未来社区以人本化、生态化、数字化为价值导向，以和睦共治、绿色集约、智慧共享为基本内涵，构建未来邻里、教育、健康、创业、建筑、交通、低碳、服务和治理九大场景，打造具有归属感、舒适感和未来感的新型城市功能单元。创建未来社区，在坚持党建统领的前提下，突出需求导向，因地制宜落实九大场景创建评价指标体系。整合社区及周边空间资源，重点推进邻里活动、养老托幼、健康管理、社区治理、商业服务等基础公共服务落实，推动特色场景落地见效。截至2022年，已对外公布5批共467个未来社区创建项目，呈现出增点扩面、全面铺开的态势。

城市功能品质全面提升。浙江省深度参与"一带一路"和长三角一体化建设，积极融入上海大都市圈，推进城市高能级发展。积极推进杭绍甬、嘉湖、衢丽花园城市群一体化，全面实施甬舟一体化发展，推动城市组团式发展，形成了多中心多层级多节点网络型城市群结构。加快推进现代化基础设施体系建设，优化基础设施布局、结构、功能和发展模式，高标准推进现代交通物流设施网、能源设施网、水利设施网、市政设施网、应急储备设施网和新型基础设施网建设。持续推进"城市体检"和"城市有机更新"，大力建设海绵城市、韧性城市，逐步实现了城乡风貌协调连贯、公共服务均衡发展。全面提升城市精细化、智慧化管理水平，创新建设智慧风貌管控与智慧交通、智慧管网、智慧城管等协同的应用，统筹推进一体化智能化公共数据平台建设，促进数字公共服务普惠化，推进数字社会治理精准化，普及数字生活智能化。

三 环境基础设施绿色普惠

外在的美丽需要扎实的内功支持。浙江苦练内功基本建成了城乡一体的环境基础设施体系，为城乡经济社会活动正常运转提供了必不可少的功能支撑。

生活污水处理覆盖范围不断拓展惠及全民。随着社会经济发展的进程和人民群众的生产生活需要，浙江省不断完善生活污水处理设施布局，提高处理能力和处理水平。受太湖流域保护工作启发，2007年年底，全省建成86座县以上城市集中式污水处理厂，实现了浙江省县级以上城市污水集中处理全覆盖，成为全国第一个县县都有污水处理厂的省份；2015年年底，全省建成城镇级以上污水处理厂290座（其中，县城以上污水处理厂132座，建制镇污水处理厂158座），进一步成为国内第一个建制镇污水处理设施全覆盖的省份。截至2021年，浙江全省共建成332个城镇级以上污水处理厂，污水处理能力达到1498.18万吨/日。污水处理提标改造从未止步。按照浙江省委省政府《关于全面实施"河长制"进一步加强水环境治理工作的意见》要求，至2017年，全省所有城镇污水处理厂基本实现一级A标准排放；2018年，浙江省生态环境厅发布《关于推进城镇污水处理厂清洁排放标准技术改造的指导意见》要求实施100座城镇污水处理厂清洁排放标准技术改造，对化学需氧量、氨氮、总氮、总磷4项主要水污染物指标进一步加严标准；2019年，浙江省住房和城乡建设厅发布《浙江省城镇污水处理提质增效三年行动方案（2019—2021年）》，要求所有城市污水处理厂的平均进水BOD浓度提高到100毫克/升以上，进一步提升污水处理厂的处理效能。污水治理设施与周边环境和谐友好。2018年，浙江省第一个"地埋式"污水处理厂——临平净水厂正式通水。临平样板是生态环境治理在污水处理行业的一个成功实践，它对于优化国土空间发展格局、解决环境污染与经济增长之间的困境，深化"五水共治"具有重要的现实意义。

临平净水厂探索"邻避"变"邻利"

临平净水厂位于浙江省杭州市临平区临平新城核心区，占地74.2亩，日处理能力为20万立方米，是华东地区最大的地埋式净水厂之一，采用了膜生物反应器（MBR）污水处理工艺，处理后的出水达到国标一级A标准排放至钱塘江，主要服务范围包括临平区临平新城、余杭经济技术开发区以及周边镇街。

临平净水厂选址建设在城市核心区道路互通匝道区内，充分利用了空闲的高速、高架互通匝道等难以利用的土地；整个污水处理场地全部建在深基坑里，净水厂地下建筑两层，深14.85米，占地面积74.2亩，总建筑面积83036平方米，其中地下建筑面积7.9万平方米，地上仅建设生产辅助用房，占地4000余平方米，地上部分占地面积为常规地上模式的1/24；同时，净水厂的地面部分建设集"人工湿地＋江南园林＋市民休憩＋运动休闲＋文化展示"功能于一体的市民公园，污水处理部分全地下结构有效规避了污水处理厂气味、噪声对周边居民的影响，变"邻避"为"邻利"。

临平净水厂集经济效益、社会效益、环境效益、科技效益于一体，开创了我省全地埋式污水处理厂建设的先河。

生活垃圾处置模式日臻完善。浙江省依托"户集村收镇运县处理"的垃圾收运处置体系，大幅提升了生活垃圾的城乡一体化程度。处置设施随处置方式不断推陈出新。2000年前浙江省垃圾处置方式以填埋为主，随着浙江省提出生活垃圾总量"零增长"、处理"零填埋"的目标，生活垃圾焚烧场逐步替代填埋场成为生活垃圾处置的主力军，而原有填埋场或转为应急填埋场或作封场处理。截至2022年年底，全省已建成生活垃圾焚烧处置设施76座，处置能力8.9万吨／日，成为全国首个实现了"零增长""零填埋"的"两个零"目标的省份。垃圾分类从试点到全面推开，浙江省先后制定施行《浙江省城镇生活垃圾分类管理办法》《城镇生活垃圾分类标准》（DB33/T 1166—2019），对城市建成区内的生活垃圾分类投放、分类收集、分类运输、分类处置及其监督管理作出了法律规定。

第三节　系统建设全域美丽大花园

大花园建设是对"千万工程"、美丽城镇的继续深化，是贯彻落实习近平生态文明思想的战略举措、具体行动和生动典范。大花园作为现代化浙江的底色,高质量发展的底色、人民幸福生活的底色,已然成为美丽浙江的金名片。

一 谋篇布局建设全域美丽大花园

2018年5月,浙江印发实施《浙江省大花园建设行动计划》,开启了浙江在更广领域、更深层面、更高水平续写"美丽浙江"的新篇章。

擘画蓝图。为着力解决发展不平衡不充分的问题,加快实现"两个高水平",满足人民日益增长的美好生活需要,2017年,浙江省第十四次党代会战略性提出建设"诗画浙江"大花园。2018年,浙江省政府工作报告中提出"大花园是现代化浙江的普遍形态。要按照全域景区化的目标要求,加快建设美丽乡村、美丽田园、美丽河湖、美丽海岛、美丽城市、国家公园"。同年印发实施《浙江省大花园建设行动计划》,提出到2022年,浙江全省初步打造成为全国领先的绿色发展高地、全球知名的健康养生福地、国际有影响力的旅游目的地,逐步形成"一户一处景、一村一幅画、一镇一天地、一城一风光"的全域大美格局;到2035年,力争全省建成绿色美丽和谐幸福的现代化大花园。大花园建设是立足人与自然和谐共生,不断满足人民日益增长的美好生活需要。大花园建设围绕生态环境优美、绿色经济发达、人民生活幸福、社会公平正义,坚守蓝天白云、绿水青山的底色和底线,坚持绿色发展理念、转换发展方式,发挥山海资源优势、走区域协调之路,未来大花园成为现代化浙江的普遍发展形态和底色。

明确路径。《浙江省大花园建设行动计划》明确了以绿色产业为基础、以美丽建设为载体、以交通建设为先导、以平台建设为支撑、以改革创新为驱动的大花园建设实施路径。一是,把衢州、丽水两大生态屏障地区打造成大花园的核心区，大力推进生态保护、绿色发展和改革创新，完善基础设施，实现生态经济化、经济生态化，成为全省乃至全国践行绿水青山就是金山银山理念的示范区。二是，提出了美丽城市＋美丽乡村＋美丽田园＋国家公园的大花园空间形态，以"典型创建＋平台建设＋综合集成"的模式，高标准建设美丽载体[①]，使全省城乡面貌实现大变样，打造生态宜居大花园。三是，围绕打造具有国际影响力的旅游目的地目标，谋划提出建设全域旅游"七带一区"、"两环三横四纵"骑行绿道网，把散落在各地的景点"串珠成链"，促进区域旅游资源有机整合、产业融合发展、社会共建共享。四是，提出要支持十大名山公园[②]纳入国家公园体系，通过划定保护红线，打造一批集生态保护、科学研究、环境教育、生态旅游等功能于一体的自然保护地示范区，并在全国打响十大名山的旅游品牌。五是，谋划提出探索建立生态产品价值实现机制、推进一批集生态、旅游、康养于一体的重要平台、开展"处处是花园，人人做园丁"行动等，形成多载体同步推进的良好态势。

细化落实。《浙江省大花园建设行动计划》为浙江大花园建设明确了实施路径，并相继制定出台责任分解表、指标体系、工作推进体系、政策体系、评估考核体系等系列配套文件，保障大花园建设按体系化推进。各地各部门在已有规划的基础上，提格升标，制定并实施更高标准、更广覆盖、更严举措、更大力度、更切实可行的生态保护、绿色发展规划。相继印发实施《浙江省诗路文化带发展规划》《浙江省

[①] 美丽载体包括美丽城市、美丽乡村、美丽田园、美丽河湖、美丽园区、国家公园等。

[②] 十大名山公园是指天目山、四明山、雁荡山、莫干山、会稽山、大盘山、钱江源、天台山、神仙居、凤阳山—百山祖。

海岛大花园建设规划》《浙江省十大名山公园提升行动计划（2020—2022）》《浙江省大花园核心区（衢州市）建设规划》《浙江省大花园核心区（丽水市）建设规划》等规划计划，进一步强化规划计划的引领作用，深化细化大花园建设的工作部署，推动大花园建设的政策有效传导。2023年，浙江谋划制定全域美丽全民富裕大花园建设行动计划，迭代升级大花园建设。

二 持续深化推进大花园载体建设

以大花园核心区、示范县、耀眼明珠等建设为载体，培育珍珠、串珠成链，优化大花园建设省域空间布局，推动形成"诗画浙江"全域大美格局。

高质量建设大花园核心区。丽水市深入实施空间规划落地、最美生态保护、美丽城乡建设、全域旅游推进、绿色经济发展、基础设施提升、强村富民惠民、开放合作助推、体制机制创新九大行动，全力打造大花园最美核心区。全域打造国家公园，实现省大花园示范县创建的"县县全覆盖"，入选省大花园重大项目40个、省大花园"耀眼明珠"培育对象数量18个，数量均居全省第一。丽水市发布实施大花园标准96项，在全省率先提出以标准化管控大花园建设，推动构建大花园建设标准体系。生态产品价值实现机制改革试点取得阶段性成效，有效实现了生态文明建设和高质量绿色发展的有机统一和良性循环，成为全省首个因大花园建设工作成效突出而获省政府督查激励的地级市。衢州市统筹推进提升大环境、提供大产品、建设大配套、打开大通道、深化大协作五大主要任务建设，致力打造大花园建设"桥头堡"。通过大花园建设，衢州不断加快融合发展，新旧动能加速转换,绿色产业体系基本形成。以"衢州有礼"诗画风光带为主体,建立了以"两山银行"为平台、"生态账户"为核心、"生态大脑"为支撑的生态产品价值实现机制,在国内开展了40多项首创性工作,合作共建浙皖闽赣"联盟花园"。

深入开展典型示范县创建。浙江省大花园建设,以大花园典型示范县创建为抓手,按照"建设一批、培育一批、命名一批"的方式,选择不同经济发展水平、不同自然环境的建设单位,在生态环境优美、生产生活方式绿色、资源高效清洁利用、人民幸福生活等方面先行先试,形成可复制、可推广的经验和模式,发挥示范引领作用。制定出台《浙江省大花园典型建设工作方案》,2018—2022年,以大花园建设核心区为重点,分批选择30个左右不同经济发展水平、不同自然环境的县(市、区)开展典型建设工作。浙江省发展和改革委员会等部门制定印发《浙江省大花园典型示范建设指南(试行)》,建立省市县联动推进工作机制、评估指标和监督机制,从工作体系、目标指标、五大工程、美丽载体、重点项目、"人人成园丁、处处成花园"活动等方面评估建设成效。截至2022年年底,浙江省分三批共公布了大花园示范县建设单位30家[①],共评选优秀典型案例31个。通过大花园典型示范县的建设,大花园建设的示范引领性更加突出,带动了典型地区生态环境质量持续提升、全域旅游持续推进、绿色产业发展不断提速、基础设施保障力度显著增强、体制机制创新更具活力。

协同推进打造耀眼明珠。大花园建设以点线面协同推进方式,形

---

① 浙江第一批大花园示范县建设单位:遂昌县、开化县、浦江县、安吉县、龙泉市、桐庐县、天台县、普陀区;第二批:江山市、衢州市衢江区、衢州市柯城区、新昌县、象山县、淳安县、仙居县、景宁县、桐乡市、文成县、云和县、泰顺县;第三批:长兴县、丽水市莲都区、德清县、常山县、宁海县、青田县、松阳县、龙游县、缙云县、庆元县。

成一批生态环境优美、文化内涵深邃、人人向往的旅游目的地，集中力量打造一批大花园耀眼明珠，全方位展现形态美、生态美、文化美、产业美、生活美的大花园建设成果。2022年，印发《浙江省打造大花园耀眼明珠实施方案》，明确耀眼明珠打造内容和遴选要求。点状耀眼明珠以古城名镇名村、高能级景区、名山公园、海岛公园、遗址公园、产业平台等为重点，深入挖掘文化内涵，推动文旅融合，实现富民惠民，变盆景为风景，全面建成"诗画浙江"最佳旅游目的地；线状耀眼明珠，以人文水脉、森林古道为重点，梳理水路、陆路文脉，串联重要旅游节点，依托沿线文化和景观资源，打造一批让人们重拾记忆、品味乡愁、邂逅美景的经典旅游线路和产品；面状耀眼明珠，统筹推进大花园示范县、诗路文化带面状耀眼明珠建设，打造"变盆景为风景"的重要载体，充分发挥大花园建设重点平台的辐射带动效应。"四条诗路"、海岛名山公园、百河综治、万里骑行绿道、万里美丽交通走廊等十大标志性工程均取得阶段性成果，大花园建设的美丽形态日益显现。截至2023年6月，评选大花园耀眼明珠三批共64个，其中第一批16个，第二批26个，第三批22个。通过耀眼明珠先导引领，生态环境质量提升、全域旅游推进、绿色产业发展、基础设施提升、体制机制创新五大工程顺利推进，"诗画浙江"大花园建设取得了积极成效。

浙江省瑞安市全力推进"八美八化"工作

为推进文明城市由成果巩固向整体跃升，2018年，瑞安市创新推出"八美八化"举措，印发实施《关于开展"八美八化"工作的实施意见》。计划通过3年时间，坚持规划先行、统领全局，坚持生态优先、科学建设，坚持以人为本、统筹安排，坚持分类指导、全面推进，坚持政府主导、社会参与，以"八化"行动助推"八美"工程，把"八美八化"延伸到全市人民需要之处，实现全域美丽的工作目标。其中，"八美"工程指美丽乡村、美丽田园、美丽社区、美丽园区（工厂）、美丽河道、美丽公路、美丽公厕、美丽街路八大工程；"八化"行动指洁化、净化、序化、绿化、彩化、亮化、文化、美化八大行动。

全力推进"八美八化"，是瑞安市推进全域景观化的自选动作，也是深化文明城市创建的主载体，逐步解决"环境整治碎片化、突击化、分散化、应试化"难题，不断推动瑞安市全国文明城市创建工作向更高层次更高水平迈进，为加快融合发展、打造至美瑞安奠定坚实基础。

三 建立健全大花园建设支撑体系

建立健全大花园建设推进机制、绿水青山转化为金山银山的政策制度体系和共建共享大花园的行动体系，全面构建大花园建设支撑保障体系。

建立健全大花园建设推进机制。浙江在推进大花园建设过程中，构建浙江省发展和改革委员会发挥抓总作用，省级部门联合推进重大工程、各项重点任务，各设区市及省级主流媒体协力宣传的推进机制，有效形成大花园建设的"大合唱"。每年印发大花园建设行动计划年度工作要点，分解落实目标任务，细化责任分工和时间要求。建立工作评价制度，按照责任分解目标任务，强化对全省各设区市和省级部门的督查评价，开展大花园年度督查评估，加强对大花园典型示范建设单位、耀眼明珠建设的督查考核激励，评价情况报"四大建设"联席会议。省级责任部门对大花园建设对象工作成效进行跟踪评估，建立信息定期报送、督查通报工作进展情况等工作制度。

建立健全大花园建设政策体系。以绿色发展和诗路文化带为重点，不断健全生态产品价值实现机制，加快构建绿水青山转化为金山银山的政策制度体系，强化大花园建设保障能力。积极发挥省级财政资金的撬动作用，以国家《绿色产业指导目录（2019年版）》为指引，鼓励引导金融资本、社会资金投入绿色发展、幸福产业，壮大产业发展基础。加强大花园建设金融服务和保障，加快推进绿色金融改革创新试验区建设，深化丽水农村金融改革，引导金融机构持续加大绿色信贷投入，拓宽绿色直接融资渠道，推动银行、证券、基金金融等机构与市县合作设立专项基金。完善绿色发展财政奖补机制，深化森林质量财政奖惩制度，开展湿地生态补偿试点，试行与生态产品质量和价值相挂钩的财政奖补机制。

建立健全大花园共建共享机制。以大花园建设十大标志性工程为重点，切实抓好重大项目建设，夯实大花园建设基础。建立健全项目推进机制，加大重大项目牵引力度，建立省级大花园建设重大项目库，实行重大项目进展情况季报制度，滚动调整省、市两级重大项目库。推进核心区衢州、丽水两市以及其他九个设区市重点平台的建设工作，制定年度计划，招引一批重大项目。创新多元化投资模式，鼓励国有企业、社会资本、家庭个人等社会各界积极参与大花园建设。加强大花园数字化平台同省域空间治理数字化平台的互联互通，推动数据共享，丰富场景应用。深入开展"人人成园丁、处处成花园"行动、推广"诗画浙江·百县千碗"，广泛发动人民群众积极参与，共建共享大花园，不断提升大花园建设的获得感和美誉度。

浙江省云和县以全域5A标准推进"童话大花园"建设

云和县地处浙西南，自古被誉为"洞宫福地"，山清水秀，自然资源得天独厚。云和梯田被誉为"中国最美梯田"、被美国CNN评为中国最美的40个景点之一。近年来，云和县围绕浙江省委赋予丽水"培育新引擎，建设大花园"的新定位新使命和提出的将丽水率先打造成国际一流的生态旅游目的地的工作要求，结合"一城一湖一梯田"的旅游空间布局，创造性提出了以梯田创5A为龙头的"全域5A"发展模式，力争建成全国一流的"全域5A"大花园。

规划引领大花园建设。在云和县，无论是城市建设规划，还是乡村发展规划，都是围绕"一城一湖一梯田"进行规划布局。云和县城，是人口不足十万的小城；云和湖，是全省第三大人工湖；云和梯田，被誉为中国最美梯田；三个板块既相连，又差异互补，构成了云和全域旅游发展的三大支撑。

发展战略定位大花园建设。云和县深入实施"小县大城"战略，实现了66.3%的城镇化率，74%的人口居住在县城，95%的企业入驻在城郊园区。近年来，"小县大城"战略对于大花园建设的支撑作用、服务作用逐步凸显。

特色小镇引领大花园建设。以童话云和定位的木玩童话小镇于2017年7月被列入省级特色小镇创建名单，计划按照国家5A级大花园景区打造。小镇规划实施24个项目，总投资48.9亿元，其中旅游类投资43.1亿元，占总投资的88.14%，5年预计可完成投资30亿元；小镇可容纳企业300家，已入驻企业68家，其中旅游产品企业近60家，占入驻企业的84.68%。

城市配套保障大花园建设。云和县按照花园旅游城市的标准，大力推进城市要素提升工程。2015年至今，4.1平方千米县城核心区厕所新评定旅游厕所12座，旅游厕所覆盖率达到72%，达到了主城区厕所间距不超过1000米的标准；新增1200个停车位；新增具备旅游接待能力的宾馆酒店25家，床位数达到2874个，较三年前增长40.8%；新增餐饮企业116家，评选出极具云和特色的"云味十二道"菜肴。

云和县空气质量优良率达到98.9%，是丽水市第一个国家级生态县，入选全国重点生态功能区和生态文明建设试点。云和县先后获评国家卫生县城、全国文明县城、全国平安县、国家级生态示范区等荣誉，成功入围第一批全省大花园典型示范建设单位。

第四节　努力创造幸福美好新生活

浙江始终坚持"以人民为中心"的基本立场，积极回应公众对优美人居环境的期盼，集中攻克老百姓身边的突出环境安全、环境健康问题，着力营造宁静舒适人居环境、开创环境健康管理新路径、有效防范生态环境风险，不断增强人民群众获得感、幸福感、安全感。

一 不断强化噪声监管营造宁静舒适环境

浙江聚焦解决人民群众最关心的问题，将群众利益放在心上，持续改善声环境质量，逐步形成宁静和谐的文明意识和社会氛围，满足人民群众对营造宁静舒适环境的需求。

强化源头防控。浙江省一直重视噪声源头防控工作。噪声防控监管工作从各级规划入手，要求各市在国土空间规划编制过程中同步开展规划环评，充分考虑噪声污染防治要求；加强交通运输噪声污染防治规划统筹，在编制高速公路路网规划等交通运输相关规划时充分考虑交通干线、港口等对周围人居声环境影响；严格建设项目环评审批，加强噪声源头控制，根据环评要求和实际情况，落实隔声窗、噪声隔声屏等，并要求建设或运营单位预留资金，解决今后噪声投诉应对措施的经费，加强项目噪声污染防治设施"三同时"验收管理。在公路水运交通工程项目建设中，将施工噪声纳入标准化工地考核体系，不断提升施工标准化和文明施工水平。浙江把划分城市声环境功能区与创建环境噪声达标区作为控制城市环境噪声污染的重要措施，2022年，全省所有市、县（市、区）均已完成了声环境功能区划定，率先开展了县级以上城市声环境功能区划评估工作。推进声环境功能区自动监测站点建设，健全噪声监测与评价标准规范体系，积极开展城市噪声治理评估试点、城市噪声地图应用试点工作。2023年8月，制定实施《浙江省噪声污染防治行动计划（2023—2025年）》，要求完善声环境功能区管理和未达到声环境质量标准的设区市编制声环境质量改善规划及实施方案,进一步强化噪声源头防控。

实施分类防治。全省对各类噪声源实施分类防治,重点针对居民投诉集中的领域加大防治力度。工业噪声监督管理方面,加强重点工业企业噪声监测,将监测结果纳入企业污染物达标考核内容,推进工业进园区,落实厂居分离,严格按照环境影响评价技术导则与标准,落实建设项目噪声污染防治设施。建筑施工噪声监督管理方面,实施夜间作业申报登记、淘汰冲击式打桩工艺,同时,各地积极探索建筑施工减噪措施,比如利用集装箱作为封闭式加工区,减少噪声外传;摒弃传统使用施工电梯下运的方式,在楼层内安装密闭式垃圾通道,直接把建筑垃圾传送到地下室垃圾集中点,降低噪声。交通噪声监督管理方面,各地加大噪声防治投入,淘汰落后的交通工具,采用低噪声路面、安装声屏障和隔声窗、采取禁鸣限速措施降低噪声,安装自动监测设备加强监管,重点严查整治违法鸣号和"炸街"车等噪声污染行为。社会生活噪声监督管理方面,控制娱乐音响、停止商业营业使用产生高噪声的设备和活动;杭州市制定《小区管理规约》等示范文本,明确"使用空调产生噪声超过声环境标准的,应当停止使用"等禁止性行为,引导规范业主行为,维护小区安静居住环境;舟山市大力推广"广场舞一件事"管理平台,通过开发建设三大模块(广场舞管理模块、噪声处置模块及噪声监测模块),把试点舞团活动位置、团队组织、活动规模、活动时间、开展形式和噪声扰民问题等要素纳入平台管理,对整治舞点设置噪声监测设备,实时掌握情况,通过管理平台及时处理噪声扰民案件,实现噪声处置全流程闭环管理。

推进共管共治。浙江省在强化噪声监管防治工作中,逐渐形成了全社会共管共治共享的噪声管理模式。依法明确部门职责,充分发挥公安、生态环境、住建、交通、城管等部门联动效应,依托12345热线等平台载体，对工业、交通、社会生活、建筑施工等噪声投诉实施统一受理、归口管理、限时办结，构建部门联动、齐抓共管的噪声监管工作机制。成立漠视侵害群众利益问题专项治理领导小组和工作专班，深入开展噪声专项治理工作，着力解决百姓身边事。各市印发相关文件，有针对性地开展重点噪声污染整治，比如温州市开展建筑工地施工噪声污染专项整治、嘉兴市开展高速公路噪声敏感点专项治理、台州市开展机动车噪声污染治理工作等专项整治工作。强化噪声污染防治宣传和信息公开。运用"两微一端"等多种载体，加大宣传力度，增强企业和公民的自律意识和社会责任感，营造整治噪声浓厚氛围。推广噪声污染防治先进技术，开展《中华人民共和国噪声污染防治法》宣讲进企业活动，结合"4·22世界地球日""6·5世界环境日"等活动积极向公众普及噪声防治有关知识，深入辖区商场（店）、商业区等易产生噪声扰民的场所发放宣传资料，针对性地开展文明交通静音驾驶提醒工作。部署噪声专项行动，全力做好亚运声环境质量保障。开展数字治噪管理，提升监管手段，杭州市以创建"宁静小区"国家试点为契机，积极探索出一条"宁静小区"噪声基层智治的新路径。

"宁静东新"——噪声智治样本

杭州市以创建"宁静小区"国家试点为契机，围绕"数智变革、机制重塑、靶向治理"三大体系，积极探索了一条"宁静小区"噪声基层智治的新路径。首创试点建设"宁静东新"，以精准治噪、科学治噪、依法治噪为指导，通过构建数字化全链条噪声自动监测监管体系，打造噪声智治"杭州样本"。

试点工作坚持规划先行，编制《杭州市拱墅区"宁静东新"试点创建项目规划方案》，整体设计打造 1 张"宁静系列"噪声全域感知网、1 套噪声治理体制机制保障体系、一套横纵向数据共享体系等"6 个 1"顶层规划框架，系统谋划建设。组建跨部门工作专班，深入开展调研调查，以小区、学校、公园、工地 4 个要素统筹布设 14 个噪声自动监测点位，运用声源定向追踪、声源智能识别等技术，强化对噪声污染预警预测能力。

杭州市"宁静东新"实现了机制重塑、数字赋能、流程再造三大突破。通过完善监测网络，建设数字监管平台，构建部门协作综合处置网络，实现从"单线管控"到"基层智治"综合应用突破，从"数据壁垒"到"多跨平台"融合联通突破，从"问题登记、5 日办结"到"主动预警、1 小时闭环"突破，成功探索出数字赋能基层治理，解决人民群众身边噪声问题的现实路径，为全国范围内推进宁静小区建设工作提供参考借鉴。

二 积极探索开创环境健康管理的新路径

环境健康管理既是建设美丽中国、健康中国的必由之路，也是坚持科学治污精准治污的具体体现。浙江始终坚持将保障人民健康和改善环境质量作为筑牢绿色发展的底线，将保障公众健康融入生态环境管理。

试点先行探索，构建环境健康风险管理体系。2009年以来，浙江开展了重点地区环境健康风险调查、国家环境健康管理试点和环境健康素养提升一系列创新工作，推动环境健康管理试点工作逐步深化。生态环境部门与卫生健康部门高效合作，在台州市、温州市开展环境健康调查，全面掌握当地环境污染对人群健康影响和变化趋势，评价环境管理政策带来的健康收益。2018年丽水市云和县成为国家第一批环境健康管理试点，形成多项典型经验，云和县研制并官方发布我国内地首个环境空气质量健康指数（AQHI），丽水市研究制定《环境空气质量健康指数（AQHI）技术规定》，成为全国首个环境健康地方标准，丽水市构建环境健康风险"筛—评—控"管理体系，创新开展全市环境健康风险源识别与评估，在重点行业建设项目环评中率先开展环境健康风险评估，科学、精准指导生态环境监管工作。2023年，丽水市、台州市和浦江县成功获批开展国家环境健康管理试点工作，积极为国家建立健全环境健康监测、调查和风险评估制度提供实践经验。

总结试点经验，由点扩面积极推进。丽水市、台州市等地积极总结提炼经过实践检验且行之有效的创新经验，编制环境健康管理专项规划，更好地推动了环境健康管理在地方落地生根。浙江省对试点工作给予政策支持，对于各地多轮试点工作形成的经验做法进行宣传推广，引领带动全省生态环境保护工作高质量发展。2020年起，环境健康管理纳入多项浙江省文件，环境健康管理工作由县、市试点拓展深化到全省层面。《浙江省生态环境保护"十四五"规划》中明确把环境健康管理纳入生态文明示范领域重大平台，要求开展全国生态环境健康管理创新区建设。中共浙江省生态环境厅党组印发《关于深入贯彻落实党中央省委决策部署充分发挥生态环保铁军作用助力建设高质量发展建设共同富裕示范区的通知》，要求"探索'生态＋健康'发展模式，培育环境健康品牌"。系列省级文件的发布，为环境健康管理工作系统推进和深入开展奠定了政策基础。

取得积极成效，打造环境健康品牌。公众是生态环境治理中的重要主体之一，公众的环境行为是生态环境问题的重要影响因素。浙江环境健康工作关注全民性，积极开展提升居民环境健康素养水平行动，广泛宣传环境与健康风险管理理念。通过建设青少年环境健康素养基地、开发环境健康素养提升产品和线上线下环境健康科普宣传等工作，大幅提升居民环境健康素养水平，据浙江省居民生态环境与健康素养监测结果显示，全省环境健康素养水平从2019年的19.93%提升至2022年31.09%（每100个15—69岁居民中有31人具备基本环境健康素养）。2021年，云和县经验作为全国两个健康环境促进行动类案例之一，成功入选健康中国行动推进委员会办公室第二批健康中国行动推进地区典型经验案例，2022年，云和经验入选第二批全省生态环境系统共同富裕最佳实践名单。

三 强化风险防范提升人民群众的满意度

浙江在推进生态省建设过程中，坚持主动防控和系统管理，系统构建了全过程、多层级生态环境风险防范和应急体系，有力地助推了"平安浙江"建设。

强化生态环境风险源头防控。浙江省将生态环境风险纳入常态化管理，切实做好源头防控。严格落实生态环境分区管控要求，严把项目空间准入关口。强化区域开发和项目建设的环境风险评价，对涉及有毒有害化学品、重金属，实行严格的环境准入把关。建立重大环境风险源企业名录，绘制"环境风险源地图"，实现隐患问题录入、督办、销号的全过程管理。全面落实新化学物质环境管理登记制度，严格实施淘汰或限用措施，加强产品中重点管控新污染物含量控制，规范抗生素类药品和农药的使用管理；强化含特定新污染物废物的收集利用处置，有效降低新污染物环境风险。推进重点污染企业和危险化学品生产企业搬迁改造。严格禁止污染型产业、企业向中上游地区转移，切实防止环境风险聚集。印发《2021—2025年浙江省海洋生态预警监测工作方案》，明确全省海洋生态预警监测的总体目标、工作布局和主要任务。以石化、化工、冶炼、石油储运等行业为重点，加强对沿海企业的环境监管，高度重视因台风、风暴潮等海洋自然灾害导致的次生环境灾害风险。

严控重点领域环境风险。系统推进生态环境全领域风险隐患排查整治，风险源企业隐患排查做到"全覆盖"，集中式饮用水水源地环境风险防控注重"全方位"，化工园区等重点单位环境风险防控突出"全链条"。开展涉危涉重、化工园区等重点领域环境风险调查评估，逐步推行专业机构第三方全过程环境风险管理。印发实施《浙江省化工园区突发水污染事件多级防控体系建设提升工作方案（2023—2025年）》及评估指标体系，推进化工园区"企业级—企间级—园区级—流域级"突发水污染事件四级防控体系建设。聚焦"一废一库一品"等高风险领域，严格落实隐患排查、限期整改、督办销号的清单化闭环管理。加强土壤和地下水污染、重金属、化学物质、辐射安全、环保基础设施建设项目"邻避"问题等风险管控。持续防范持久性有机污染物、汞等化学物质生态环境风险。强化电磁辐射污染防治，加强核医学等高风险活动辐射安全监管。强化危化品、危险废物运输风险管控及船舶溢油风险防范，严防交通运输次生突发环境事件风险。深化尾矿库环境安全隐患排查治理，实施尾矿库分级分类差异化监管和动态更新，建立健全尾矿库污染防治长效机制。严格落实重大活动保障管控措施，所有环境风险隐患问题整改做到"全闭环"。

系统构建应急管理体系。围绕"夯实基础、抓牢应对、以案促建"的环境应急能力建设总体思路，聚焦突发环境事件应急准备、应对处置、调查评估3个主要环节，稳步推进环境应急能力建设，建立完善全方位的突发环境事件预防和预警体系。浙江建立了省、市、县三级环境应急专家库，建成11个省级、51个市级、183个县级社会化环境应急物资库和专业应急救援队伍，实现了省、市、县三级环境应急物资库和应急救援队伍全覆盖，建立了常态化、规范化环境应急演练拉练机制。全省基本形成系统完备的环境应急预案体系，省级层面印发《浙江省突发环境事件应急预案》《浙江省核应急预案》等文件，118个县（市、区、开发区）、94个县级以上集中式饮用水水源地、51个化工园区、8000余家风险源企业环境应急预案编制率近100%，所有预案在省级环境应急指挥平台电子备案率近100%。构建"浙环应急"应用平台，建成省、市、县贯通的全省环境应急指挥管理系统，提升了全省环境风险智能化辅助监管和辅助决策能力。积极与交界省份联动合作，保障了重大活动的顺利举办，为重大活动环境应急联动模式保障提供实践案例。

改革创新篇

第六章
系统构建生态文明制度体系

> 要深化生态文明体制改革，尽快把生态文明制度的"四梁八柱"建立起来，把生态文明建设纳入制度化、法治化轨道[①]。

小智治事，大智治制。制度建设是推进生态文明建设的重要保障，代表着生态文明的"软实力"。习近平同志多次强调制度建设对生态省建设的重要性，指出"要不断推进机制创新，建立和完善生态省建设的长效机制，完善有利于生态省建设的财政、税收、金融政策和生态补偿机制"[②]。浙江坚持贯彻落实习近平生态文明思想和习近平法治思想，持续健全完善生态文明制度体系，从领导责任制度、环境法治制度、环境经济制度等多方面协同推进，出台了一系列生态环境法规、规章、标准，建立了绿色政绩考评、生态补偿、排污权有偿使用、环境行政执法与司法联动、"区域环评＋环境标准"、环境污染问题发现

---

① 习近平：《论坚持人与自然和谐共生》，中央文献出版社2022年版，第157页。
② 《习近平在生态省建设领导小组全体会议上强调　在发展中保护生态　在保护中促进发展》，《浙江日报》2006年3月25日。

等一批领跑全国的创新制度，逐步构建起富有浙江特色、系统完整的生态文明制度体系，夯实了守护青山绿水的刚性基底。

第一节　牢固树立领导干部绿色政绩观

建设生态文明、推动高质量发展，首先需要领导干部牢固树立和践行正确政绩观，从思想深处解决好"政绩为谁而树、树什么样的政绩、靠什么树政绩"等时代之问。习近平同志在浙江工作期间就指出，要建立健全生态省建设重大决策监督机制，按照循环经济理论和生态省建设要求，树立绿色 GDP 观念，探索绿色 GDP 核算，推行生态审计制度，建立领导干部生态环境保护和建设实绩考核制度，将建设生态省目标任务的完成情况作为评价各级领导班子和干部政绩的重要内容。[1] 经济增长是政绩，保护环境也是政绩。[2] 浙江省牢固树立领导干部绿色政绩观，健全生态省组织领导机制，构建绿色导向的领导干部考核评价机制，深入开展生态环境保护督察，推动生态环境保护党政主体责任不断落实。

一　健全生态省建设组织领导机制

生态省建设是事关经济社会发展全局的战略性任务，是一项系统工程，建设内容涉及多领域、多部门、多层级。为充分调动各级各部门

---

[1] 习近平：《全面启动生态省建设　努力打造"绿色浙江"——在浙江生态省建设动员大会上的讲话》，《环境污染与防治》2003 年第 4 期。

[2] 习近平：《干在实处　走在前列——推进浙江新发展的思考与实践》，中共中央党校出版社 2006 年版，第 186 页。

积极性，推动履职尽责，浙江专门构建了一套生态省建设的组织领导机制。

设立生态省建设议事协调机构。为加强组织领导，浙江将生态省建设任务纳入行政首长负责制，实现党政一把手亲自抓、负总责。2003年5月，在《浙江生态省建设规划纲要》印发之前，就成立了由浙江省委省政府主要负责人担任组长、常务副组长的浙江生态省建设工作领导小组，在原浙江省环境保护局设立了办公室（简称省生态办），负责生态省建设的牵头协调工作，并将省发展和改革委员会、省委政策研究室、省委组织部等21个省级部门作为成员单位。2004年2月，浙江省生态办印发《浙江生态省建设工作领导小组及办公室工作职责》《浙江生态省建设工作领导小组各成员单位职责分工》等文件，明确了生态省建设工作领导小组、办公室的工作职责和各成员单位的职责分工。此后，生态省建设工作领导小组历任组长均由省委书记担任，常务副组长由省长担任，省级部门主要负责人作为领导小组成员。全省设区市和县（市、区）也均成立了生态市、县（市、区）建设工作领导小组及办公室。由此，浙江建立起了横向涵盖各相关部门，纵向覆盖省、市、县三级的生态省建设议事协调机构。

持续完善组织领导架构。随着建设美丽浙江战略部署的推进，2015年，生态省建设工作领导小组调整为美丽浙江建设领导小组，继续由省委书记任组长、省长任常务副组长，42个省级部门主要负责人为成员。2018年，浙江精简议事协调机构，中共浙江省委办公厅、浙江省人民政府办公厅印发《关于成立和调整部门省委议事协调机构的通知》，将美丽浙江建设领导小组、省"五水共治"工作领导小组、省大气和土壤污染防治工作领导小组的职责整合，组建由省委书记、省长任双组长的浙江省美丽浙江建设领导小组，下设生态文明示范创建办公室（简称省美丽办）、"五水共治"（河长制）办公室（简称省治水办）、大气污染防治办公室（简称省大气办）、土壤和固体废物污染防治办公室（简称省土壤和固废办）4个办公室。2022年，为着力解决统筹推进美丽浙江建设的整体性系统性不够、工作中存在碎片化等问题，浙江再次调整省美丽浙江建设领导小组并设立5大工作专班，分别是省生态环境保护工作专班、省耕地保护和国土空间整治工作专班、省绿化与自然保护地工作专班、省美丽河湖工作专班和省城乡风貌整治提升（未来社区未来乡村美丽城镇建设）工作专班。历经多次调整，全省生态文明建设的组织领导和综合协调机制不断健全。

二 多方面完善绿色考核机制

考核是"指挥棒"，"考什么""怎么考"引导着干部"干什么""怎么干"。浙江以生态省建设目标责任考核为主抓手，同步构建完善领导干部实绩考核、区域差异化考核等考核机制，持续健全全省绿色考核指挥棒。

建立生态省建设考核评价机制。 为切实推动各级政府把生态省建设列入重要议事日程，2003年，在生态省建设动员大会上，省长与各市市长签订了《2003—2007年省市长生态省建设目标责任书》。以此为基础，每年下达各设区市《生态省建设年度工作任务书》。2004年，省生态办制定了《浙江生态省建设目标责任考核办法（试行）》《生态省建设目标责任考核评价指标体系》，明确了生态省建设目标责任考核的主要内容，并在随后进行了多次修订，对考核内容、考核程序、组织形式和打分办法等进行了优化调整，推动生态省建设目标责任考核走上制度化轨道。随着议事协调机构的调整和美丽浙江建设的推进，考核机制随之调整，每年由省美丽办下达设区市和省级成员单位美丽浙江建设考评细则和任务书，省委省政府对考核优秀地区、单位进行通报，并向社会公布。2023年8月，在全省生态环境保护大会暨美丽浙江建设推进会上，杭州市、宁波市等9个设区市，杭州市余杭区、宁波市北仑区等40个县（市、区），以及省委组织部、省委宣传部等20个省直单位获评2022年度美丽浙江建设工作考核优秀单位。

加强领导干部实绩考核的绿色导向。领导干部实绩考核是衡量领导干部执政理念和领导能力的重要标尺，也是促进领导干部转变发展理念、提高行政效率的杠杆。2006年8月，浙江省委组织部正式出台《市、县（市、区）党政领导班子和领导干部综合考核评价实施办法（试行）》，新增万元GDP建设用地增量、能耗及降低率、主要污染物排放强度、环境质量综合评价等刚性指标，率先把资源环境保护内容纳入考核体系。2014年，浙江省印发《关于改进市、县（市、区）党政领导班子和领导干部实绩考核评价工作的若干意见》《市党政领导班子实绩考核评价指标体系》等规定，优化调整环境保护、生态建设、资源节约、循环经济等方面的指标权重，对市县领导班子的实绩考核评价中把"生态建设与环境保护"作为约束性指标，进一步强化了领导班子和领导干部实绩考核评价的"绿色导向"。

实施区域差异化考核。针对各地自身条件和禀赋差异，浙江开始探索"因地制宜、量体裁衣"完善考核体系。《浙江省国民经济和社会发展第十二个五年规划纲要》明确提出：按照不同区域主体功能定位，实行各有侧重的绩效考核；生态经济区、重点生态功能区和农产品主产区要突出生态建设、环境保护以及粮食生产能力等方面的评价。2013年，浙江省取消对丽水的GDP和工业总产值两项指标的考核，考核导向由注重经济总量、增长速度，转变为注重发展质量、生态环境和民生改善。随后，杭州淳安、衢州开化，以及温州的文成和泰顺也取消了 GDP 考核，将考核重点转向生态环境保护。2015 年，浙江省正式取消对 26 个经济欠发达县的 GDP 总量考核，重点考核生态保护、增长质量和环境治理等指标。

三 全面压实生态环境保护责任

浙江持续厘清细化生态环境保护职责，创新责任落实机制，压紧压实各级各部门和党政领导干部的生态环境保护责任，并结合国家部署深化生态环境保护督察工作，推动党委政府部门履职。

明晰生态环境保护职责。明责知责，是履职尽责的基础和前提。在明确生态省建设职责分工的基础上，浙江多次围绕重点工作部署印发职责分工文件，比如"五水共治"启动后，印发了《浙江省"五水共治"工作领导小组成员单位工作职责》，对各省级部门的治水职责作了规定。2019 年，为进一步落实"管生产必须管环保，管发展必须管环保，管行业必须管环保"原则，印发实施《浙江省生态环境保护工作责任规定》，重点明确各级党委、人大、政府、政协、纪委监委、法院、检察院的生态环境保护工作职责，并要求省直有关部门根据工作职责，制定本部门的生态环境保护年度工作计划、任务清单、措施清单、责任清单，并向社会公开，落实情况每年向省委省政府报告。2020 年，省两办印发《浙江省省直有关单位生态环境保护责任清单》，细化列出 54 个省级有关单位生态环境保护责任清单，进一步推动各单位主动履职。

创新责任落实机制。结合国家层面相关顶层设计，浙江进一步探索创新，推动生态环境保护责任落实。一是建立省、市、县、乡四级全覆盖的生态环境状况报告制度。《中华人民共和国环境保护法》规定"县级以上人民政府应当每年向本级人民代表大会或者人民代表大会常务委员会报告环境状况和环境保护目标完成情况"，杭州市富阳区率先在乡镇开展生态环境状况报告试点。以此为基础，2017年浙江省印发《关于全面建立生态环境状况报告制度的意见》，提出实行省、市、县、乡四级生态环境状况报告制度，随后将该制度纳入2022年颁布的《浙江省生态环境保护条例》，实现了各级人民政府生态环境状况报告制度全覆盖。二是完善领导干部生态环境保护的离任审计和责任追究制度。2017年、2019年，浙江省先后印发实施《浙江省开展领导干部自然资源资产离任审计试点实施方案》《浙江省领导干部自然资源资产离任审计实施办法（试行）》，逐步明确了浙江省领导干部自然资源资产离任审计的对象和范围、组织领导、审计内容、审计结果运用等内容，推动领导干部自然资源资产离任审计制度从试点阶段进入全面推行阶段。"十三五"期间，全省共开展领导干部自然资源资产离任（任中）审计项目434个。推进党政领导干部生态环境损害责任追究，2016年省两办印发实施了《浙江省党政领导干部生态环境损害责任追究实施细则（试行）》，对中央文件中规定的25种追责情形进行细化和补充，设置了符合浙江实际的30种追责情形，并对追责程序、追责方式等进行完善，增强了追责的针对性、精准性和可操作性。

深化生态环境保护督察工作。2015年7月1日，习近平总书记主持召开中央全面深化改革领导小组第十四次会议，审议通过《环境保护督察方案（试行）》。会议指出，建立环境保护督察工作机制是建设生态文明的重要抓手，对严格落实环境保护主体责任、完善领导干部目标责任考核制度、追究领导责任和监管责任，具有重要意义。浙江省积极贯彻落实相关工作部署。一是推进中央生态环境保护督察整改。

在"浙"里看见美丽中国
——浙江生态省建设 20 年实践探索

2017 年、2020 年，中央生态环境保护督察组进驻浙江省开展两轮生态环境保护督察，浙江省扎实推进督察整改工作。成立由省委书记、省长任组长的省整改工作领导小组，建立督导工作专班，健全工作机制，强化闭环管理。将督察整改作为"一把手"工程纳入"七张问题清单"，通过数字赋能一体推动整改落实。发挥新闻媒体监督力量，浙江日报、浙江卫视、省政府门户网站等专题、专栏报道整改情况，曝光整改推进不力典型案例。二是推进省级生态环境保护督察。建立完善省级督察机制，浙江印发实施《浙江省环境保护督察实施方案（试行）》，成立省委生态环境保护督察工作领导小组，组建督察组长库和督察人才库，编制《督察进驻工作制度》《督察纪律要求》等制度规范。2019 年，实现第一轮省级环保督察实现全覆盖。在督察内容上，聚焦中央环保督察整改推进、长江经济带生态环境问题排查整改、污染防治攻坚战部署落实等工作重点；在督察方式上，严格落实督察减负 10 条措施，为基层减负松绑。

重大生态环境保护督察问题清单

重大生态环境保护督察问题清单是"七张问题清单"之一。"七张问题清单"是浙江省委抓党建带全局的重要抓手和加强政治建设的具体举措，也是检验地方和部门领导力、管控力、执行力的重要标准。重大生态环境保护督察问题清单的工作机制主要包括：

问题发现生成机制：对中央要求整改问题、省级生态环境保护督察发现问题等 7 类来源的问题，按照具体典型、重大共性的原则确立问题纳入清单库的8项标准，建立健全"全量库—蓄水池—清单库—重点关注问题"分层级问题发现推送、审核发布机制，加强对各类问题和风险的及时感知、精准识别，鼓励各级主动发现问题、强化风险管控。

整改闭环和责任落实机制：落实各地各部门党委（党组）"七张问题清单"工作领导责任，党委（党组）"一把手"履行第一责任人责任，压实问题发现、问题整改、监管评估、风险管控的责任链，健全标准流程、任务接受、时限要求、异议处理的工作链，形成责任落实闭环、整改工作闭环、问题管控闭环。

举一反三和抓本治源机制：充分运用机制化方法和数字化手段，深挖细找问题根源，用好"实时推送、以点带面、由此及彼、从治到防"等工作方法，实现"整改一个问题、固化一项机制、完善一项制度、治理一片领域"。

整改验收确认机制：严格验收申请和审核流程，明确验收标准和时限、逾期规则，组织整改评价和"回头看"，扎实抓好整改验收确认，做到问题整改不到位不放过、风险隐患不查清不放过、顽瘴痼疾整治不彻底不放过、制度机制不健全不放过，确保整改成效经得起全面检验。

问题清单指数立体评价机制：强化党建统领，突出闭环管控，对重大问题整改全周期实时量化评价。按照面上管控、主动发现、即知即改、整改到位、举一反三5个部分，设置设区市和县（市、区）量化指数。

综合分析机制：按照着眼全局、突出重点、横纵对比原则，基于问题整改和系统运行生成的数据开展综合分析，形成季度、年度综合分析报告，集成体现各地各部门的"七张问题清单"工作情况。

案例库：建立典型案例库和"双榜"（示范榜、警示榜），作为问题整改效能、工作推进成效的展示平台，推动"问题清单"转化成为"成效清单"。

第二节 纵深推进生态文明法治建设

立善法于天下，则天下治；立善法于一国，则一国治。在浙江工作期间，习近平同志多次强调法治对生态省建设的重要性，指出"要进一步完善法制，依靠法律法规来规范、引导、保障和促进生态省建设"[1]。此后，浙江在污染治理和环境保护上立法更全、执法更严，并持续强化司法保障、落实损害担责，以法治促生态建设的脚步一刻不曾停歇，生态文明建设的法治基础不断夯实。

一 健全生态环境法规标准体系

在生态文明建设和生态环境保护工作中，浙江坚持以立法强化制度刚性，以标准明确管控要求，努力健全生态环境保护地方性法规规章

---

[1] 《浙江省（市）领导论生态省（市）建设》，https://www.mee.gov.cn/ywgz/zrstbh/stwmsfcj/200607/t20060710_78262.shtml，2006年7月10日。

标准体系。

以地方立法保障生态文明建设。20年来，浙江的生态省和生态文明建设始终有省人大的立法保障。2003年，浙江省人大常委会出台《关于建设生态省的决定》，确立了生态省建设的法律地位；2014年，省人大常委会通过了《关于保障和促进建设美丽浙江创造美好生活的决定》，护航美丽浙江建设；2023年，省人大常委会审议通过了《关于坚定不移深入实施"八八战略"高水平推进生态文明建设先行示范区的决定》，一以贯之为全省生态文明建设提供法律支持。浙江省围绕生态环境领域的各个要素、不同方面，陆续出台并实施了一系列地方性法规规章。2022年8月1日起施行的生态环境领域综合性法规《浙江省生态环境保护条例》，系统规定了污染防治、碳达峰碳中和、生物多样性保护、生态产品价值实现、生态环境监督管理等制度内容，成为全省生态环境保护领域"1+N"法规体系中的统领性法规。各设区市也相继出台了《杭州市生态文明建设促进条例》《湖州市生态文明先行示范区建设条例》等具有特色的地方性法规，推进地方生态文明建设立法工作。至2023年5月，全省现行有效的生态环境领域地方性法规规章有60部，其中，省级地方性法规15部、省政府规章8部、设区市级地方性法规33部、设区市级政府规章4部，覆盖水、大气、声、固体废弃物、海洋、核与辐射、自然保护等多要素多领域，形成了适合省情、满足环境管理工作需要、突出环境污染防治和生态保护重点的生态环境保护法规规章体系。

《浙江省生态环境保护条例》特色亮点

《浙江省生态环境保护条例》（以下简称《条例》）是浙江省生态环境保护领域"1+N"法规体系中的"1"，具有统领作用。《条例》总结全省改革创新实践新鲜经验，积极回应社会关切和实践需要，突出以下几方面特色亮点。

数字赋能整体智治。《条例》贯穿数字化改革理念，明确建设全省统一的生态环境监督管理系统、排污权交易系统、生态产品经营管理平台、生物遗传资源信息管理平台、企业环境信息依法披露系统，支撑生态环境保护多跨协同、整体智治。

减污降碳协同增效。《条例》规定，建立健全碳达峰碳中和工作推进机制，逐步将碳达峰碳中和纳入生态环境保护考核体系，建立健全减污降碳激励约束机制，将重点行业建设项目温室气体排放纳入环评范围，以及实行碳排放配额的分配、清缴、交易等，为源头防治、协同减排、绿色转型提供了支持。

生态产品价值实现。《条例》专设"生态产品价值实现"章节，从建立生态产品基础信息普查制度，建立健全生态产品价值评价、考核机制，支持山区、海岛县（市）发展旅游、休闲度假经济和文化创意等产业，鼓励社会资本参与生态产品经营开发，建立健全生态保护补偿机制等维度，构建生态产品价值实现的基本制度框架。这是全国首次以地方性法规的形式对打通"绿水青山就是金山银山"转化通道作出规定。

责任夯实社会联动。《条例》坚持共治共保，促进全社会共同参与。一是明晰多元主体责任，对各级政府、有关部门、开发区（园区）、企业事业单位、基层自治组织、行业协会、公民等职责和义务作了明确规定，提高全社会生态环境保护意识。二是加强统筹协调，规定省、设区市、县（市、区）应当建立生态环境保护协调机制，生态环境主管部门会同同级有关部门建立健全生态环境保护协作机制，深化协同联动、齐抓共管。三是强化履责监督，要求建立健全生态环境保护考核、督察、约谈、问责等制度，明确建立省、市、县、乡四级全覆盖的生态环境状况报告制度，汇聚监督合力。

强化环境保护标准引领。为实现精准、科学、依法治污，浙江省致力构建与国家生态环境标准互为补充、契合浙江省环境管理实际和产业特点的地方环境标准体系。着眼"蓝天常在"，制定实施纺织染整、制鞋、工业涂装、燃煤电厂等大气排放标准，推动$PM_{2.5}$和臭氧双控双减、VOCs和NO_x协同治理，助力打赢蓝天保卫战。着眼"绿水长清"，在全国首推农村生活污水排放标准，颁布实施畜禽养殖、工业企业废水氮磷间接排放、城镇污水处理、电镀等水排放标准，力促"五水共治"碧水提升。着眼"净土清废"，发布污染地块修复、污染场地风险评估等标准规范，加快制定危废处置企业建设规范，有力提升风险防控水平。截至2022年年底，全省共有19项现行有效的省级地方环境标准，其中12项为强制性排放标准，为强化环境管理、提升治污水平提供了科学依据。

二 不断加强生态环境执法监管

《浙江生态省建设规划纲要》指出，要"强化环境保护和生态建设的法律监督。加强对有关法规实施情况的执法检查，对严重违反环境保护、自然资源利用等法律法规的重大问题，依法进行处置"。一直以来，浙江省致力打造环境执法监管最严和环境秩序最优省份，执法力度连续多年全国领先。

持续优化执法检查方式。为提升执法效能和效果，实现精准、科学、高效执法，浙江探索多种执法方式提升监管质效。一是率先实行"飞行监测"。在不事先通知企业所在地管理部门和相关企业人员的情况下，开展暗访和突击抽查，严厉打击违法排污行为。2006年3—4月，原浙江省环境保护局开展首次"百厂千次"飞行监测行动，对全省108家排污企业进行突击抽检。随后，省、市、县三级飞行监测制度逐步推行与完善，打破了地方保护主义，大大减少了环境执法的人为干扰。二是推进"双随机、一公开"监管。2015年，浙江省环境保护系统已全面启动"双随机、一公开"，建立了污染源日常监管动态信息库和执法检查人员名录库。浙江省生态环境厅相继制定下发了《浙江省污染源日常环境监管双随机抽查办法（试行）》和《浙江省环保部门随机抽查事项清单（试行）》，进一步优化工作方案、确定随机抽查比例和频次，提升了"双随机、一公开"工作规范性。三是加强环境信用监管。浙江积极建立生态环境领域"守信激励、失信惩戒"机制，促进企业持续改进环境行为。2007年，印发《浙江省企业环境行为信用等级评价实施方案（试行）》，建立了包括企业污染物排放行为、环境管理行为、环境社会行为、环境守法或违法行为等方面的企业环境行为评价体系；2020年，印发《浙江省企业环境信用评价管理办法（试行）》，启动生态环境领域部门随机抽查系统与省企业环境信用评价系统衔接，以信用评级为基础，分级分类差别实施"双随机"监管，将检查结果纳入企业信用管理体系，实施联合惩戒。四是深化"大综合一体化"行政执法改革。浙江推进基层跨领域、跨部门的综合执法，建立了环保与综合行政执法部门协作配合机制，提出了26项划转至综合行政执法部门的具体事项。2022年，浙江省印发《生态环境领域贯彻落实"大综合一体化"行政执法改革实施方案》，创新提出6类人员下沉方案，推动执法力量向一线倾斜，激活执法的"神经末梢"。

创新监管执法机制。聚焦重点领域和薄弱环节，浙江不断探索创新监管执法机制。一是优化环境准入监管。印发《关于全面推行"区域环评+环境标准"改革的指导意见》，对省级特色小镇和省级以上各类开发区、产业集聚区等特定区域，加强规划环评与项目环评联动，根据项目建设对环境影响的程度，推行免于环评手续、网上在线备案、降低环评等级、精简环评内容、承诺备案管理、创新环保"三同时"管理6项措施，环评编制时间平均缩减65%、编制费用平均降低55%[①]。试点开展"打捆"审批、"多评合一"，符合条件的同一类型多个建设项目，可"打捆"编制一份环评报告，生态环境部门开展一次审查、出具一个批复（备案）文件、统一提出污染防治要求；同一个建设项目涉及多个生态环境审批事项的，可纳入一个环境影响报告，生态环境部门一并受理、审查、公示、审批，进一步提升审批效能、减少企业负担。二是探索以排污许可证为核心的执法监管模式。印发

[①]《企业投资项目审批"最多跑一次"改革"浙"四年成绩单出炉，请您查收！》，微信公众号"浙江发改"，https://mp.weixin.qq.com/s/LegyIAkhA0D4N9IQFGI1qg，2021年1月4日。

《浙江省排污许可证管理实施方案》《浙江省排污许可证执法现场检查简要指南（试行）》，明确排污许可证检查程序，按照属地监管为主、排污许可"谁核发、谁监管"的要求对企业进行监管。探索建立以排污许可制为核心的固定源监管改革试点，全省有9家单位、6个方面试点内容被生态环境部纳入第一批改革试点。浙江省桐乡市"数字环保"智能监管系统、杭州桐庐"排污许可e证通"数字化管理场景等改革试点经验向全国推广推介。三是提升环境污染问题发现能力。印发《关于建立健全环境污染问题发现机制的实施意见》，构建人防、物防、技防相结合的环境污染问题发现机制，提升社会化、智能化、专业化的环境污染问题发现能力，明确了拓宽线索发现渠道、健全举报奖励制度、提高污染源监控覆盖率、完善区域环境监测体系、强化大数据分析研判、加强部门协作联动、提升执法装备水平、实施褒扬激励等具体措施；配套出台《推动环境污染问题发现机制落地见效专项工作方案》，将环境污染问题发现机制建设纳入各地目标责任考核和美丽浙江建设考核，有力激发各地发现、查办环境问题的积极性。

夯实环境执法监管基础。浙江不断提升生态环境执法队伍能力素质，全面推进生态环境执法机构规范化建设。一是推进执法规范化建设。相继编发了《浙江省重点行业环境监察简要指南要点手册》《浙江省环境执法人员行政执法规范手册》，制定《浙江省环境违法大案要案认定标准》《浙江省生态环境行政处罚裁量基准规定》。二是加强基层执法监管能力建设。积极推进建立企业环境监督员、农村环境监督员、环保协管员、环保义务巡防员四大员队伍；打通全省移动执法系统与基层治理"四个平台"，统一行政执法监管平台，提高环境监管执法效率；乡镇街道建立并实行网格管理人员生态环境保护日常巡查制度。三是注重执法培训。组织开展全省执法岗位培训，2021年1月至

2023年9月共举办执法岗位培训17期，培训执法人员1330人，印发《浙江省生态环境保护行政执法岗位培训三年规划（2023—2025年）》《浙江省生态环境保护行政执法培训省级师资库管理办法（试行）》，建立生态环境保护行政执法培训省级师资库，包含生态环境系统内67人，生态环境系统外54人，共计121人的师资力量。

三 持续完善生态环境司法保障

浙江省是全国最早开展环境行政执法与司法联动工作的省份之一，近年来全省公检法环相互支持、合力推进，不断构建公检法环联合打击环境违法犯罪的紧密型共同体。

健全行刑衔接机制。司法保障是打击环境违法犯罪行为的重要环节，环保部门与公检法协作联动，在浙江有着持久的现实沉淀。2012年，浙江省出台《关于建立环保公安部门环境执法联动协作机制的意见》，设置浙江省公安厅驻浙江省环保厅工作联络室，在全国率先启动环保公安联动执法协作；2014年，出台《建立打击环境违法犯罪协作机制的意见》，形成涉嫌环境污染犯罪案件调查取证、移送等工作规程和多个会议纪要，有效解决环境执法过程中取证难、鉴定难、认定难和立案难、审理难、执行难等问题；2017年，正式成立省检察院驻省环保厅检察官办公室、省法院与省环保厅环境执法与司法协调联动办公室；2018年，率先实现省、市、县三级生态环境部门与公检法机关联络机构全覆盖，推动机构实体化运作，建立联席会议制度；2021年，印发《关于进一步完善生态环境和资源保护行政执法与司法协作机制的意见》，从生态环境和资源保护行政执法与司法联动协作、快速鉴定评估、司法机关提前介入、案件移送、联席会议、强制执行、信息共享、跨区域案件协调、司法建议和法律监督9个方面作出了明确规范，构建了生态环境和资源保护领域执法司法保障制度。2022年，全省共查处环境违法案件6577件，罚款金额6.06亿元，行政拘留220人，刑事拘留476人，打击环境犯罪力度走在全国前列。①

推进专门化环境司法体系建设。为了推进环境资源审判专门化、专业化，最高人民法院于2014年成立环境资源审判庭，并迅速推进建立涵盖四级法院的环境资源审判体系。浙江省高级人民法院于2017年设立环境资源审判庭，实行环境资源民事、行政案件"二合一"归口审理模式，开启了引领全省法院环境资源审判专门化的步伐。本着"确有需要、因地制宜、分步推进"的总原则，在全省部署有条件的法院设立专门审判机构，努力提升环境资源审判的专业化水平。2018年，已有湖州市、绍兴市、衢州市3家中院以及8家基层法院设立环境资源审判庭，另外还有24家法院设立了专门的环境资源审判团队或合议庭。2021年，浙江省高级人民法院环境资源审判庭率先实行环境资源刑事、民事、行政案件"三合一"归口审理，各中级人民法院、基层法院亦参照省高院的做法积极推进"三审合一"。2018年1月至2023年5月，全省法院共审结各类环境资源案件33009件，其中一审刑事案件5015件，审结4947件，判处罪犯9736人，判处罚金9708万元。②

四　深化生态环境损害赔偿制度改革

环境有价，损害担责。生态损害赔偿制度根据"谁污染谁治理，谁

---

① 数据来源：《浙江"大综合一体化"行政执法改革成效明显》，《中国环境报》2023年6月13日。
② 数据来源：《浙江发布环境资源审判绿皮书及典型案例》，浙江在线，https://zjnews.zjol.com.cn/zjnews/202305/t20230529_25795085.shtml，2023年5月29日。

破坏谁恢复"的原则，由造成生态环境损害的责任者承担赔偿责任，修复受损生态环境，旨在破解"企业污染、群众受害、政府买单"困局。2018年以来，浙江省积极推进生态环境损害赔偿制度改革，坚持以规范化为导向，全力推进制度体系建设，强化部门协作，狠抓案例实践，生态环境损害赔偿制度改革工作取得了突出成效。截至2022年，全省共办结生态环境损害赔偿案件820件，涉及赔偿金额2.87亿余元，累计修复土壤572.48万立方米、地下水5.8万立方米、地表水2355.74万立方米、林地11.11万平方米。浙江连续3次各有1个案例入选生态环境部"生态环境损害赔偿磋商十大典型案例"，2个案例入选"长三角区域生态环境损害赔偿十大典型案例"，绍兴市改革经验被收录进中央组织部组织编写的《贯彻落实习近平新时代中国特色社会主义思想、在改革发展稳定中攻坚克难案例·生态文明建设》。

完善制度体系。浙江高度重视生态环境损害赔偿工作，根据2015年中共中央办公厅、国务院办公厅印发的《生态环境损害赔偿制度改革试点方案》，在绍兴市开展试点工作，出台全国首个市级改革实施方案。在试点基础上，2018年先后出台《浙江省生态环境损害赔偿制度改革实施方案》《浙江省生态环境损害赔偿资金管理办法（试行）》《浙江省生态环境损害赔偿磋商管理办法（试行）》《浙江省生态环境损害鉴定评估办法（试行）》《浙江省生态环境损害修复管理办法（试行）》等规定，构建了具有浙江特色的"1+4+X"生态环境损害赔偿制度体系。2022年5月，生态环境损害赔偿制度纳入《浙江省生态环境保护条例》，创新规定了生态环境损害赔偿简易程序。2023年，浙江省生态环境厅等14个部门联合印发《浙江省生态环境损害赔偿管理办法》，进一步推动了生态环境损害赔偿制度的规范化发展。

加强组织推进。浙江成立省、市生态环境损害赔偿制度改革领导小组，严格落实地方党委和政府年度报告制度。将生态环境损害赔偿制度改革工作纳入美丽浙江建设考核、污染防治攻坚战成效考核和省政府部门生态环保指标绩效考核；将企业不履行赔偿责任情况作为评价企业环境信用的重要指标，从赔偿权利人、指定部门机构和赔偿义务人3个层面压实责任。全省所有设区市、县（市、区）实现案件办理全覆盖。2022年，全省生态环境资源破坏类损害赔偿案件占比从上年的5%提升至21%。

强化技术支撑。2019年5月，浙江成立全国首家省级检察机关和生态环境部门生态环境损害司法鉴定联合实验室；截至2023年5月，共建成5家环境损害司法鉴定机构和2家生态环境部推荐评估机构，执业司法鉴定人100余人，其中11人次入选为国家级专家。建立了包括省内外30余家相关技术单位的鉴定评估机构推荐目录。建成由92名专家组成的省级鉴定评估专家库，7个市建立市级专家库。依托"浙样生态"应用场景，建立"生态环境损害赔偿"子模块，协同督察在线、行政处罚等在线应用，实现案件线索筛查移送；建立覆盖全省的赔偿案件经办、核查、审核责任人员体系。

注重司法衔接。全省法院、检察系统积极协作生态环境损害赔偿落实，出台了生态环境损害赔偿案件诉前磋商与司法程序衔接等指导意见，落实不定期会商、多层次对接、全方位协调，积极构建生态环境损害赔偿诉前磋商与公益诉讼的衔接机制。指导开展检察公益诉讼"先鉴定后收费"服务，已为30余个项目提供免费司法援助。截至2023年9月，全省办结的磋商案例中，检察机关介入95件，经司法确认20件。浙江省检察院、浙江省生态环境厅联合发布12件生态环境和资源保护典型案例，为促进生态环境损害赔偿制度与检察公益诉讼的衔接，起到良好的示范引领作用。

探索改革创新。浙江探索建立"一案双查"调查机制，通过绍兴市、台州市试点，鼓励有条件的地方推行资源环境案件违法责任与损害赔偿责任同步调查，解决以往案源少、调查滞后、证据固定难等问题。嘉兴市开展生态环境损害赔偿一体化改革试点，着力建立高效协同的内部制度和工作规范。创新责任履行方式，绍兴市以修复生态环境为目标，在全国率先实施异地替代修复；湖州市、金华市创新应用司法确认形式下的分期赔偿、延期赔偿，积极实现应赔尽赔；丽水市、衢州市开展生态占补平衡试点，力求变"案后索赔"为"事前补偿"，促进法律效果和社会效果的统一。开展区域联动协作，探索建立钱江源、大运河、环太湖等省内区域生态环境损害赔偿案件集中管辖机制；嘉善县会同上海市青浦区、江苏省苏州市吴江区，推动设立长三角一体化公益诉讼创新实践基地。

第三节 充分发挥"看不见的手"作用

保护好生态环境，需要把"看得见的手"和"看不见的手"都用好，形成市场作用和政府作用有机统一、相互补充、相互促进的格局。在创建生态省的进程中，习近平同志指出："要充分发挥市场机制和经济杠杆的作用，注重运用价格、财税、金融手段促进资源的节约和有效利用。"[①]浙江省坚持环境治理的市场化导向，探索推进资源环境要素市场化配置，深化绿色金融改革创新，持续完善绿色财税制度，利用市场机制和经济杠杆不断提升生态环境治理的效率和效能。

---

① 习近平：《干在实处　走在前列——推进浙江新发展的思考与实践》，中共中央党校出版社2006年版，第192页。

一　建立健全资源环境要素市场化配置机制

浙江省从排污权、林权、水权、用能权、碳排放权等资源环境要素出发，探索构建有偿使用和交易机制，实施电价、水价等差别化价格制度，利用市场手段提升资源环境要素配置效率。

开展排污权有偿使用和交易。从"十五"时期开始，嘉兴市、绍兴市积极探索创新，率先开展排污权有偿使用和交易试点，在行政手段推进治污减排的基础上开辟了市场机制促进治污减排的新路径，树立了环境容量有限、环境资源有价的理念，为全省乃至全国提供了经验样板。2009年以来，浙江省作为全国首批排污权有偿使用和交易试点省份，围绕"核量、定价、有偿、交易、监管"五大核心环节，不断建立完善排污权有偿使用和交易制度体系，率先创建排污权电子竞价交易模式，规范政府储备出让，实行公开市场化交易。2015年，浙江排污权有偿使用和交易实现区域、四项主要污染物、重点工业排污单位三个"全覆盖"；2016年，建成全国首个排污权线上交易平台（浙江省排污权交易网），在国务院发展研究中心组织的全国排污权有偿使用和交易试点评估中成绩位居首位；2019年，在全国率先发布"浙江省排污权交易指数"，构建了以排污权交易价格、交易量、交易活跃度为核心的排污权交易指数体系；2022年，《浙江省生态环境保护条例》将试点多年的排污权有偿使用和交易制度固化为法律规定；2023年，出台《浙江省排污权有偿使用和交易管理办法》，实现全省排污权有偿使用和交易制度统一。截至2023年4月，全省累计排污权有偿使用和交易金额161亿元（占全国1/2左右），省级层面出台的制度和技术规范26个，各地出台配套政策制度175个。通过排污权有偿使用和交易试点，环境容量资源"有限、有价、有偿"的意识逐渐深入人心，企业实现了从"要我减排"到"我要减排"的转变，政府非税收入得到大幅增长，有效促进了环境资源流向低污染、低能耗、高附加值行业。

探索水权制度改革。浙江省东阳—义乌之间签订的有偿转让用水权协议是我国首例跨城市水权交易。东阳市、义乌市位处钱塘江支流金华江的上下游，东阳市水资源相对丰富，而作为中国小商品集散地的义乌，在20世纪90年代常住人口急剧膨胀，形成用水资源紧张的局面。2000年11月，东阳市和义乌市签订了有偿转让用水权的协议，义乌市一次性出资2亿元购买东阳横锦水库每年4999.9万立方米水的使用权，并根据每年实际供水量以每立方米0.1元的价格向东阳市支付综合管理费。此后，浙江省各地主动探索水权改革。杭州市制定了《杭州市东苕溪流域水权制度改革试点方案》，以东苕溪流域为试点，推进流域内农村集体经济所属的山塘、水库水资源确权登记工作，构建起了一套涵盖水权分配、管理、转让的制度体系，制定了我国南方丰水地区第一个水资源价值评估大纲——《农村集体经济所有的山塘、水库水资源资产价值评估大纲》。2020年12月，杭州市临安区东天目村将富余水资源通过区公共资源交易平台挂牌，临安区农村水务资产经营有限公司成功摘牌，双方签订了交易合同。该案例成为浙江第一笔线上水权交易案例。

深化林权制度改革。浙江的林权制度改革起始于20世纪80年代初，至2006年，开展了山林延包工作，进一步明晰产权。2008年，浙江省在全国率先完成林业产权主体改革，林权证换发率达99.7%，责任山承包合同签订率达99.4%，实现了"山有其主、主有其权、权有其责、责有其利"，极大激发了广大林农发展现代林业的积极性。之后10多年里，浙江的改革脚步始终没有停息，提出了一系列创新举措。深化

223

林权流转机制变革，落实"三权分置"政策，规范经营权流转和颁证制度。截至2017年年底，全省共发放林地经营权流转证1163本，涉及林地面积29.77万亩。2018年，已有78个县（市、区）成立林权管理机构，210个乡镇建立林权管理服务站，为林权流转建立规范高效的一站式综合服务平台；68个县（市、区）成立林权交易中心，形成了公开、公平的市场秩序和有序推进森林资源流转的良好氛围。[①]推进新型林业经营主体建设，在22个县开展试点，按市场机制引进工商资本，引导林农以林地、林木作价入股，组建林业股份合作社和公司，结成利益共同体并按股分红。2020年，已有林业专业合作社5600家、面积311万亩；股份制合作社244家、家庭林场2055个，经营林地39万亩；"林保姆"式专业户达3.6万户，经营面积达396万亩。[②]

创新地役权改革。 浙江钱江源国家公园范围内共有集体承包土地1.3万亩，存在一定的滥施农药化肥、破坏生态环境的现象。为此，钱江源国家公园管理局试点推行全国首例承包土地地役权改革。农村承包土地地役权改革生产主体以村经济合作社、农业专业合作社、家庭农场、股份公司、经营大户等为主，生产范围仅限水稻、油菜、玉米、大豆、高粱等农作物。生产主体在实施农作物种植过程中不施用化肥、农药、除草剂，不焚烧秸秆和野外用火，不猎捕和驱赶野生动物，不引进外来物种，严格按照管理局要求进行生产，管理局给予每年每亩200元的地役权生态补偿。经营主体以不低于5.5元/斤的价格收购农田地役权改革基地上生产的稻谷，以不低于10元/斤的价格销售大米，

---

① 数据来源：《胡侠：在全省深化集体林权制度改革现场会上的讲话》，浙江省林业局，http://lyj.zj.gov.cn/art/2018/11/2/art_1277824_19028898.html，2018年11月2日。

② 数据来源：《【"两山"15年】林改释放活力 提振山区经济》，微信公众号"浙江林业"，https://mp.weixin.qq.com/s/qEyL6ldHZTWjGtpOJCO2eQ，2020年8月11日。

管理局给予经营主体2元/斤的市场营销补贴，并允许使用国家公园相关品牌。2020年，已有苏庄镇毛坦村、长虹乡桃源村、何田乡田畈村、齐溪镇上村共289亩农田参与钱江源国家公园承包土地地役权试点，成为第一批生产主体。

推进用能权和碳排放权交易。浙江省是用能权有偿使用和交易的首批试点省份之一。2018年12月26日，浙江省正式启动用能权交易工作，启动当日，共完成交易项目5个，涉及资金3037万元。按照"统一标准，网上交易，实时监管，在线清算"的原则，浙江省建设了"一平台、三系统"：浙江省用能权交易平台、与银行相衔接的账户管理和资金清算系统、与县级以上能源监察（监测）机构相衔接的用能单位用能实时监测系统、与统计部门相衔接的指标划转系统。2019年，印发实施《浙江省用能权有偿使用和交易管理暂行办法》《浙江省用能权有偿使用和交易第三方审核机构管理暂行办法》，持续规范用能权有偿使用与交易机制。截至2019年6月，全省共41家企业、31个用能申购项目在平台上注册登记，已有26个县（市、区）实施交易，累计交易项目642个，涉及资金1.64亿元。[①]浙江省稳步推进碳排放权交易市场建设，印发《浙江省碳排放权交易市场建设实施方案》，促进形成较为成熟的碳交易市场体系。制定出台《浙江省重点企（事）业单位温室气体排放核查管理办法（试行）》，规范核查工作。"点对点"帮扶浙石化等高碳企业，指导建立完善碳排放数据管理制度；开展杭嘉湖发电行业重点排放单位碳排放数据准确性检查；组织开展发电行业重点排放单位碳市场交易相关能力培训。健全完善企业碳排放监测、

---

① 数据来源：《进展最快，方案最优，可行性最强！浙江省用能权交易改革工作成长之路》，微信公众号"浙江发改"，https://mp.weixin.qq.com/s/K5Rqi0BT9LkOOeL72mEPSw，2019年6月18日。

报告与核查（MRV）体系。

完善差别化价格收费机制。浙江省深化推进能源价格改革，不断完善差别化价格制度，形成反映资源稀缺程度、生态环境治理成本的资源环境价格。印发实施《中共浙江省委　浙江省人民政府关于推进价格机制改革的实施意见》，全省县以上城市都已实施居民阶梯水价、差别化水价和非居民用水超计划累进加价制度。已通气城市都已实施居民阶梯气价。实施燃煤机组超低排放电价补偿政策，对各类可再生能源发电实施不同程度的价格补贴。对8大高耗能行业按照产业政策要求，区分淘汰类、限制类、允许和鼓励类企业，实行差别电价政策。

二　推进绿色金融改革创新

浙江省率先开展和推广排污权抵押贷款，并全面探索环境保险、绿色信贷等绿色金融工具。同时，全省以湖州、衢州绿色金融改革创新试验区建设为引领，加快建立完善绿色金融体系。

探索绿色金融工具。一是开展排污权抵押贷款。依托排污权有偿使用和交易的开展，浙江早在2010年就制定出台《浙江省排污权抵押贷款暂行规定》，将排污权抵押贷款纳入制度化轨道。2022年，印发《浙江省排污权抵质押贷款操作指引（暂行）》，进一步规范排污权抵质押贷款操作。至2022年11月，全省排污权抵质押绿色信贷758亿元，占全国九成以上。二是推行环境污染责任保险。2010年印发实施《关于开展环境污染责任保险试点工作的意见》，建立环境污染责任保险联席会议制度。全省各地探索开展环境污染责任保险，形成了"保险+服务""保险+服务+补偿"等多种创新模式。2019年，湖州市发布《环境污染责任保险风险评估技术规范》，为全国首个"绿色保险"市级地方标准。三是深化实施林业金融改革。先后印发《浙江省公益林补偿收益权质押贷款管理办法》《关于进一步推进森林资源资产抵（质）押贷款工作的意见》，完善林业抵质押贷款制度规范。全省各地在传统的林农小额循环、林权直接抵押等方式的基础上，探索开展了缙云"林贷通"模式、云和县生态公益林补偿金村级质押基金模式、龙泉公益林信托受益权担保贷款模式、庆元综合性融资担保公司模式等一系列新的贷款模式和产品创新。截至2018年，全省累计发放林权抵押贷款超200亿元，贷款余额近百亿元。四是健全绿色金融政策制度。制定出台《浙江省财政厅关于省财政支持绿色金融改革的意见》《关于推进全省绿色金融发展的实施意见》《浙江省银行业金融机构（法人）绿色金融评价实施细则》《关于金融支持碳达峰碳中和的指导意见》等政策文件，完善绿色金融发展的激励约束机制。

浙江省绍兴市推进排污权抵质押贷款

2008年，浙江省绍兴市印发出台《绍兴市区排污权有偿使用和交易实施办法》。2009年，制定出台《绍兴市排污权抵押贷款管理办法（试行）》，允许企业将排污权作为抵押物向银行贷款。2014年8月，绍兴根据前期试行情况，正式出台《绍兴市排污权抵押贷款管理办法》，指导辖内银行创新优质贷款产品，推动相关业务从需要第三方担保向单一抵押品全额担保转变，以排污权抵质押贷款创新机制推进全市排污权有偿使用和交易走深走实。目前，绍兴市共有全省排污权交易平台登记并确权的排污单位3320家，排污权抵押贷款总金额达664.68亿元。绍兴主要做法如下：

搭建制度体系：2009年试行排污权抵押贷款之后，绍兴密集出台《排污权抵押贷款工作规程（试行）》《绍兴市区重点工业企业刷卡排污自动运行系统管理办法》《关于进一步明确绍兴市排污权抵押贷款有关事项的通知》等系列政策文件。截至2022年年底，共制定和修订有效政策40个，形成了排污权有偿使用和交易的"四梁八柱"，为持续推进排污权抵质押贷款提供坚实的基础。

提升权益价值：完善排污权市场交易机制，建立排污权拍卖机制，积极探索排污权跨区域交易，打通排污权区域流通壁垒，提高环境要素交易市场活跃性和流通效率，提升排污权价值。开展全市全行业挥发性有机物（VOCs）有偿使用和交易试点，不断拓展排污权交易要素，提升环境资源要素含金量。

强化风险管控：严格执行企业申请、政府审核、银保协作放贷业务操作模式，实行排污权回购制度。建立排污权总量监管和刷卡排污系统联动机制，通过刷卡排污系统监控排污单位废水排放量。完善信息共享平台，将企业相关环境信息纳入人民银行征信系统，切实提高金融机构企业资信甄别能力。

建设绿色金融改革创新试验区。2017年6月，浙江省湖州市、衢州市成功获批创建全国绿色金融改革创新试验区。湖州市在绿色金融领域不断探索，在政策制度、标准建设、产品设计等各方面进行了多项创新性实践：2021年，发布《湖州市绿色金融促进条例》，为全国首部地级市绿色金融促进条例；发布《湖州市金融机构环境信息披露三年规划（2019—2021）》《区域绿色金融发展指数评价规范》《深化建设绿色金融改革创新试验区探索构建低碳转型金融体系的实施意见》，湖州银行发放全国绿色金融改革创新试验区首单碳排放配额质押贷款；结合数字化改革，建立了"绿贷通"等多个服务平台；探索竹林碳汇、湿地碳汇及其相关贷款、保险等金融产品。衢州市围绕建设绿色金融改革创新试验区任务，蹚出了一条"标准＋产品＋政策＋流程"改革路径：构建绿色金融规则指引体系，建立金融业绿色专营机构评价标准、绿色企业（项目）地方标准、绿色金融创新产品地方标准，建立绿色信贷监测制度、碳账户核算与评价标准体系；构建绿色金融激励约束体系，制定绿色金融综合评价指标体系，建立绿色金融风险防控等监管政策；构建绿色金融产品服务体系，建立"三优一重"服务通道，成立全国首个绿色保险产品创新实验室；构建绿色金融设施支撑体系，打造绿色金融服务信用信息平台，全国率先构建碳账户平台，率先搭建绿色贷款专项统计信息管理系统，建设碳征信制度，率先推出企业和个人碳征信报告。

三 完善绿色财税制度

在2005年全省生态省建设工作领导小组会议上，习近平同志指出，要将建立健全生态补偿机制摆上重要议事日程，"要研究探索把财政转移支付的重点放到区域生态补偿上来，对生态脆弱地区和生态保护地区实行特殊政策"[①]。以生态补偿制度为重点，浙江不断完善绿色财

---

① 习近平：《干在实处　走在前列——推进浙江新发展的思考与实践》，中共中央党校出版社2006年版，第194—195页。

税制度，强化生态环境保护激励。

建立健全生态补偿制度。浙江省是全国最早实施生态补偿的省份之一。早在2004年，浙江在全国率先建立生态公益林补偿机制；2005年，在钱塘江源头地区建立了生态环保财力转移支付制度；2008年，印发实施《浙江省生态环保财力转移支付试行办法》，转移支付范围扩大到八大水系源头地区，成为全国第一个实施省内全流域生态补偿的省份；2012年，修订《浙江省生态环保财力转移支付试行办法》，转移支付范围扩大至所有市、县。同年，在财政部、原环境保护部的推动下，浙皖两省在淳安签订了全国首份跨省流域横向生态保护协议，10年间顺利完成三轮试点，成为全国各地省际流域生态补偿机制构建的模板。近年来，浙江全面推行省内流域横向生态保护补偿机制，2017年、2022年先后出台《关于建立省内流域上下游横向生态保护补偿机制的实施意见》《关于深化省内流域横向生态保护补偿机制的实施意见》，至2022年9月，共有52对计51个市县签订跨流域横向生态保护补偿协议，实现全省八大水系主要干流全覆盖。此外，浙江还探索推进森林、湿地、海洋、水流、耕地、矿山等生态保护补偿，初步建立全领域的生态保护补偿机制。

浙江首创异地开发生态补偿模式。浙江省磐安县是钱塘江、灵江等水系的发源地之一，金华市和磐安县通过市县联手、异地开发，实施异地扶贫"造血"，于1995年在金华经济技术开发区内设立了一块"飞地"，即浙江金磐扶贫经济开发区，经过20多年的发展，已成为磐安工业经济发展的主战场，开发区主要经济指标对磐安贡献度均达到1/3，累计吸纳来自磐安的就业人员2万余人次，为磐安从头号贫困县到摘掉"欠发达"帽子，再到冲刺全面小康，发挥了重要作用。金磐扶贫经济开发区设立之后，浙江陆续出现了多个"飞地"。2016年在杭州未来科技城开园的衢州海创园，是浙江首个跨行政区建设的创新"飞地"。2021年，浙江出台了《关于进一步支持山海协作"飞地"高质量建设与发展的实施意见》和《浙江省山海协作"飞地"建设导则》，持续深化山海协作"飞地"合作共建机制，着力提升"飞地"对区域协调发展的促进作用。

新安江流域跨省生态保护补偿

新安江流域干流总长359千米，近2/3在安徽境内，经黄山市歙县街口镇进入浙江境内，流入下游千岛湖、富春江，汇入钱塘江。2011年，财政部、原环境保护部联合印发了《新安江流域水环境补偿试点实施方案》。在两部门推动下，浙江、安徽两省分别于2012年、2016年、2018年签订三轮生态保护补偿协议，建立起跨省流域横向生态保护补偿机制。

建立补偿机制框架：坚持"保护优先，合理补偿；保持水质，力争改善；地方为主，中央监管；监测为据，以补促治"4项原则，以省界断面监测水质为依据，通过协议方式明确流域上下游省份各自职责和义务。以高锰酸盐指数、氨氮、总磷和总氮4项水质指标平均浓度值为基准，每年与之对比测算补偿指数，核算补偿资金。

加强流域合作共治：浙皖两省积极沟通协商，联合编制了《千岛湖及新安江上游流域水资源与生态环境保护综合规划》，并经国家批准。经两省及相关县市共同商定，以浙江省淳安县环境保护监测站和安徽省黄山市环境监测中心站为主体，在浙皖交界口断面共同布设了9个环境监测点位。两省建立多个层级联席交流会议制度，部门之间定期或不定期地举行交流活动。

实施系统保护治理：强化水源涵养和生态建设，黄山市被授予"国家森林城市"称号，淳安县森林覆盖率名列浙江省第一；强化农业面源污染治理，黄山市在新安江干流及水质敏感区域拆除网箱6300多只，淳安县全县1053户、2728.42亩网箱全部退出上岸；强化工业点源污染治理，黄山市累计关停淘汰污染企业220多家，整体搬迁工业企业90多家，淳安县制定了严于国家环境质量标准的千岛湖标准，10年来否决了投资近300亿元的项目；强化城乡垃圾污水治理，黄山市因地制宜、分类推进农村环境综合整治，农村卫生厕所普及率90%以上，淳安县农户纳管率由2013年的30.9%提高到85%[1]。

推行绿色财政奖补机制。在前期开展生态补偿和生态环保财力转移支付的基础上，2014年，浙江建立了重点生态功能区建设财政政策，实行工业税收收入保基数、保增长，建立与污染物排放总量、出境水水质、森林质量挂钩的财政奖惩机制；2015年，在全省全面推广实施与污染物排放总量挂钩的财政收费制度；2017年，按照集中财力办大事的原则，整合现有生态环保财政政策，出台《关于建立健全绿色发展财政奖补机制的若干意见》，成为财政奖补机制涉及因素覆盖领域最全面的省份，创新提出"绿色指数"，将生态环保财力转移支付分配与

---

[1] 中共中央组织部：《贯彻落实习近平新时代中国特色社会主义思想、在改革发展稳定中攻坚克难案例·生态文明建设》，党建读物出版社2019年版，第353—366页。

"绿色指数"挂钩；2020年，遵循"扩面、提质、完善"的工作思路，印发实施《关于实施新一轮绿色发展财政奖补机制的若干意见》，新增生态产品价值实现财政奖补、空气质量财政奖惩以及湿地生态补偿试点3项政策，基本实现生态保护领域财政政策的全覆盖。两轮绿色发展财政奖补6年共计兑现奖补资金766亿元，其中2020—2022年3年累计兑现407亿元；山区26县以22.4%的人口占比获得64.6%的奖补资金。[①]

推进环境税和资源税改革。2005年，颁布《浙江省排污费征收使用管理办法》，规范排污费的征收使用管理；分别于2014年、2015年两次调整收费标准，对超标排放污染物、超总量排放污染物、属于淘汰类的生产工艺装备或者产品产生的污染物排放量的情况加一倍征收排污费。2018年4月1日起，浙江省根据《中华人民共和国环境保护税法》开始征收环保税，参照了原排污费标准，确定了大气污染物、4类重金属污染物项目、水污染物以及5类重金属污染物项目的适用税额。浙江省按照"清费立税、合理负担"的原则，开展资源税全面从价计征改革，明确了《资源税税目税率幅度表》中涉及浙江的12个矿产品目适用税率。2020年，浙江省人大常委会审议通过了《关于资源税具体适用税率等事项的决定》，综合考虑了浙江资源禀赋特点、绿色发展的政策导向和企业的实际承受能力，在法定范围内确定了浙江资源税的具体适用税率、计征方式和减征免征办法，通过制定差别化的税收减免政策，既鼓励纳税人综合开发利用资源，又注重保护生态环境。

---

① 数据来源：《407亿元！浙江新一轮绿色发展财政奖补机制政策效应持续放大！》，微信公众号"浙江财政"，https://mp.weixin.qq.com/s/mThHgoNAKiLGBndkM6Mc9A，2023年4月27日。

第七章
全面提升现代环境治理能力

  要加强科技支撑，推进绿色低碳科技自立自强，把应对气候变化、新污染物治理等作为国家基础研究和科技创新重点领域，狠抓关键核心技术攻关，实施生态环境科技创新重大行动，培养造就一支高水平生态环境科技人才队伍，深化人工智能等数字技术应用，构建美丽中国数字化治理体系，建设绿色智慧的数字生态文明。[①]

  科技创新是社会发展的重要推动力。2006 年，时任浙江省委书记习近平同志在全省自主创新大会上提出"用 15 年的时间使我省进入创新型省份行列，基本建成科技强省"的战略目标。多年来，浙江紧紧抓住科技创新这个"牛鼻子"，抢抓新一轮技术变革机遇和数字化转型先发优势，强化顶层设计，优化资源配置，坚决补齐生态环境领域科技创新短板，加强人才队伍和铁军建设，有效激发科技创新活力，积

[①] 《习近平在全国生态环境保护大会上强调　全面推进美丽中国建设　加快推进人与自然和谐共生的现代化》，《人民日报》2023 年 7 月 19 日。

极推进关键核心技术攻关，全面提升现代环境治理能力。

第一节　科技创新驱动环境保护

浙江持续加快推进高水平创新型省份和生态文明建设先行示范，以推动生态环境科技创新为突破口，坚持创新发展和绿色发展两大发展理念深度融合和协同促进，创新驱动绿色发展，以绿色引领创新方向，打造和提升了一批生态环境科技创新平台，引进和培育了一批生态环境科技创新人才和团队，促进和扶持环保产业集聚发展，在创新载体建设、人才队伍培养、核心技术研发、成果转化等方面实现了突破和增强。

一　协同创新形成科技合力

逐步完善国家—区域—省—市协同创新。浙江充分运用国家重大专项项目和国家长江生态环境保护修复联合研究驻点跟踪等国家科研团队资源和相关科技成果，建设形成以国家级重点实验室为中心、省部级重点实验室为节点、省级企业研究院为触角的科技创新平台网络体系，全面覆盖生态环境科技各领域和科研创新各主体，形成生态环境科技创新和技术研发合力。浙江强化区域协同创新，积极融入长三角生态环境科技创新，组建了长三角地区生态环境联合研究中心，每年围绕特定主题开展技术研讨，提升区域科技创新政策的高效性和协同性。为充分发挥科技创新在生态环境保护中的支撑作用，浙江省生态环境厅与浙江省科学技术厅签订科技创新战略合作协议，加强人才队伍和科研资源整合，向地方派驻专家组，在人才支持、政策研究、技术服务等方面提供驻点帮扶，大力提升地方科学治污、精准治污水平。

持续推进省级科研平台建设。浙江持续加强与国内外一流高校、科研机构、领军企业的战略合作，探索成立联合创新研发中心、组建重点项目攻关团队、设立特聘专家工作室，引进高层次创新人才和团队，通过项目合作、学术交流、专家评议等形式，建立了涵盖污染治理、生态修复、资源综合利用等各类生态环境科技创新平台近80个，包括9个部级重点实验室（工程技术中心）、22个省级重点实验室（工程技术中心）、35个省级企业研究院、4个省级高新技术研究开发中心、3个区域科技创新服务中心、2个公共科技创新服务平台等，在碳减排和碳中和、生态环境大数据、新型污染物监控预警、海洋污染防治、消耗臭氧层物质替代和5G电磁辐射环境安全等领域开展前沿研究及应用研究，切实夯实源头创新基础。

二 人才优先激发创新活力

创新活力制度先行。浙江深入贯彻实施人才强省、创新强省首位战略，认真落实生态环境部《关于深化生态环境科技体制改革激发科技创新活力的实施意见》和省委《关于建设高素质强大人才队伍 打造高水平创新型省份的决定》，出台了《关于进一步激发浙江省生态环境厅系统科技创新活力的实施办法》，赋予科研单位和人员更大自主权，实实在在增强科研人员的获得感，推动形成尊重创新、重视科研、强化支撑的正确导向。深化与国内外知名高校院所合作，持续加大高层次生态环境科技人才队伍的引进和培养力度，依托国际合作科研项目和重点研发项目，加强科技人才的交流合作。坚持以人为本的投入机制，构建充分体现知识、技术等创新要素价值的收益分配制度，对承担国家和省级重大科技项目的高层次人才，探索实行年薪制、协议工资制、项目工资制等，可不纳入单位绩效工资总量。完善科研人员职务科研成果权益分享机制，赋予科研人员职务成果所有权和长期使用权。健全以创新能力、质量、实效、贡献为导向的人才评价体系，推进科学化、市场化、社会化评价。在职称评审、岗位结构比例设置等方面进一步向用人主体放权。探索对技术技能岗位人才和管理岗位人才的分类管理。对高层次人才、优秀青年人才建立以信任为前提，制定减少考核频次，完善绩效标准，保障人才自由探索、潜心研究的包容审慎管理机制。

人才队伍助力技术创新。浙江生态环境技术人才发展机制日趋完善，修订了《浙江省生态环境专业技术人员工程师、高级工程师和正高级工程师评价条件》和《浙江省生态环境专业技术人员正高级工程师评审实施方案》，健全完善了职称评审体系。截至2022年，全省生态环境系统技术人员近五年新增副高级职称人员341人、正高级职称40人，高水平技术人员队伍不断壮大。出台了《浙江省环境保护专业技术人员继续教育学时登记细则（试行）》，推进专业技术人员常态化教育培训，提高培训管理标准化水平。2022年，出台了《浙江省生态环境厅首席专家管理办法（试行）》《浙江省生态环境领域专家库管理办法（试行）》，构建了各专业领域结构合理的生态环境领域专家库。积极推动区域大气污染协同防控、废水深度处理与污染物减排、土壤与地下水污染防治、环境标准、绿色发展研究等学术创新团队建设，取得显著成效。近年来，浙江受益于较完善的科技平台建设和人才团队实力，环保技术水平得到不断提高，水处理技术和设备、燃煤烟气治理技术已经接近或者达到国际先进水平，生活垃圾、固体废物、危险废物处理技术不断提升。

三　自主创新突破关键技术

科技助力环境污染防治工作。浙江深入实施"双尖双领"科研攻关计划，着力攻坚减污降碳协同增效等技术，浙江创建的船舶尾气高效净化技术系统率先在国际上实现规模化应用。2020—2022年，有20余项科技成果获得省部级以上奖项，有效支撑了污染防治攻坚，科学治污成效显著。建立了"常年征集、定期梳理、滚动迭代"的科技创新成果征集工作机制，编制重点生态环境领域关键核心技术清单，开展适用技术的集成和应用示范。"十一五"以来，通过"水体污染控制与治理科技重大专项"系列课题的实施，重点围绕太湖流域综合治理，在氮磷污染控制、河道治理修复和蓝藻水华防控等方面开展了大量的技术攻关和示范应用，总结了一系列科研应用成果，形成的"五水共治"配套技术在全省推广，助力全省地表水水质显著提升。开展重点行业废气治理和大气复合污染成因综合防控技术研究，建立针对国内城市精准治污的高效城市网格化环境监测系统和大气污染源排放清单，促进全省大气污染的精准管控和靶向治理，支撑全省设区城市和县级城市环境空气质量达到国家二级标准的城市逐年增加。开展危险废物处置、大宗固体废物处置和资源化利用、污染场地修复科技攻关，形成成套技术并推广应用，促进全省固废管理水平不断提升，土壤污染趋势明显放缓，农用地土壤环境质量呈现稳中向好的局面。

浙江烟气处理工艺技术水平居全国领先行列。浙江省统调煤电机组、燃煤热电机组、工业锅炉、工业窑炉已全部建成脱硫设施，燃煤发电、热电机组也已完成超低排放改造。脱硫技术主要为湿法和半干法，湿法中以石灰石／石灰—石膏法为主。通过结合复合塔、pH值分区控制等技术手段，能够实现比《锅炉大气污染物排放标准》（GB 13271—2014）更严格的排放浓度限值要求。

浙江脱硝工作完成良好，所有省统调煤电机组、燃煤热电机组、水泥熟料生产线均已建成脱硝设施，燃煤发电、热电机组已全部完成了超低排放改造，运行情况良好。浙江火电行业烟气脱硝主要采用的是SCR技术，水泥行业主要采用SCR技术，也有部分联合了低氮燃烧技术进行燃烧中控制；平板玻璃行业主要采用SCR技术，少量通过纯氧燃烧技术进行控制。通过烟气处理技术提升改造，各行业污染物排放均达到了相关排放标准要求。

四 成果转化推动环保升级

浙江积极对接国家生态环境科技成果转化综合服务平台和浙江省网上技术市场，探索建设浙江省生态环境领域技术交流转化平台，开展技术开发、示范、工程化应用推广和规范化管理。浙江省生态环境厅与科学技术厅共同推动浙江省环保公共科技服务创新平台建设，联合了浙江大学、浙江工业大学等核心共建单位，每年围绕特定主题，组织开展生态环境科技报告会，为基层和企业提供科技咨询、技术对接等服务。浙江省环境科学学会定期发布《浙江省生态环境科技发展蓝皮书》，围绕生态环境重点工作、基层和企业需求热点，全面梳理污染防治技术，发布技术指南和典型案例。结合浙江实际，积极推动环境污染第三方治理新模式，探索实践"环保管家""环境医院"服务模式，通过线上线下结合，专家与平台共诊，为政府和企业提供一站式、全方位的环保技术创新及转化服务。2022年全省环境服务业营业收入达1648亿元，近10年年均增长率23.2%。持续推进全省环保科技成果转化基地建设，积极引进并加强与央企、国内外大型环保企业的合作，通过兼并、重组等方式做大做强龙头企业，培育一批专业化骨干企业，扶持一批专精特新中小企业，切实做大做强浙江环保产业。2020—2022年，全省新认定生态环境领域国家高新技术企业1372家，省级企业研究院55家。2022年，全省环保产业营业收入达2600亿元，成为绿色经济的重要力量。

第二节　数字变革赋能生态治理

数据要素正在成为重要的基础性和战略性资源。2003年，习近平同志提出了"数字浙江"构想，指出"数字浙江是全面推进我省国民经济和社会信息化、以信息化带动工业化的基础性工程"[1]。浙江坚定不移落实"数字浙江"建设决策部署，持续推进经济社会数字化转型，2021年率先部署开展数字化改革。2022年，浙江成为全国唯一生态环境数字化改革和生态环境"大脑"建设试点省，率先开发生态环境"大脑"，打造"美丽浙江"综合集成应用，形成美丽浙江建设的数据底座、能力中心和协同中枢，在数字赋能现代化治理上迈出了重要步伐。生态环境"大脑"等4个项目入选2023年第六届数字中国建设峰会数字生态文明优秀案例，获奖数量居全国首位。

---

[1]　江坪：《20年前"数字浙江"的构想》，《浙江日报》2022年11月2日。

一　加强生态环境数字变革顶层设计

浙江把数字化改革作为提升生态环境治理现代化水平、推进生态环境高水平保护的根本出路和关键一招，以"智治"破解传统监管难题。

确立数字化改革目标体系。生态环境保护和生态文明建设涉及多部门、多层级、多领域，浙江把数字变革与美丽浙江建设、全面深化改革深度融合，聚焦数字政府生态保护跑道，纵向建立省、市、县三级生态环境业务综合集成、闭环管理、全面贯通的数字化运行体系，横向构建省级部门高效联通、共治共享的运行机制，运用数字化手段协同省级部门生态环境治理工作，推动形成天空地人全感知、环境网络全互联、环境数据全流通、指挥决策全智能、环境治理全协同、环境管理全统筹的全新技术、业务和数据融合的"六个全"目标体系，以数字化改革撬动牵引生态文明建设系统性重塑。

完善数字化改革工作机制。为保障数字化改革体系化、制度化推进，浙江理顺数字化思维逻辑，编制改革工作方案，深化数字化改革工作的理念、思路、方法、手段，系统性提出年度、"十四五"数字化改革路径和目标任务，配套出台场景应用建设指南、数据管理等技术规范，全面形成生态环境数字化改革的"1+N"制度标准体系。推行全省"一盘棋"工作方法，注重省级统筹和基层创新相结合，各级生态环境部门建立由主要负责人为组长的工作专班，做到统分结合、上下有序；加强重点应用清单管理，避免低效、重复建设，按照"一地创新、全省共享"机制，推动基层经验、改革举措和优秀应用在全省乃至全国推广。

二 搭建"平台+大脑+应用"整体架构

依托省一体化智能化公共数据平台、省生态环境保护综合协同管理平台,按照平台是"血液营养",大脑是"神经中枢",应用是"肢体躯干"的"平台+大脑+应用"整体架构,浙江体系化、一体化推进数字化改革,重点推动生态环境态势物联感知、数据全量归集、模型算法多维集成,打破信息孤岛,形成美丽浙江建设中枢底座。

提升态势感知能力。对生态环境数据及时、精准感知是实现生态环境数字化治理的基础和前提。经过多年建设,浙江在生态环境前端态势感知上积累了数据和基础,但存在"后知后觉"、实时感知能力弱等问题。为此,全省加快构建"天地空人"生态环境实时态势感知体系,补齐建强自动监测站,全面覆盖全省所有11个地市、90个县区和主要乡镇(街道)。截至2023年8月,已集成空气点位1737个、水环境点位724个、重点排污单位在线监控3609家;率先推行企业工况"黑匣子"监控建设,实现跨部门监测资源整合和监测数据共享,对生态环境质量进行全面监测监控,实现一网实时感知。

打造统一数据底座。数字化改革前,省、市、县各级单位积累了大量生态环境数据,由于没有统一规范的数据仓,孤岛、碎片化问题突出,数据关联性弱,完整性、及时性、一致性不够。为此,浙江在省一体化公共数据平台建设全省统一的生态环境数据仓,全量归集生态环境部回流数据和全省生态环境系统数据,纵向贯通省、市、县三级,横向打通各单位系统,推进发展改革委、交通、农业农村、水利、气象等省级部门间97类数据归集。截至2023年8月,归集数据总量达到了171亿条,建立48万家企业统一固定的污染源库,同时为153个单位 204 个应用系统提供数据支持，全面打造全省生态环境系统的统一数据库，有效解决了底座支撑不足问题。

开发整体智治能力。数字化改革前，由于缺乏数据分析能力和模型算法支撑，传统治理手段又难以突破，存在无法精准预测环境质量、精准溯源污染问题，环境治理有效手段缺乏、能力不足。为此，浙江大力推进"大脑"组件中心和智能中心建设，截至 2023 年 8 月，已开发归集组件 41 个、算法 35 个、模型 9 个，开发上线"精准治气""精准治水"等 9 个智能模块 21 个智控单元，打造了大气预测预报、污染热点网格筛查、固体废物风险预警等实用模块，有效支撑场景应用提升风险识别、决策赋能、战略管理等智能化水平，推动解决传统手段协同管控不强、人力投入大、污染溯源不准、基层能力不足等难题。以大气治理为例，通过加强预测预报能力建设，设区市空气质量预报准确率提升至 90% 以上；基于构建高值排放区域筛选算法，按照 3 千米 ×3 千米的网格颗粒度，能够精准筛选污染源排放高值区域，并推送属地进行实地排查，实现工作闭环，全面提升治理能力和治理效率。

三　问题导向建设多跨场景应用

浙江坚持问题导向，以"大场景、小切口"为原则，围绕生态环境保护工作堵点痛点，按照"谋划一批、建设一批、迭代一批"，推进多跨场景应用建设，推动业务流程再造、模式重构、制度重塑。

建设"美丽浙江"综合集成应用。打通数据平台、账户体系，一体集成省级重点场景应用和地方特色应用，形成全省统一总门户，构建由生态质量指数、环境空气和地表水质量、无废指数、减污降碳协同指数等组成的美丽浙江全景图，涵盖污染防治、督察执法、惠民助企等生态环境核心业务，全面实现"一体集成、一端入口、一键登录、一屏掌控"，省、市、县三级贯通使用。截至2023年8月，已集成"无废城市在线"等13个省级重点场景应用和千岛湖"秀水卫士"等31个地方特色应用。

打造核心业务场景应用。开发亚运环境质量保障指挥平台，打造重大活动环境精准智慧保障新模式。围绕减污降碳协同和污染防治攻坚战，开发上线"减污降碳在线""浙里蓝天""浙里碧水""浙里蓝海""浙里净土"等应用，实现多跨协同、精准治理、闭环管理。迭代开发"浙里环评"应用，实现环境准入智能研判、环境要素高效配置，有效服务高质量发展。健全环境问题发现机制，迭代"生态环境问题发现·督察在线"和"环境执法在线"应用，实现环境问题快速发现与处置。各地创新开发"铅蛋""蓝色循环"等应用，有效解决了废旧电池回收、海洋塑料污染等治理难题。"无废城市在线""蓝色循环"获评全省数字化改革最佳应用，"浙里环评"等多个应用获评数字政府优秀应用案例，湖州市"铅蛋"应用在全省推广。

亚运会数字化精准保障新模式

在杭州亚运会环境保障中，浙江省借助生态环境"大脑"，开发"亚运环境指挥平台"，利用大数据技术，实现了"监测、预报、溯源、排查、执法、闭环、评估"全流程、全体系数字保障。开幕式当天杭州市$PM_{2.5}$日均浓度低于10微克/立方米，空气质量为杭州市历史同期最优水平，成功打造了重大活动环境数字化保障全新模式和浙江样板。

开发"亚运环境指挥平台"：借鉴北京冬奥会等保障经验，开发"亚运环境指挥平台"。一体集成贯通，以数字化优化重塑"气象分析、监测分析、预测预报、减排评估、会商研判和措施执行"等业务流程，一体集成生态环境部门、气象部门、公安部门、电力部门等多个相关平台和多个系统应用，做到一键访问、一网统管和多跨协同。一屏实时浏览，开发气环境、水环境、声环境、碳中和亚运和无废亚运五大模块，通过大屏一览长三角41个城市的环境空气质量、风场风力、高值站点分布、措施执行、交办问题以及场馆周边环境等各项信息情况，支撑决策调度。一键高效指挥，在调度和会商环节借助融合通信功能，实现多路视频会议同时在线，生态环境部、长三角、省市和现场人员、专家等多方多形式线上会商，会商意见和指令一键下达到各保障单位。

强化大数据集成应用：打造智慧高效监测执行评估全流程。基准清单数字化，形成覆盖大气污染物源排放清单、应急减排清单和重大活动保障政企协商企业的全量数字化清单，借助大数据分析技术，形成22套减排情景预案。溯源分析高效精准，构建集监测预报、污染溯源、措施分析于一体的数字化污染溯源机制，全面掌握大气复合污染生成机制，快速查找空气质量"冒泡"点位，网格化筛选污染排放高值区域，跟踪分析污染成因和来源，科学研判保障措施。预测预报科学准确，全面打造浙江省大气环境监测预报预警平台，形成集第三代空气质量数值模式、神经网络统计模式等于一体的大气环境多模

式预测评估能力，实现浙江省 1km 分辨率空气质量逐小时滚动临近精准预测和长期空气质量潜势预测。指令执行全程闭环，构建"指令下达、现场核查、结果反馈和调度督办"全流程数字化闭环机制，线上实时跟踪督办，确保问题快速解决。减排效果动态评估，开发基于排放规律的异常数据筛选模型，自动筛选企业用电量、重点源在线监测等数据的异常情况；开发多源数据融合的大气污染物排放近实时动态追踪评估模型，实现排放量每日动态评估。

第八章

积极推进生态文化传承创新

> 进一步加强生态文化建设，使生态文化成为全社会的共同价值理念，需要我们长期不懈地努力。[1]

  文化是民族的血脉，是人民的精神家园。2023年10月，全国宣传思想文化工作会议召开，明确提出并系统阐述了习近平文化思想，指明了新征程上新的文化使命，指出了文化工作的原则，部署了"七个着力"文化工作方略，为社会主义文化建设指明路径方向。习近平总书记历来高度重视文化体系建设，将生态文化建设摆在突出位置。早在浙江工作期间，他就强调推进生态建设、打造"绿色浙江"是社会文明进步的重要标志，要大力发展生态文化，把开展生态省建设转化为全社会的自觉行动。浙江坐拥"万年上山、五千年良渚、千年宋韵、百年红船"深厚家底，一以贯之持续发力推进文化建设，从建设文化大省到文化浙江，再到文化强省，既一脉相承又与时俱进，既久久为

---

[1] 习近平：《之江新语》，浙江人民出版社2007年版，第48页。

功又持续深化。20年来，在习近平同志的指引下，浙江持续保护、传承、弘扬好特色生态文化，全面提升公众生态文明意识，积极培育绿色、低碳、循环的社会新风尚，基本形成了政府引导、企业行动、公众参与的协同工作格局，凝聚形成强大社会合力，推动浙江生态文明建设始终走在全国前列。

第一节　传承弘扬浙江特色生态文化

生态文化建设，是美丽浙江建设最基本、最持久的力量。习近平文化思想强调推动中华优秀传统文化创造性转化、创新性发展，启示我们在新的起点上继续推动文化繁荣，必须从中华优秀传统文化中寻找源头活水。这些年，浙江深入挖掘、保护、传承、利用生态文化资源，举办多种形式主题宣传活动，加强习近平生态文明思想的研究宣传，生态文化在浙江大地上处处生花。2022年6月，浙江省第十五次党代会正式发布"诗画江南、活力浙江"省域品牌，彰显了浙江的山水之秀、人文之美、创新之魂，也展示了新时代的浙江精神、浙江文化、浙江气质。

一　挖掘传承传统生态文化

生态文化资源是一个地区特有的优势，如何将现有的生态文化资源加以整合、开发和利用，打造地域特色生态文化品牌，是一个地区必须研究的重要课题。这些年来，浙江先后制定出台《关于大力推进文化强省建设的决定》《关于推进文化浙江建设的意见》等文件，深入挖掘生态人文资源，持续推进生态文化资源整合、开发和利用，不断传承和弘扬特色生态文化，打造地域特色生态文化品牌，实现业态、文态与生态的有机统一。

摸清文化资源家底。为回答好"用浙江历史教育浙江人民、用浙江文化熏陶浙江人民、用浙江精神鼓舞浙江人民、用浙江经验引领浙江人民"这一命题，2005年，浙江启动"浙江文化研究工程"，这是迄今为止国内最大的地方文化研究项目之一。浙江文化研究工程指导委员会主任由省委书记担任，首次系统梳理、考订浙江历史文化、文化名人及其学术思想和著述，对濒临失传的传统文化经典进行抢救性整理和发掘。目前已开展第一、第二期工程，出版学术著作超过1700部，形成了一批标志性成果，[1]持续擦亮阳明文化、和合文化、宋韵文化等优秀历史文化金名片，推动浙江文化研究工程形成更大影响力。率先践行习近平总书记"一个民族最深沉的精神追求，一定要在其薪火相传的民族精神中来进行基因测序"[2]的理念，2020年首创文化基因解码工程，通过全面挖掘文化内涵，解码文化形态，找到文化存在的内在"基因"，激活文化要素，打造文旅深度融合的工作闭环，探索以文脉传承赋能共同富裕的浙江路径。截至2022年8月，完成文化元素普查入库31029个，完成首批1878项重点文化元素解码工作，[3]通过文化标识—文化基因—文化元素层层穿透，完成浙江省文化遗产数据全量归集和"浙江文化基因图谱"编制工作。安吉县提炼转化生态、

---

[1] 数据来源："八八战略"实施20周年系列主题第四场新闻发布会，https://www.zj.gov.cn/art/2023/5/29/art_1229740711_6755.html，2023年5月29日。

[2] 《习近平外交演讲集》第一卷，中央文献出版社2022年版，第116页。

[3] 数据来源：《浙江在2022年全国非物质文化遗产保护工作会议上作经验交流》，浙江省文化和旅游厅，http://ct.zj.gov.cn/art/2022/8/29/art_1673776_59011616.html?eqid=8e56f7e2000e79910000000364519e51，2022年8月29日。

竹、吴昌硕、遗址、白茶、邮驿、孝七大"最安吉"文化元素，解码安吉文化基因。

保护传承文化资源。率先开展历史文化村落保护利用，浙江在传承和弘扬优秀的礼仪文化、农耕文化、民俗文化、非物质文化遗产的同时，衍生出根植于乡土传统又兼具现代开放特质的乡村生态文化。2013年起，每年开展历史文化（传统）村落保护利用重点村和一般村建设，力求"一年成形、二年成品、三年成景"，基本形成了由"历史文化名城—名镇名村街区—文物保护单位和历史建筑"多层次构成的城乡历史文化保护传承体系。持续推进"千年古城复兴计划"，实施"千年古城"复兴工程，开展台州市椒江区章安古城考古调查勘探，推进富阳新登古城、嘉兴子城、建德梅城、南宋临安城等考古与保护利用工作。扎实推进文物安全保护利用、文化遗产挖掘传承、文物价值传播推广，大力实施文博强省建设十大工程。杭州西湖、中国大运河、良渚古城遗址入选世界文化遗产，江郎山入选世界自然遗产，浦江上山遗址、余姚河姆渡遗址等得到系统性保护利用。"中国蚕桑丝织技艺"等11个项目入选人类非物质文化遗产。强化文化保护的保障支撑，比如专门成立保护机构"杭州良渚遗址管理区管理委员会"，制定专门的地方性保护法规《杭州市良渚遗址保护管理条例》。结合文化基因解码成果转化利用，举办中国仙都祭祀轩辕黄帝大典、第五届中国越剧艺术节等重大活动，推进宋韵文化、和合文化、黄帝文化、大禹文化、南孔文化、吴越文化等十大文化标识建设。加强对丝瓷茶剑、黄酒、湖笔等传统文化保护开发，18部门联合印发《关于促进老字号传承创新发展的实施意见》，开展"推动传统工艺高质量传承发展"全国试点工作。推进省级文化传承生态保护区建设，"大运河文化传承生态保护区"等17个地区入选省级文化传承生态保护区（创建）名单。利用浙江的体制机制和资源优势，激活民营文化企业的发展潜力，培育华策影视、横店影视、大丰实业、宋城演艺等一大批优秀民营文化企业，推出了一系列优秀文艺作品、文创产品。

打造特色文旅品牌。将清丽山水与文化底蕴交织贯通，创建差异化、有个性、有深度的文化标识，打造"诗画浙江"文化品牌，建设全省"美丽大花园"。以《浙江省诗路文化带发展规划》和"四条诗路"三年行动计划为引领，以非遗资源赋魂点睛、串珠成链，转化利用2179个文化基因项目[①]，打造浙东唐诗之路、大运河诗路、钱塘江诗路、瓯江山水诗路"四条诗路"文化带。先后发布《浙江省十大名山公园提升行动计划（2020—2022年）》《浙江省名山公园行动计划（2023—2027年）》，深入实施名山公园"带富"行动，以"浙江诗画名山"辐射带动有条件的镇村开展自然保护地融合镇村建设，实现生态共建、产业共富、文化共享的名山共富目标。其中，龙泉凤阳山以"名山公园＋运动小镇"建设为载体，打造综合型运动小镇；余姚四明山景区依托抗日根据地旧址群、丹山赤水等资源，走出了一条名山公园红绿融合的发展道路。2023年，发布《浙江省文旅深度融合工程实施方案（2023—2027年）》，明确提出"发展绿色生态文化旅游带"，为进一步促进文化和旅游深度融合、高水平推进文化强省建设提供行动指南。

保护运河生态，传承千年文脉

千年大运河是润泽百姓的水脉，更是传承历史的文脉。

---

① 数据来源：《"基因解码"做足遗产"转化"文章》，文旅中国百度账号，https://baijiahao.baidu.com/s?id=1754615365749532432&wfr=spider&for=pc，2023年1月10日。

在"浙"里看见美丽中国
——浙江生态省建设20年实践探索

2017年,习近平总书记对建设大运河文化带作出重要指示:大运河是祖先留给我们的宝贵遗产,是流动的文化,要统筹保护好、传承好、利用好。2023年9月,习近平总书记考察浙江期间强调,大运河是世界上最长的人工运河,是十分宝贵的文化遗产。杭州市秉承非遗传承保护、创新发展理念,实施"产城乡、人文景"的深度融合,培育王星记等非遗品牌36个,传统工艺工作站7家,非遗工坊20家,非遗景区景点47个,开发25条非遗主题游线,非遗主题民宿10家,非遗特色街区11条,展现杭州段运河文化的古韵新生,构建城乡共融文化共生的大运河文化传承保护有机体。成功创建省级大运河文化传承生态保护区,以运河文化的生态保护和活态传承为主线,以非遗整体性保护为目标,推进运河文化守正创新。

二 打造生态环境主题品牌

开展生态环境主题活动是普及生态文化知识、弘扬倡导美丽生态文化的有效手段。多年来,浙江以"浙江生态日""世界环境日"等重大环保主题系列宣传活动为载体,发动各地生态环境部门、环保组织、志愿服务者开展形式多样的生态文明宣传教育活动,全方位、多角度传递弘扬绿色环保理念,在全省掀起生态环境保护和生态文明建设宣传新高潮。

推动浙江经验上升至国家层面。安吉县是绿水青山就是金山银山理念的诞生地,也是较早确立"生态立县"发展思路的地区。在生态建设过程中，安吉意识到需要平台和载体来有效引导全社会强化生态理念。2003年9月13日，安吉县十三届人大常委会第六次会议通过决议，把每年的3月25日定为"生态日"，这是我国首个地方设立的"生态日"。2010年6月30日，浙江省第十二届委员会第七次全体会议通过《中共浙江省委关于推进生态文明建设的决定》，提出了推进生态文明建设的4项重点任务，其中一项就是"注重建设生态文化，强化生态文明理念"。同年9月，浙江省第十一届人民代表大会常务委员会第二十次会议决定将每年的6月30日定为"浙江生态日"，这是国内首个省级生态日，是浙江实施"生态立省"战略的创新之举。2015年，在绿水青山就是金山银山理念提出10周年之际，湖州市人大常委会作出决定，把每年的8月15日确定为"湖州生态文明日"。丽水市自2016年起也设立"生态文明日"。党的十九大以来，这股绿色风潮已经从浙江蔓延到全国。2023年6月，全国人大常委会决定，将习近平同志2005年首次提出"绿水青山就是金山银山"科学论断的8月15日，设立为全国生态日。全国生态日的设立，旨在进一步深化习近平生态文明思想的大众化传播，提高全社会生态文明意识，增强全民生态环境保护的思想自觉和行动自觉，开启了生态文明建设的新起点和新篇章。

举办多形式生态环境主题活动。2011年6月，浙江省在杭州市桐庐县举行首个"浙江生态日"活动，在全省范围内开展"全省护林植树大行动"，掀起护林植树热潮。同年，浙江自然博物院开办"浙江生态文明建设大型油画展"，浙江电视台举办首个"浙江生态日"文艺晚会、以打造"富饶秀美、和谐安康"的生态浙江为主题的博文·微博大赛、生态文明建设网上论坛等。此后，浙江每年精心组织策划"浙江生态日"系列活动，组织"6·5世界环境日"、世界保护臭氧层日等生态环境主题宣传，开展"最美环保人"评选活动以及全国低碳日活动、国际生物多样性日浙江主场活动、生态环境创意设计大赛、环境保护公益巡回演出、生态音乐节、全民生态运动等系列主题活动，全方位、多角度传递弘扬绿色环保理念。其中，"浙江生态日"活动层次高、规模大、内容多、影响深，生态文明理念渗透到全省各行各业、每个家庭、每个公民，成为浙江全民参与生态省建设的有效载体。2023年8月15日，全国首个生态日主场活动在浙江省湖州市举行，活动以"绿水青山就是金山银山"为主题，包括主场活动开幕式、生态文明重要成果发布会、生态文明建设经验交流会、绿色低碳创新大会等内容，对于建立健全绿色低碳循环经济，推动转型升级和高质量发展，推进中国式现代化建设，具有重要的现实意义和深远的历史意义。同时，浙江各地举办系列活动迎接首个全国生态日。杭州市紧密结合美丽杭州建设和绿色亚运保障等工作启动绿色亚运志愿服务活动，成立绿色志愿服务总队；宁波市镇海区发布国家级减污降碳试点工作框架，全力争创国家级减污降碳协同创新区；温州市各地民间护河队身着红马甲，沿着塘河检查河道情况，向周边居民宣传环保知识；嘉兴市桐乡市在乌镇镇陈庄村举办了"8·15全国生态日"暑期生态实践活动，海宁市举办第三期"绿水青山就是金山银山"实践创新擂台赛，现场发布了各镇街2022年度"绿水青山就是金山银山"转化综合指数；绍兴市举行以"共建和谐生态 护航绿色亚运"为主题的全国生态日宣传活动；在金华市婺城区南山省级自然保护区，金华市、区两级动物保护部门，增殖放流数千尾棘胸蛙成体及蝌蚪幼体，放归画眉、斑鸠等被救助鸟类；衢州市开化县、常山县与江西省德兴市、婺源县、玉山县和安徽省休宁县生态环境部门，共同签订"365共富协作区"生态环境联保共治合作协议；舟山市举行了舟山市生态文明教育基地、普陀区生态文明教育基地揭牌仪式，开展了普陀区首届"生态商圈绿氧生活"生态节；台州市开展主题演出、生态文明大宣讲、线下宣传及环保志愿活动等系列宣传活动；丽水市发布了《丽水市生物多样性推动共同富裕行动方案（2023—2025年）》，在生物多样性科普研学、生态旅游、生态农业等方面，全面拓宽生物资源产业化路径。

三 推进习近平生态文明思想研究与传播

习近平生态文明思想是党领导人民推进生态文明建设取得的标志性、创新性、战略性重大理论成果，为新时代生态文明建设提供了根本遵循。诠释绿水青山就是金山银山理念、讲好绿水青山就是金山银山故事，推动习近平生态文明思想走向国际，是浙江义不容辞的责任。浙江持续发掘习近平生态文明思想萌发与实践的"富矿"，推出了一系列高质量研究成果，不断把研究宣传习近平生态文明思想引向深入。

建立生态文明理论研究平台。为集智聚力推动生态文明重大理论与实践问题研究，浙江成立了一批生态文明相关研究平台。2018年，浙江大学联合长江经济带11个省、直辖市的其他19家高校和科研院所，共同发起成立长江经济带生态文明创新研究联盟，搭建了国内首个针对长江经济带生态文明建设的跨单位、跨区域生态环境科技创新平台。2021年，浙江农林大学生态文明研究院牵头组建了浙江省生态文明智库联盟，由15家省内高校智库组成。2022年，湖州师范学院"两山"理念研究院发起组建了"两山"研究智库联盟，成员单位共21家，集聚了一大批国内外生态文明领域知名专家学者。2021年，为进一步壮大研究党的创新理论的研究力量，经党中央批准，浙江省成立了习近平新时代中国特色社会主义思想研究中心，开展习近平新时代中国特色社会主义思想的学习研究宣传阐释工作,并把从事生态文明理论与实践研究的省内相关机构纳入研究基地予以经费和课题支持。湖州市成立了新时代生态文明国际交流中心,推进理论研究、实践创新和对外交流,推动习近平生态文明思想走向国际。

智库联盟促进大成集智

浙江省生态文明智库联盟是浙江农林大学生态文明研究院牵头,由浙江大学区域协调发展研究中心、浙江省发展规划研究院、浙江大学中国农村研究中心等浙江省15家从事生态文明研究的国家高端智库、省级新型重点专业智库、研究基地组成。浙江农林大学原党委书记、国家"万人计划"哲学社会科学领军人才沈满洪教授担任智库联盟理事长。智库联盟依托浙江省绿水青山就是金山银山理念先行地优势,忠诚践行"八八战略",聚焦生态文明研究,通过重大选题联合攻关、数据库案例库共建共享、联合举办国际学术论坛等重大举措,着力推动浙江省经济社会全面绿色转型重大理论与实践问题研究,集聚高显示度研究成果,为浙江省率先建成人与自然和谐共生的省域现代化先行示范区、生态文明制度重要窗口提供大成集智和理论支撑。

接续形成一批高质量成果。聚焦生态文明建设理论与实践,浙江涌现出了一批原创性、引领性重大科研成果。浙江农林大学专家最早研究了生态省建设的成就和问题,深入研究了浙江生态文明建设战略演变的全过程。浙江大学自2018年起连续5年发布"两山"发展指数研究成果及"两山"发展百强县，为绿水青山就是金山银山理念落地提供了一条科学、全面、操作性强的有效指引；利用区域协调发展研究中心作为国家高端智库的优势，围绕"双碳"、共同富裕等生态文明重要领域提交了一系列高端智库报告。浙江省委党校在生态文明领域出版了一系列专著，包括《八八战略》《中国之窗——迈向高水平现代化的美丽浙江》《浙江山区县共同富裕新路径》《生态文明与转型升级》等。浙江省社会科学院自1996年起每年发布《浙江社会发展蓝皮书》，2007年开始独立设置生态卷。浙江海洋大学建设了习近平总书记关于经略海洋重要论述数据库、马克思主义经典作家海洋思想文献资料数据库和中国海洋文化研究数据库。浙江打造浙江省生态文明建设展厅，实施各平台头条工程建设，在政务新媒体开设习近平生态文明思想学习专栏，第一时间深入宣传阐述习近平总书记重要会议、重要讲话精神。围绕习近平生态文明思想的研究与传播，浙江还举办了一系列论坛活动，包括湖州市人民政府和湖州师范学院"两山"理念研究院举办的"两山"理念湖州论坛，浙江农林大学举办的中国绿色低碳发展国际论坛，浙江大学举办的"两山"理念与实践会议、中美生态文明论坛、中国（丽水）两山研究院举办的"两山"发展论坛等高水平学术会议，持续讲述生态故事、传播"两山"理念。

第二节　全面提升公众生态文明素养

生态文明建设要求每个人养成尊重自然、保护自然的文明自觉，构建人与自然和谐共生的绿色发展方式和生活方式。习近平同志在浙江工作期间指出:"我们衡量生态文化是否在全社会扎根,就是要看这种行为准则和价值理念是否自觉体现在社会生产生活的方方面面。"[1]强调要加大宣传教育力度,提升群众的环保意识。这些年,浙江开展多层次的生态文明教育,强化生态示范和绿色细胞多层次载体建设,引导绿色生活新风尚,着力营造崇尚生态文明的良好氛围。

一 全方位开展生态文明教育

生态文明教育是一种以培养人们对生态环境保护意识、生态伦理道德和可持续发展观念为核心的教育理念和实践活动,对于生态文明建设和生态环境保护具有基础性和先导性作用。习近平同志在浙江工作期间强调,要不断深化生态文化教育,提高全社会的生态意识。浙江从政府、家庭、学校各个层面出发,把生态环境教育渗透到家庭教育、基础教育、高等教育、职业教育以及各级党政领导干部教育培训等各个环节,大幅提高全民生态文明素养。

强化政府部门生态文明教育。浙江将生态文明和环保内容纳入各级党校(行政学院)教学课程,增强各级领导干部的环保意识和责任,通过组织开展专题讲座和培训班等形式加强对领导干部的环境教育。2017年10月,在绿水青山就是金山银山理念诞生地湖州市成立了浙江生态文明干部学院,这是全国首家以生态文明教育为特色的干部学院。该学院开发了习近平生态文明思想、绿水青山就是金山银山理念的浙江实践、美丽乡村建设、乡村振兴、全域旅游、绿色发展、党建引领等60余门专题课程,形成了以1个学院、3个分院(莫干山分院、绿色发展分院、"两

---

[1] 习近平:《之江新语》,浙江人民出版社2007年版,第48页。

山"分院）、50余个现场教学基地为支撑的干部培训大平台。浙江省委党校（浙江行政学院）开展绿色生态主题渗透式教学，开发《习近平生态文明思想》等相关课程40余门，把绿色生态主题案例教学与绿色发展实践相结合，推动领导干部牢固树立新发展理念。全省组织开展多形式、多载体习近平生态文明思想学习活动，举办专题培训班，邀请上级领导和专家学者开展专题宣讲，不断提高各级领导干部的政治判断力、政治领悟力和政治执行力。为加强对生态文明教育工作的领导，浙江省委省政府在美丽浙江每年的考核任务书当中，把生态文明教育纳入考评体系，对各市党委政府设置生态文明宣传教育的考核分数、考核要求。省级生态环境部门把环境宣传教育纳入对各市生态环境部门的目标责任制考核当中，使之成为各级党委政府和生态环境系统工作的重要内容。

推动生态文明教育进家入户。浙江全面发挥家庭作为生态文明教育主阵地的作用，做好家庭家教家风工作，培育传承美丽家风，弘扬绿色文明新风尚，引导绿色生活新潮流，推动生态文明思想在千家万户落地生根、开花结果。先后制定《浙江省绿色家庭创建行动方案》《乡村美丽庭院建设指南》，编撰《绿色社区　绿色生活》《绿色生活36计》《城市居民环保知识读本》等相关书籍，全省99%的乡镇（街道）参与绿色家庭创建行动，共选树各级绿色家庭3.47万户[1]，有效引导广大家庭提升绿色素养、树立绿色家风、养成绿色行为、注重绿色家居、参与绿色公益，以"小家"文明影响"大家"文明。积极开展"绿色生活人人创·勤俭节约家家行""我爱我家·垃圾分家"等形式多样的生态文明和绿色发展宣传教育活动，大力实施"厉行节约　抵制浪

---

[1] 数据来源：《"四个聚焦"助力"千万工程"　描绘村美人和共富新画卷》，中国妇女百度账号，https://baijiahao.baidu.com/s?id=1775829590962943573&wfr=spider&for=pc，2023年9月1日。

费"百千万巾帼大行动,持续推进"千万天光盘打卡行动进家庭""千村万户亮家风""乐享邻里幸福家"等群众性主题教育活动,有效引导广大家庭在日常生活点滴中自觉践行简约适度、绿色低碳的生活方式。

将生态文明教育融入育人全过程。为增强广大公民的生态意识、环保意识、节能意识,绍兴市在2013年组织专家编写了《公民生态文明知识读本》,系统介绍生态文明基础知识。2017年,浙江省教育厅发布《浙江省中小学生日常行为规范》,把节粮、节水、节电、垃圾分类等生态环保具体行为要求列入其中,切实把学生行为规范养成教育落细、落小、落实。全省成功创建杭州西溪湿地、浙江自然博物馆、雁荡山国家森林公园、中国杭州低碳科技馆、九峰垃圾焚烧发电工程、宁波明州环境能源有限公司6家"国字号"环保科普基地,充分发挥其生态教育的主阵地作用。多年来,浙江通过举办"浙江环保小卫士"俱乐部活动、"浙江省中小学自然笔记大赛"等系列活动,树立起多个环境宣传教育主题活动品牌,生态环境宣传教育屡获好评。设立"团团微课堂""青年讲师团""红领巾公益课堂"等,常态化开展"青年大学习",广泛宣传习近平生态文明思想,引导青少年牢固树立生态文明意识。2022年,浙江省教育厅发布在中小学校深入开展生态文明教育活动的通知,对在全省中小学校开展生态文明知识普及、绿色低碳主题实践和绿色低碳理念培育等作出系统部署,提出将生态文明教育内容纳入中小学课程体系,实现中小学环境教育普及率100%。

二 倡导绿色低碳的生活方式

绿色生活方式是一种与自然和谐共存,在满足人类自身需求的同时尽最大可能保护自然环境的生活方式，事关生态文明建设这一中华民族永续发展的根本大计。习近平同志在浙江工作期间强调，要大力宣传保护生态环境的重大意义，引导人们崇尚健康、文明、绿色的生活方式。在他的带领下，全省上下、社会各界着力培育生态价值观，从衣、食、住、行各方面推进生活方式全面绿色低碳转型。

倡导绿色消费理念。浙江全面推行健康文明的生活方式，倡导绿色消费、低碳生活，形成有利于资源节约和环境保护的消费模式和生活方式。2010年，印发《浙江省人民政府关于加快循环经济发展的若干意见》，将"绿色消费理念深入人心。大力推广节能与绿色标志产品、低碳交通、低碳建筑、生态物流、生态旅游，基本形成节约资源和保护环境的生活方式和消费模式，全面推进循环经济示范城市建设"作为主要目标之一。2012年，原浙江省工商行政管理局通过开展"3·15国际消费者权益日"等宣传活动，大力推进绿色产品和服务供给，逐步创建先进文化引领的绿色消费体系。2014年，浙江省旅游局在全省星级饭店行业中推广绿色消费，积极向消费者宣传节能减排理念，提升消费者参与低碳旅游的积极性。2017年，原浙江省工商行政管理局以"放心消费在浙江"为抓手，加大绿色消费宣传力度，引导安全、科学、绿色消费观，形成有利于资源节约和环境保护的消费模式和生活方式。2021年，浙江发布《浙江低碳生活十条》，印发实施《浙江省倡导文明健康绿色环保生活方式行动方案（2021—2022年）》，部署开展以推广文明餐饮、打造绿色环境、践行绿色生活、提升健康素养、培育文明乡风等为重点的文明健康绿色环保生活方式活动。2021年，湖州市发布全国首个"绿色低碳生活指数"，并逐年迭代优化，形成涵盖绿色居住、绿色出行、绿色消费、绿色服务、绿色素养五大方面的指标体系。2023年，浙江省人民政府办公厅印发《关于进一步扩大消费促进高质量发展若干举措》，鼓励各地采取补贴、积分奖励等方式促进绿色消费。

全面推广绿色建筑。绿色建筑是城市活力和魅力的最好表现，浙江历来重视城镇建筑绿色低碳发展，绿色建筑发展水平和规模位居全国前列。2011年，在全国率先以省政府名义出台《关于积极推进绿色建筑发展的若干意见》。2014年，发布实施《居住建筑节能设计标准》等地方标准，其中《国家机关办公建筑和大型公共建筑用电分项计量设计标准》和《民用建筑绿色设计标准》等地方标准填补了国内空白。2015年，浙江省第十二届人大常委会第二十四次会议通过《浙江省绿色建筑条例》，在全国首次以立法方式推广绿色建筑。在全国率先全面实施民用建筑节能评估制度，制定实施《浙江省民用建筑项目节能评估和审查管理办法》《浙江省民用建筑节能评估机构备案管理办法》和《民用建筑项目节能评估技术导则》等规范性文件，形成了民用建筑节能设计良性发展的工作机制。推进可再生能源建筑应用，浙江省人大常委会先后出台《浙江省实施〈中华人民共和国节约能源法〉办法》和《浙江省可再生能源开发利用促进条例》，全省"两市六县一镇"[①]被列入国家可再生能源建筑应用示范城市。在全国率先开展建筑节能监管平台建设，省建筑节能监管平台建设被列入国家示范项目。全省城镇绿色建筑占新建建筑比重达到100%。此外，以筹办杭州亚运会为契机积极推进绿色场馆建设，完善绿色健康建筑标准规范，拱墅运河体育公园体育馆成为浙江首个获得三星级绿色建筑设计标识的体育场馆。

持续推动绿色出行。浙江始终将绿色交通作为推进生态文明建设的一项重要抓手，在交通基础设施、绿色交通省创建、交通治堵、"四好

---

① "两市六县一镇"指宁波、嘉兴、建德、嘉善、安吉、海盐、嵊州、宁海，象山大目湾。

农村路"建设等方面发力，推动形成能力充分、结构合理、布局完善、高效安全和绿色低碳的综合交通运输网络。2015年，浙江被交通运输部列为首批"绿色交通省"创建单位，并于2019年高分通过考核验收。深入推进"四好农村路"建设，2019年8月，出台全国首个"四好农村路"地方标准，涵盖了农村公路建管养运各个方面，对标国际先进且具有浙江特色。创建美丽经济交通走廊2万多千米，美丽经济交通走廊达标县64个，美丽经济交通走廊创建领跑全国。[1] 全面推动国家公交都市和省级公交优先示范城市创建，倡导自行车、步行等慢行交通出行，以及网约车、共享单车、汽车租赁等共享交通出行模式，浙江成为全国唯一将公共自行车覆盖至所有县（市、区）的省份。截至2022年，城市交通群众满意度提升到93.8%。[2] 经过不断发展，浙江绿色交通建设成效显著，全省已形成带、网、片、点相结合，层次多样、结构合理、功能完备的绿色交通长廊。

三　开展多层次绿色系列创建

开展生态文明示范创建是实现美丽浙江建设目标的有效途径。在浙江工作期间，习近平同志强调要因地制宜地选择科学的载体和形式，大力开展生态创建活动。浙江启动了"绿色系列"创建活动。这些年来，以省、市、县、乡镇、社区等多层次，企业、学校、家庭等多主体为单元，率先构建绿色系列创建体系，并根据新形势新要求不断迭代升级，以创促建、以创提质、以创惠民，挖掘典型示范，让社会各界都参与到生态文明建设中来。

---

[1]《浙江高水平打造交通生态文明"重要窗口"》，《中国交通报》2020年8月19日。
[2]《浙江启动新一轮五年治堵行动》，《中国交通报》2023年1月10日。

在"浙"里看见美丽中国
——浙江生态省建设 20 年实践探索

迭代升级生态示范创建。浙江坚持以点带面、典型引路,以系统推进生态示范市县、环保模范城市、生态文明建设示范区、"绿水青山就是金山银山"实践创新基地等示范创建为抓手,推动美丽浙江建设整体向纵深推进。2002年,印发了《浙江省生态示范镇(乡)、生态示范村创建标准及管理暂行规定》,2003年在全省范围内全面推进生态乡镇建设,并作为生态省建设的细胞工程。2006年,浙江推进环保模范城市建设,全面铺开城市环境综合整治工作。2007年,印发《浙江省省级生态县创建工作考核验收与管理暂行办法》,启动省级生态县(市、区)创建,并于2010年起将开展生态环境质量公众满意度调查作为生态县创建的一个重要参考指标。2013年,省级以上生态县的创建比例已达70%,提早两年完成了《浙江省绿色创建行动方案》的目标要求。2014年,杭州市、湖州市和丽水市成功列入国家第一批生态文明先行示范区,共建共享美丽人居环境行动深入推进。2017年,全面启动省级生态文明建设示范县(市、区)的创建。截至2023年10月,累计创成国家生态文明建设示范区49个、"绿水青山就是金山银山"实践创新基地14个,两项创建数量均居全国第一;创建省级生态文明建设示范区97个,省级以上生态文明建设示范市县创建比例达到97%。在全国率先实现设区市和县城国家卫生城市全覆盖,杭州市、绍兴市、安吉县等地荣获"联合国人居奖",浙江成为全国首个部省共建美丽中国示范区。

加快激活绿色细胞动力。2011年,出台《浙江省绿色创建行动方案》,率先构建绿色系列创建体系,深入开展绿色企业、绿色家庭、绿色社区等绿色系列创建活动。2013年,浙江省环境保护厅、省委宣传部、省农办、省建设厅等8部门联合印发《浙江省共建共享美丽人居环境行动方案》,要求通过推进绿色系列创建,转变全省人民的生活方式和消费模式，从而形成有利于保护人居环境、可持续发展的绿色生产方式。积极推进绿色企业（清洁生产先进企业）创建。2008年，出台《浙江省清洁生产审核机构管理暂行办法》，全面推行清洁生产；2013年，制定《浙江省清洁生产行动计划（2013—2017）》，将清洁生产从工业领域向全社会推进，从单个企业向园区和开发区推进；2022年，发布《浙江省绿色低碳工业园区建设评价导则（2022版）》《浙江省绿色低碳工厂建设评价导则（2022版）》，指引企业和园区在"双碳"背景下的绿色低碳转型。截至2022年，全省已创建国家级绿色工厂281家、绿色工业园区15家、绿色供应链管理企业65家。[①] 深入推进绿色社区和绿色学校建设，2000年以来，制定下发《关于开展绿色学校创建活动的通知》《关于开展绿色社区创建工作的通知》《浙江省绿色学校考核办法》《浙江省"绿色社区"考评标准》，建立浙江省环境教育协调委员会、浙江省"绿色社区"工作领导小组，规范了全省绿色学校和绿色社区创建活动。创建绿色社区和绿色学校均被列入省、市、县各级政府环境保护目标责任书，成为各级政府领导的年终考核计划指标，创建活动逐步从试点推向全面。截至2020年，累计创建省级绿色学校1990所、绿色社区880个。

推动生态文化基地创建。浙江省林业局、浙江省文化和旅游厅、浙江省生态文化协会紧紧围绕《浙江省诗路文化带发展规划》的目标任务，遵循"弘扬生态文化，倡导绿色生活，共建生态文明"宗旨，以满足人民群众的生态文化需求为出发点和落脚点，深入挖掘浙江省生态自然资源和生态人文资源，共同组织开展"浙江省生态文化基地"

[①] 数据来源：《数量居全国前列！浙江一批工厂、产品、园区、企业入选工信部2022年度绿色制造名单》，https://www.sohu.com/a/660734137_121123700，2023年3月29日。

遴选命名活动。"浙江省生态文化基地"以生态环境良好、生态意识较强、生态文化繁荣、低碳经济领先、人与自然和谐、示范作用突出的行政村、街道、企业、学校、林场或森林公园为主要遴选、命名对象，旨在发掘和保护浙江省民间生态文化资源，继承和发扬具有民族及区域特色的生态文化传统，不断丰富生态文化的内涵。自2011年起，已连续11年组织"浙江省生态文化基地"遴选命名活动，截至2022年，全省生态文化基地达到456个[①]。

推动生态文明教育基地创建。2004年起，浙江在全省范围内开展生态环境教育示范基地建设工作，推动环境教育进课堂、进企业、进社区。借力生态省建设大局，2011年，将环境教育基地名称从"浙江省生态环境教育示范基地"调整为"浙江省生态文明教育基地"。浙江省生态文明教育基地不仅包括以自然保护区、风景名胜区、生态园区、生态村为主的自然生态类教育基地，还有以科技教育、人文教育、环境教育为重点的教育场馆、科研院所、学校等，形成集科技、环保、人文于一体的环境教育特色。截至2022年，全省累计建成生态文明教育基地共278家，共计开展各类科普宣教活动约4万余次，成为面向全社会的生态科普和生态道德教育基地。依托支付宝、"浙里办"平台，搭建浙江省生态文明教育基地管理平台，实施生态文明教育基地创建和档案管理数字化，实现教育基地全生命周期的高效服务管理。上线浙江省生态文明教育基地"浙里绿游"场景，实现教育基地"轻松找、随手约、在线游"的"一掌通"服务模式。

---

① 数据来源：《55家！浙江新命名一批省级基地，你去过哪些？》，微信公众号"浙江发布"，https://mp.weixin.qq.com/s/6VVa2iSTnLLIBtON2ozk8Q，2022年12月5日。

第三节　建立健全社会参与行动体系

　　生态文明建设最终要依靠全民生态环境意识和绿色发展意识的觉醒，也必然依靠千百万人的绿色行动。在浙江工作期间，习近平同志身体力行，在各种场合呼吁全民参与，他曾亲自给杭州市崇文实验学校三年级一班的同学回信："在浙江这片美丽的充满生机和活力的沃土上，需要每一个人都来珍惜每一片森林、每一条江河、每一寸土地、每一座矿山，走节约资源、保护环境之路，使人与自然永远和谐相处。"[①]2018年5月18日，习近平总书记在全国生态环境保护大会上指出："生态文明是人民群众共同参与共同建设共同享有的事业，要把建设美丽中国转化为全体人民自觉行动。"[②]深刻回答了生态文明建设的权责和行动主体问题，彰显了坚持建设美丽中国全民行动的理念。一直以来，浙江按照"畅通民众诉求渠道、动员民众力量参与、形成公众参与制度保障"要求，加强环境信息公开，动员公众力量参与环境保护决策和监督，不断探索和完善环境保护公众参与机制，基本形成了政府引导、企业主体、公众参与的工作协同格局。

一　多措并举强化环境信息公开

　　保障公众环境知情权，是公众参与、监督环境的前提和基础。在浙江工作期间，习近平同志强调，要及时报道和表扬先进典型，公开揭

　　[①]《绿水青山就是金山银山——习近平总书记在浙江的探索与实践·绿色篇》，《浙江日报》2017年10月8日。
　　[②]　习近平：《论坚持人与自然和谐共生》，中央文献出版社2022年版，第11—12页。

露和批评违法违规行为。多年来，浙江建立和完善环境信息公开制度，持续加大环境信息公开力度，不断提高公众对环境保护的整体认知，加快凝聚生态环境保护共识。

加强环境信息公开平台建设。根据国务院《政府信息公开条例》和原国家环境保护总局《环境信息公开办法（试行）》要求，浙江各级环境保护部门不断完善公开内容、创新公开方式、突出公开重点，充分利用网络、报刊、电视、广播等媒体，公告栏、电子屏幕、触摸屏等设施，通过召开新闻发布会、发布新闻通稿等方式公开环境质量状况、执法监察、排污收费、环境信访处理等情况，切实保障群众环境知情权、表达权、参与权和监督权。在传统媒体宣传报道的同时，运用新媒体平台，开设"权威发布""环保动态""空气质量"等栏目，向公众主动、及时、全面、准确地发布权威信息。在"浙江生态环境"双微平台设置无废城市创建、生物多样性保护、聚焦COP15、共同富裕示范区建设等20多个主题栏目和热点话题，综合运用图片、微视频、动漫等生动灵活的方式提升传播力。

加大政府环保信息公开力度。印发《关于加强环境信息公开工作的通知》《浙江省环境保护厅建设项目环境影响评价公众参与和政府信息公开工作的实施细则（试行）》《浙江省环境保护行政处罚结果信息网上公开暂行规定》等文件，明确《浙江省环境保护重点领域信息公开目录》，加大信息公开力度。加强生态环保的媒体报道和新闻传播，组织新闻媒体开展"生态文明建设"主题宣传报道，探索在省内主流媒体开设《生态文明建设县委书记访谈》栏目。在浙江日报等媒体及时表扬治污先进企业，通过"大禹鼎""美丽浙江建设工作考核"等方式表扬生态省建设工作出色的地区政府。在村镇等生态省建设末梢，也通过宣传栏、"笑脸墙"等形式对"五美文明家庭"、先进个人进行宣传和表扬。2020年，浙江省生态环境厅获评"2018—2019绿色中国年度人物"，成为这一奖项设立以来唯一一个获奖的省级生态环境部门。2022年，中央广播电视总台、人民日报首次直接报道浙江省生态环境厅工作，《新闻联播》两次播出介绍浙江生态环境和生态文明建设工作成效，全年在国家级、省级媒体发布的浙江生态环保相关报道达1万余篇次。

探索推进企业环境信息披露。推进企业环境信息依法披露，将环境信息依法披露纳入绿色工厂和绿色制造评价体系，要求企业、园区披露环境信息。2022年，在全国率先出台《浙江省环境信息依法披露制度改革实施方案》，在充分体现国家"规定动作"的基础上，加强与环境污染问题发现机制等有机衔接，融入浙江元素，展现浙江特色。浙江自2017年启动环境保护设施公众开放工作，在国家要求的基础上进一步提升开放标准，2021年，发布全国首个省级环境保护设施公众开放地方标准《环境保护设施公众开放导则》，有效促进环境保护设施公众开放标准化和规范化。举办全省环境保护设施和城市污水垃圾处理设施向公众开放单位讲解员线上培训会，邀请社会各界代表参加环境保护设施开放打通基层环境社会治理"最后一千米"主题圆桌会。经过多年努力，浙江逐步形成"生态环境部门引导推动、设施开放单位配合、环保社会组织合作"的工作格局，在面上做到各设区市全覆盖，在点上因地制宜创特色，以设施开放工作为支点，提高企业环保工作透明度。截至2023年8月，推动全省159家环保设施单位向公众开放，开放数量位居全国第一。①

---

① 数据来源：《159家环保设施单位向公众开放！长三角的青少年都来观摩了》，钱江晚报潮新闻客户端，https://baijiahao.baidu.com/s?id=1774386500522937388&wfr=spider&for=pc，2023年8月16日。

二 完善环境保护公众参与机制

公众参与环境保护是法定的权利和义务。浙江始终坚持加强公众参与的顶层设计，完善社会举报监督机制，构建公众参与环境管理决策的有效渠道和合理机制，持续提高公众参与的程度，拓展公众参与的领域。

加强环境污染问题媒体曝光。2014年3月，浙江卫视推出了一档新闻舆论监督栏目《今日聚焦》。该节目着眼于浙江生态环境治理工作，持续对浙江各地存在的突出环境问题、群众关注和反映强烈问题进行曝光，有效开展建设性舆论监督，成为浙江新闻舆论监督和推动决策落实的重要品牌。截至2023年8月，《今日聚焦》共播出1674期节目，涉及环境污染问题的达到550余期。全省范围内11个市、90个县（市、区）都已开办监督类电视新闻栏目，逐步形成全省建设性舆论监督的矩阵，极大推动了生态环境保护工作的落实和推广。同时，《今日聚焦》栏目的运作模式和具体做法，还被河南、山东、河北、江苏、陕西、湖北、广东等地借鉴推广。浙江通过新闻发布会等形式，通报严重污染环境的企业、违反《中华人民共和国环境影响评价法》和《建设项目环境保护管理条例》有关规定的建设项目、因污染严重要求限期整改的企业、环境影响评价文件存在严重质量问题的环评单位等，利用新闻舆论的监督和导向作用，加大环境违法行为曝光力度，对环境违法行为起到了积极的震慑作用。

建立完善公众投诉举报机制。2000年，杭州市富阳区在全国范围内率先实施环境污染有奖举报机制，推出了公众有奖举报电话，先后制定《有奖举报奖励规定》《公众举报保密制度》《保护举报人安全措施》

等 10 余项制度，设立环保举报中心，专门从事举报受理、调查取证、文书送达等工作。在富阳探索的基础上，浙江全省范围内启动公众参与有奖举报活动。设立举报信箱，"12369"环保举报热线、微博、微信等网络举报接口、报纸和媒体栏目，有效延伸环保监管触角和提升监管效能。先后出台《浙江省劣V类水投诉举报管理办法》《浙江省固体废物环境违法行为举报奖励暂行办法》等政策文件，建立了省、市、县、乡和重点村五级环境信访信息收集与报知网络体系，不断拓宽群众向政府反映生态环保工作问题的途径。2020年，出台《浙江省生态环境违法行为举报奖励办法》，对在查办重大环境污染违法案件中作出突出贡献的集体和个人按照有关规定予以褒扬激励，进一步鼓励公众积极参与生态环境保护工作。

建立健全环境舆情回应制度。加强对网络舆情的预警防范和监控引导，及时掌握主流媒体和知名网站对全省环境保护工作动态、社情民意和重大环境事件等方面信息的报道及评论，加强正面引导，及时释疑解惑、化解矛盾。为及时回应广大人民群众对环境问题的关切，浙江建立了每日舆情24小时监看机制和"一事一报"制度，明确处置程序和责任，在保持与宣传、网信部门和专业舆情机构协调合作的基础上，按照"属地管理、分级负责、谁主管谁负责"的原则，运用数字技术和人工监测相结合的方式，实时监控收集分析舆情动态，做到舆情同步同享、分级响应、协同处置。制定微博、微信等新网络媒体涉环境问题处理相关政策文件，规范办理程序，及时高效处理微博及其他网络舆情中的涉环境问题，积极引导网络舆情。建立健全环境信访通报、环境信访后督查和信访督查专员等各项工作制度，印发《浙江省环境保护厅关于改革信访工作制度依照法定途径分类处理信访问题的实施意见（试行）》，提出分类梳理信访问题，分类导入相应法定途径办理，明确重点工作环节和规定，着力营造良好的信访生态环境，推进以法治为核心的信访工作制度改革。

创新环境保护公众监督机制。2008年，义乌市推行企业环境监督员制度试点。在试点基础上，全省全面推进企业环境监督员制度建设，通过在企业设置环境管理总监和具有环境污染控制技术、具备专业知识与技能的环境监督员，加强企业内部的环境管理机构和规章制度建设，建立和完善企业与环保部门的沟通协调制度，让企业环境监督员真正成为企业环境管理的中坚力量，提高企业环境守法能力。建立健全农村环境监督员制度，2013年，在全省范围全面推广建立农村环境监督员制度，印发《关于建立和推进农村环境监督员制度建设的意见》，明确农村环境监督员工作职责和管理类型，全省监督员队伍达1.8万余人。出台全省"五水共治"志愿服务指导意见，持续加强环境保护协管员、环境保护义务巡防员等建设。探索环境公益诉讼，2010年，嘉兴市环境保护局与嘉兴市检察院联合出台《关于环境保护公益诉讼的若干意见》，在省、市、县三级法院、检察院和环境保护部门的通力合作下，2011年促成了浙江首例环境保护公益诉讼案。2014年，浙江在全国率先出台了《浙江省涉嫌环境污染犯罪案件移送和线索通报工作程序》《浙江省涉嫌环境污染违法案件调查取证工作规程》等相关规定，探索开展非诉行政强制执行和环境民事公益诉讼。2019年全省首例社会组织提起环境公益诉讼案件审结，对支持具备资格的社会组织依法开展生态环境公益诉讼进行了有益的实践探索。同时，在重大项目建设、规划布局、政策法规制定、行政许可、执法监管等方面，通过建立健全公众参与环境决策机制，通过听证会、论证会、恳谈会和环境保护主题活动等形式持续加强与公众的双向互动。

公众参与环保的"嘉兴模式"

2007年起,嘉兴市环境保护部门主动搭建平台,发放邀请函,邀请公众参与环境保护,形成了"嘉兴模式"。在2016年举行的第二次世界环境大会上,公众参与环境保护的"嘉兴模式",被联合国环境规划署写入《绿水青山就是金山银山:中国生态文明战略与行动》报告,评为"'推动环境保护多元共治'的'嘉兴模式'",入选中国推动环境保护多元共治典范案例。所谓"嘉兴模式",主要是嘉兴市在公众参与环境保护过程中形成的"一会三团一中心"公众参与机制。即以嘉兴市环境保护联合会、环境保护市民检查团、专家服务团、生态文明宣讲团、环境权益维护中心为主要协同形式,骨干公众代表为主要参与人员的多元互助合作的治理主体结构。嘉兴市推进公众参与环境保护的实践经验做法主要包括以下方面:"大环保",即社会共同参与,包括嘉兴市环境保护联合会,市民检查团、建设项目公众参与团和环境保护专家服务团;"圆桌会",即开展市民专家建言献策"圆桌会"活动,建设项目论证会,行政执法通报会和治理方案恳谈会等;"陪审员",即赋予公众充当"环境法官"决定罚多罚少,使环境执法体察民意;"道歉书",即要求不良企业公开承诺,签署《致全市人民道歉信》,通过媒体向社会发表;"点单式",即公众代表随机抽查点名的全程专项执法行动;"联动化",即公众参与区域污染防治监督的联动等。

在此基础上,不断深化环境保护公众参与"嘉兴模式",建立了一支由4430多名生态网格员和2600多名"民间河长""民间闻臭师"组成的生态环境监督员队伍，建立了"三大十招"智慧平台，推行"问题整改公示牌"制度，形成了政府、企业和公众多方协作的环境保护统一战线。

三 充分发挥环保社会组织作用

党的十九大报告提出："构建政府为主导、企业为主体、社会组织和公众共同参与的环境治理体系。"对社会组织参与生态环保工作提出更高期待和要求。浙江历来重视环保社会组织的建设，环保社会组织已经成为浙江生态文明建设和绿色发展的重要力量，为生态省建设营造全民参与的良好氛围、推动生态文明理念的深入人心，提供了强大的助力。

大力发展各类环保社会团体。2000年6月，浙江大学教师和学生创建了"绿色浙江"环保组织。"绿色浙江"是一个扎根浙江、放眼全球的专业从事环境服务的公益性、集团化社会组织，主要致力公众环境监督、生态社区建设、环境教育传播三大领域，是浙江省最早建立、规模最大、在中国首家获得社会组织评估5A级，也是在中国最具影响力、党团工会建制最完整、专职人员和参与国际事务较多的环保社团之一。同年，12名中学生在温州创建了"绿眼睛"环保组织，目前已经发展成为支持者近万人的全国性环保网络。2014年6月，浙江省环保联合会成立，为进一步加强政府与民间的对话协商提供了平台保障。浙江省环保联合会以组织和协调各方面的社会环保资源、维护公众环境权益、促进民间环保组织间的交往与合作、协助和监督政府实现环境保护为目标,是浙江省生态环境厅主管的联合性、非营利性的全省性社会组织。同时,加强环保社会组织引导规范,研究制定《社会组织参与环境治理的工作方案》,编印《浙江环保组织交流》《浙江环保志愿服务交流》材料,举办全省环保社会组织线上线下交流会,促进环保社会组织间的沟通与合作。依托志愿服务平台,促进志愿者队伍规范建设和科学管理。

推进社会组织参与环境治理。浙江省环保社会组织在地方环境标准制修订、环境政策制定、环境咨询、环境维权、环境统计、环境影响评价、环境监测考核、环境宣传教育、环保科普、环保培训等方面,都发挥着重要作用。比如浙江省环保产业协会参与环境服务业统计、第三方治理行业管理等工作,浙江省环境科学学会长期参与环保科普和大学生科普行工作,浙江省监测协会参与对第三方监测机构质量考核、业务培训,水泥、皮革等行业协会参与地方环境准入和标准制修订等,浙江省环保联合会长期开展环境宣传工作,这些环保社会团体为浙江环境管理工作提供了重要支撑。此外,不少非政府组织(NGO)积极参与环境违法案件投诉举报,对环境维权和维护公众环境权益方面起到了积极促进作用。探索引入第三方环境监管,委托第三方专业机构监理污染源自动监控运维、开展环境安全隐患排查体检,以专业化咨询服务补充政府环境监管。探索利用绿色金融工具搭建多利益相关方参与平台,阿里巴巴公益基金会、民生人寿保险公益基金会、大自然保护协会和万向信托等成立千岛湖水基金,成为中国水源地保护慈善信托的首个落地项目,整合企业、社会、公益等方面的资源,让环境治理、产业投资、业务合作形成合力,推动实现千岛湖水源的长效保护。2019年,支付宝推出的"蚂蚁森林"项目获得联合国最高环保荣誉——"地球卫士奖"。

生态环境志愿组织建设的温州样板

浙江省温州市不仅是民营经济萌发地，也是生态环境志愿组织发展较早的地区。自2000年温州市出现第一家生态环境志愿组织以来，经过20多年的发展，全市最高峰时，有大小规模不等近120多家生态环境志愿组织和3.5万多名环保志愿者参与的"百团万人"规模。

2017年，温州市生态环境局指导成立温州市环保志愿者联合会（以下简称"联合会"），明确定位：作为当时全市120多家生态环境志愿组织和3.5万多名环保志愿者"百团万人"队伍的统一管理服务平台，在做好对生态环境志愿组织的管理服务的同时，兼顾开展全市生态环保公益活动，引导公众参与。依托联合会，每年组织开展多场座谈交流会，搭建生态环境部门和生态环境志愿组织沟通桥梁，加强信息共享，搭建生态环境志愿组织座谈交流、环保业务培训会、"新启航"主题论坛和大学生生态环境志愿组织骨干培训、治水论坛等载体。2022年，温州市生态环境局率先制定发布《生态环境志愿服务组织建设及服务规范》《民间河长工作规范》两项地方标准，填补了国内生态环境志愿服务领域空白，均为行业领先。

在温州市生态环境局的高度重视和大力推动下，温州市充分发挥联合会联合协调引领作用，加强制度规范化建设、加强志愿服务专业化培养、加强志愿品牌精品化打造、加强志愿人员（组织）典型化培树，形成了精品项目和精品团队，使温州成为全省乃至全国生态环境志愿组织最活跃地区之一。

时代价值篇

第九章
浙江 20 年实践探索的成就、经验与价值

> 一切向前走,都不能忘记走过的路;走得再远、走到再光辉的未来,也不能忘记走过的过去,不能忘记为什么出发。[①]

浙江生态省建设是我国生态文明建设发生历史性、转折性、全局性变化的生动诠释,也是实现由重点整治到系统治理、由被动应对到主动作为、由全球环境治理参与者到引领者、由实践探索到科学理论指导 4 个重大转变的鲜活案例,谱写了美丽中国建设和人与自然和谐共生现代化的省域篇章。浙江 20 年的实践探索,创造出大量鲜活的经验和崭新的案例,为回应中国之问、世界之问、人民之问、时代之问提供浙江答案,为发展习近平新时代中国特色社会主义思想提供丰富的浙江经验和时代贡献。

---

① 习近平:《坚定理想信念　补足精神之钙》,《求是》2021 年第 21 期。

在"浙"里看见美丽中国
——浙江生态省建设 20 年实践探索

第一节　绿色成为浙江发展最动人的色彩

浙江用 20 年左右时间，以十大重点建设领域、五大保障体系作为生态省建设的"四梁八柱"，全面推进生态省建设，努力促进经济增长方式的转变，坚持走生态环境可承载、资源利用可持续的生态经济发展道路，打造经济繁荣、山川秀美、社会文明的"绿色浙江"。

一　从"制约的疼痛"到绿色发展走在前列

曾经，率先发展的浙江面临缺地、缺电、缺水的窘境，资源供给不足、生态环境压力和生态容量约束制约着高质量发展。经过 20 年的建设，浙江省绿色发展综合得分居全国前列，绿色经济成为浙江经济社会新的增长点，绿色成为高质量发展最亮丽最厚重的底色，全省呈现生态美、经济强、百姓富的局面。循环经济"991"行动计划升级版有序推进，六大重污染高能耗行业整治提升全面完成，新旧动能得到有效转换。以湖州市为例，关停大批印染、蓄电池"小散乱"企业，产值和效益却倍增，真正在"腾笼换鸟"中实现"凤凰涅槃"。全省生态经济化水平持续提高，"绿水青山就是金山银山"转化通道进一步打通。"丽水山耕"等一系列高附加值品牌走红市场，开化—桐乡等一批山海协作生态旅游文化产业园迅速成长，以淳安县下姜村、安吉县余村村为代表的万千乡村不断创新发展模式，培育农林采摘、精品民宿、研学培训等新业态，成为美丽经济发展"引力场"。浙江省以占全国 1% 的土地、4.7% 的人口、4% 的化学需氧量排放量、4% 的二氧化碳排放量，创造了全国 6.4% 的国内生产总值。

二 从"成长的烦恼"到生态环境质量走在前列

曾经，浙江全省污泥浊水并不少见，环境污染问题突出，生态系统破坏严重，环境群体事件频发。经过20年的建设，一系列污染防治攻坚行动稳步推进，4轮"811"生态环保活动顺利收官，"五水共治"成为全国治水典范，全域"无废城市"建设取得明显成效。一批老百姓身边的突出生态环境问题得到解决，金华市向水晶产业"开刀"，"黑臭河""牛奶河"再无踪影；台州市将"化工一条江"转化为"最美母亲河"，生态绿道串联起山水田园……浙江空气质量在全国重点区域率先达标，地表水和近岸海域水质显著改善，全省$PM_{2.5}$下降到24微克/立方米，省控以上断面Ⅲ类以上水质比例上升到97.6%，实现国家污染防治攻坚战成效考核、生态环境满意度评价"两个全国第一"，天更蓝、地更绿、水更清。环境质量改善又带来生态状况趋好，卷羽鹈鹕、中华秋沙鸭、香鱼等"稀客"纷纷回归，人与自然和谐共生美好画卷正在展现。生态环境公众满意度连续12年持续提升，人民群众幸福感、获得感大幅提升。

三 从城乡生态环境治理不平衡到美丽乡村走在前列

曾经，广大县城农村建设明显滞后、环境脏乱不堪，"垃圾靠风刮、污水靠蒸发，室内现代化、室外脏乱差"等问题十分突出。经过20年的建设，浙江实现从一处美向处处美、从生态美迈向生活美、从形态美迈向气质美的良好图景。"千万工程"持续深入实施，美丽城市、美丽城镇、美丽乡村建设一体推进，全省域整体大美图景逐步呈现。县、乡、村、户的"四级联动"和美丽乡村"五美联创"持续推动美丽乡村建设走深走实，农村环境"三大革命"不断迭代升级，小城市培育、特色小镇创建、小城镇环境综合整治、"百镇样板、千镇美丽"工程建设等组合拳持续出招，城乡基础设施建设一体化推进，城乡风貌得到整体提升。全省生活垃圾实现"零增长、零填埋"，城镇生活垃圾无害化处理率达到100%，基本实现城镇生活垃圾分类全覆盖、规划保留村生活污水有效治理全覆盖、农村卫生厕所全覆盖，1191个小城镇基本消除脏、乱、差现象，农村人居环境整治测评全国第一。

四 从制度保障不足到生态文明制度创新走在前列

曾经，生态省建设和规划体系尚不健全，部分领域相关法规制度存在薄弱点和空白区，法治实施体系不够高效，法治监督体系不够严密，法治保障体系不够有力。经过20年的建设，产权清晰、多元参与、激励约束并重、系统完整的生态文明制度体系构建完备，数字赋能创新变革，生态文明治理体系不断迭代，生态环境治理效能整体跃迁，生态文明智治、法治、共治特色之路越走越宽。首部生态环境领域综合性地方性法规出台实施，生态环境保护领域"1+N"法规体系基本形成。建立以"七张问题清单"为牵引的党建统领督察整改工作机制，构建与综合执法相衔接的生态环境执法职责体系。作为全国唯一的生态环境数字化改革和生态环境"大脑"建设试点省，以数字化改革撬动牵引生态文明制度系统性重塑。建立五级河长制、四级生态环境状况报告制度，推行三级公检法机关驻环保联络机构，率先在全省域范围和跨省流域实施生态补偿，创立全国首个主要污染物财政收费奖补政策、首个减污降碳协同指数，首家公益诉讼（环境损害）司法鉴定联合实验室，党政干部政绩考核、排污权交易、环境污染问题发现机制等一批浙江特色的生态文明制度领跑全国。

五 从生态文化尚未在全社会扎根到共建共治共享走在前列

曾经，生态文明理念还处于社会主流意识边缘，环保工作往往是"讲起来重要、干起来次要、忙起来不要"，企业超标、偷排、漏排导致污染情况时有发生。经过20年的建设，生态文明理念日益深入人心，绿水青山就是金山银山理念成为全省上下共识，社会齐抓共管、共建共享的良好格局初步形成。组织2023年六五世界环境日浙江主场活动、全球重要农业文化遗产大会等生态环境主题宣传，开展环保设施公众开放、生态文明与环境保护公益巡回演出、全民生态运动等系列主题活动。全省环境保护宣传教育普及率达到90%以上，中小学环境教育普及率达到100%。公众参与积极性不断提升，"环境保护公众参与"的"嘉兴模式"入选中国推动环境保护多元共治典范案例，并写入了联合国报告。截至2022年，浙江累计创成国家生态文明建设示范区42个、"绿水青山就是金山银山"实践创新基地12个，两项数量均居全国第一。

六 从与发达国家差距较大到发挥生态环境国际合作和竞争新优势走在前列

曾经，浙江承受发展、人口、环境三重压力，经济实力、科学技术、管理模式都远远落后于发达国家，生态环保工作需要向发达国家取经看齐。经过20年的建设，浙江实现了生态环境质量的总体好转，

在"浙"里看见美丽中国
——浙江生态省建设20年实践探索

创造了举世瞩目的绿色奇迹,对标联合国可持续发展目标(SDGs)评价体系,排名全球第24位,赢得了国际的认可肯定和广泛关注。"千村示范、万村整治"工程、"蓝色循环"荣获联合国最高环保荣誉——"地球卫士奖",成功承办"6·5世界环境日"全球主场活动,向世界展示了习近平生态文明思想的生动实践。联合国《生物多样性公约》第十五次缔约方大会(COP15)第二阶段会议期间,中国角·浙江日活动向世界讲述了浙江大地上生物多样性保护的故事和创新的生态文明理念实践,吸引了众多参观者驻足。联合国环境规划署(UNEP)前执行主任埃里克·索尔海姆参观走访中国浙江时感叹:"在浙江看到的,就是未来中国的模样,甚至是未来世界的模样!"

20年间,浙江省控断面优良水质比例从42.9%升至97.6%,设区城市$PM_{2.5}$平均浓度从61微克/立方米降到24微克/立方米,森林覆盖率超61%,90%以上村庄建成新时代美丽乡村。从2002年到2022年,浙江全省生产总值从8041亿元跃升到7.77万亿元,人均生产总值从2000美元提升至1.76万美元,全省万元GDP能耗、水耗则分别下降63.8%、91.7%,以新产业、新业态、新模式为主要特征的"三新"经济占全省生产总值的28.1%。良好的生态环境已经成为浙江高质量发展的优势所在、动力所在、后劲所在,绿色正逐渐成为浙江发展最动人的色彩,以浙江成就彰显了习近平生态文明思想的真理伟力和实践伟力。

第二节 生态文明建设的浙江经验与启示

20年来,习近平总书记始终关心支持美丽浙江建设,总在关键时刻提要求、出思路、教方法，体现了对浙江大地、浙江人民的真挚感情和关心厚爱。浙江沿着习近平总书记指明的方向，奋力拼搏、闯关探路，逐渐探索出一条经济转型升级、资源高效利用、环境持续改善、城乡均衡和谐的绿色高质量发展之路，形成一系列务实管用、富有成效的经验做法。发达国家以两三百年的时间完成了工业化，浙江仅仅用了二三十年的时间；发达国家以短则三五十年、长则上百年的时间实现生态环境质量的根本好转，浙江则仅仅用了10多年时间。浙江的经济建设是一个奇迹，浙江的生态文明建设也是一个奇迹。总结生态文明建设的浙江经验，对全国乃至世界不乏借鉴意义。①

一 基本经验

以理论武装为抓手，不断打开从理论指导到实践转化的通道。生态文明建设首先是认识问题、观念问题。习近平同志在浙江工作期间，坚持运用马克思主义特别是中国化时代化的马克思主义武装头脑、指导实践、推动工作，开创性提出"生态兴则文明兴，生态衰则文明衰""绿水青山就是金山银山"等科学论断，明确了许多思想观点和路径方法，统一思想、统一意志、统一行动，为生态省建设提供了根本遵循。这一系列重大理念与习近平生态文明思想在主题主线、目标路径、价值追求等方面一脉相承、一以贯之，成为浙江推进生态文明建设的宝贵财富。

20年来，历届浙江省委省政府切实加强党的领导，坚持运用马克思主义、党的创新理论成果、习近平总书记当年确定的思想观点和思

---

① 沈满洪：《生态文明建设的浙江经验》，浙江在线，https://js.zjol.com.cn/ycxw_zxtf/201706/t20170606_4173990.shtml，2017年6月6日。

路方法，一体学习、一体领悟，持续推动用中国化时代化的马克思主义理论武装，提升生态认识，诠释绿水青山就是金山银山理念、讲好绿水青山就是金山银山故事，持续擦亮绿水青山就是金山银山理念发源地这个金字招牌。通过理论武装转变政绩观、发展观，提升协同发展与保护的认识与能力，增强推动生态文明建设的政治认同、思想认同、情感认同，推动形成政治自觉、思想自觉、行动自觉。

以规划为牵引抓手，不断打开从战略擘画到策略深化的通道。规划是建设的龙头，也是政府指导、调控和管理城镇建设的基本手段。习近平同志在浙江工作期间强调，要切实把建设生态省、打造绿色浙江，作为事关浙江现代化建设全局的一项战略任务，坚持不懈地加以推进。规划是生态省建设的龙头，必须高度重视规划的编制和实施工作；规划贵在坚持、重在执行，要一任接着一任干，一年接着一年抓。

20年来，浙江坚持以"八八战略"为总纲，紧盯规划纲要目标不动摇，要求各市各部门每年制定工作计划，通过编制生态省建设发展报告等措施，加强对规划实施的管理，强化规划落实的质量。紧密结合发展形势，在实践中持续深化生态省建设的"五大体系"，筑牢生态文明建设的"四梁八柱"，及时调整规划策略，不断推进生态文明建设的战略深化。从相对聚焦于生态环境保护深化为生态环境、生态经济、生态文化、生态人居等综合性生态文明建设；从生态环境安全上升到生态环境审美等高层次需要；从生态环境美升华为生态经济美、生态文化美、生态心灵美、生态人居美等综合美。一以贯之、层层递进，为浙江生态文明建设持续注入生机活力。

以生态治理为抓手，不断打开从攻坚整治到系统施治的通道。生态文明建设不是轻轻松松就能实现的，是一个系统工程，也是一个长期战略。习近平同志在浙江工作期间指出，"过去那种高投入、高排放、以牺牲环境为代价的发展是难以为继的","环境保护和生态建设，早抓事半功倍，晚抓事倍功半，越晚越被动"。抓住"水"这一要害，以"811"工程为生态省建设突破口和基础性、标志性工作，以重点突破带动全面提升。

20年来，浙江先后实施5轮"811"行动，打出"五水共治""三改一拆""四边三化"组合拳。高标准打好污染防治攻坚战，纵深推进碧水行动，深化"污水零直排区"建设；以"清新空气示范区"建设为载体，加强重点污染因子协同治理；深化全域"无废城市"建设，率先建立全域"无废城市"建设体系。"811"系列行动内涵不断延伸、内容不断拓展、标准不断提高，推动全要素、全形态、全链条治污，让全省环境质量发生了翻天覆地的变化，良好生态环境已经成为浙江高质量发展的优势所在、动力所在、后劲所在。

以践行绿水青山就是金山银山理念为抓手，不断打开绿水青山到金山银山的通道。习近平同志在浙江工作期间，提出绿水青山就是金山银山的理念，为实现经济发展和生态建设，推进经济生态化和生态经济化指明了科学路径。20年来，浙江始终牢记"把绿水青山建设得更美，把金山银山做得更大"的殷殷嘱托，深入践行绿水青山就是金山银山理念。一方面，浙江积极推进经济生态化，坚持生态优先、绿色发展，把生态文明建设与"腾笼换鸟""空间换地""亩均论英雄""最多跑一次""数字化改革"等有机结合起来，治调结合倒逼产业转型升级，推进循环经济"991"升级版，着力打造绿色低碳产业体系，开辟浙江经济转型升级的新路子。"不要躺在垃圾堆上数钱"已成为干部群众普遍共识。另一方面，浙江大力推进生态经济化，利用生态优势发展生态产业，依靠制度创新实现绿水青山价值，率先探索生态产品价值实现机制，持续开展"山海协作"，大力发展乡村旅游、休闲农业、

在"浙"里看见美丽中国
——浙江生态省建设 20 年实践探索

文化创意等新产业新业态,持续擦亮绿水青山就是金山银山金字招牌,让绿水青山成为人民幸福生活的增长点、经济社会持续健康发展的支撑点。同时,浙江注重把"生态资本"变成"富民资本",依托绿水青山培育新的经济增长点,夯实绿水青山就是金山银山的经济基础,探索走出了经济发展与生态环境保护双赢的新路子。

以持续推进"千万工程"为抓手,不断打开从村庄美化到全域美丽的通道。人民群众在追求物质富裕、精神富有的同时,十分向往山清水秀、天蓝地净的优美环境。同时,生态文明建设必须在空间上落地。浙江实现了美丽乡村、绿色城镇、生态城市建设的联动,形成了各具特色的生态美。习近平同志在浙江工作期间强调,"千村示范、万村整治"作为一项"生态工程",是推动生态省建设的有效载体。习近平同志在浙江工作期间,坚持统筹生态环境改善和城乡面貌提升,强调尊重规律、尊重农民意愿,强调因地制宜、精准施策,创新建立、带头推动"四个一"工作机制。

20 年来,浙江按照习近平总书记的战略擘画和重要指示要求,把人居环境整治同生态环境建设紧密结合起来,加大农村基础设施和生态环境建设投入,大力开展村庄环境整治,党政主导、各方协同、分级负责,一体推进美丽城市、美丽城镇、美丽乡村建设。从"千村示范、万村整治"到"千村精品、万村美丽"再到"千村未来、万村共富"不断迭代升级"千万工程",持续打出小城市培育、特色小镇创建、小城镇环境综合整治、"百镇样板、千镇美丽"工程、未来社区等组合拳。以大花园示范县、耀眼明珠为抓手,立体式打造全域整体大美图景。

以生态文明制度体系为抓手,不断打开从制度优势到治理效能的通道。推进生态文明建设必须依靠体制、机制和制度的保障。习近平同志在浙江工作期间强调，要不断推进机制创新，建立和完善生态省建设的长效机制，完善有利于生态省建设的财政、税收、金融、政策和生态补偿机制。习近平同志在浙江工作期间坚持顶层设计和基层首创相结合，推动形成了生态文明建设教育先导、科技支撑、法制保障、舆论监督等好经验好做法。

20年来，浙江坚持继承和弘扬习近平总书记留给浙江的宝贵财富，着力下好改革创新"先手棋"，深入推进生态文明体制改革，大力推行"最多跑一次""亩均论英雄""区域环评＋环境标准"等系列改革，深化土地、水电气、环境资源、金融等要素配置改革，不断完善现代环境治理体系。在全国最早推行排污权、水权、用能权等资源环境有效使用制度，率先推行河湖长制、林长制等制度，首创环境准入制度集成改革，高起点推动山水林田湖草一体化治理。用好地方环境立法权，探索将党的主张、全域意志、人民意愿统一起来，构建以《浙江省生态环境保护条例》为统领的生态环境保护领域"1+N"法规体系。开展数字生态文明建设，首创社会化、专业化、智能化环境污染问题发现机制，重塑"平台＋大脑＋应用"架构，生态文明智治、法治、共治特色之路越走越宽。

以共建共治共享为抓手，不断打开从被动应对到自觉自为的通道。生态环境保护为了人人，所以人人有责，更需要人人有为。习近平同志在浙江工作期间强调，建设生态省，必须紧紧依靠人民群众，充分调动广大群众的积极性和创造性，营造全民参与生态省建设的良好氛围。这些年来，浙江大力传播培育生态文化，完善制度规范，强化激励约束。设立全国首个"生态日"，开展环境保护设施公众开放、全面生态运动等系列活动。持续推进生态建设进机关、进校园、进企业、进社区、进家庭。生态环境保护成为村规民约、公序良俗，绿色出行、垃圾分类、光盘行动成为公众自觉。建立健全社会化多元化的环境问题发现机制，推动环境保护公众参与，敞开监督，曝光问题，回应关切，涌现出一批优秀的民间环境保护社团和志愿者。浙江各级党委政府自觉地肩负起了生态文明建设领导责任，努力当好绿色公共产品供给者、环境污染矫正者、绿色产品市场交易秩序维护者。以激励性政策和约束性政策引导广大企业承担绿色社会责任、追求绿色产品红利；充分激发中介组织、社会团体和社会公众广泛参与生态文明建设的积极性。

二 重要启示

必须坚持党对生态文明建设的全面领导。生态省战略源于习近平总书记对历史负责、对人民负责、对子孙后代负责的深厚的家国情怀、人民情怀、生态情怀，是习近平生态文明思想的形成与发展的重要理论和实践源泉。浙江生态省20年来的实践，生动体现了习近平总书记强烈的历史担当、坚定的人民立场、宽广的国际视野、高超的战略智慧，生动诠释了习近平生态文明思想的真理伟力和恒久价值，生动展现了习近平总书记马克思主义政治家、思想家、战略家的领袖风范。必须深刻领悟"两个确立"的决定性意义，增强"四个意识"、坚定"四个自信"、做到"两个维护"，更加自觉地深入学习贯彻习近平生态文明思想，自觉做绿水青山就是金山银山理念的积极传播者和模范践行者。深刻把握生态系统、经济系统和社会系统"一损俱损、一荣俱荣"的内在联系，始终坚持妥善处理人、自然与社会的关系，无论是政策制定、制度设计、举措选择，都以有利于走好生产发展、生活富裕、生态良好的永续之路为根本前提。

必须保持"一张蓝图绘到底"的战略定力。生态文明建设是关系中华民族永续发展的根本大计。早在2003年浙江生态省建设动员大会上，习近平同志就提出"生态兴则文明兴，生态衰则文明衰"，强调要把美好家园奉献给人民群众，把青山绿水留给子孙后代。实践证明，生态文明建设是一项长期的战略任务，考验的是历史眼光、战略定力、创新能力，只有保持咬定青山不放松的定力，一任接着一任干，一锤接着一锤敲，才能实现中华民族永续发展。必须以对人民群众、对子孙后代高度负责的态度和责任，坚持"抓铁有痕"实干作风，久久为功、善作善成，坚定不移走生产发展、生活富裕、生态良好的文明发展道路，成功传递生态文明建设"接力棒"。

必须坚持以满足人民群众美好生活需要为目标。环境权益是人民群众生存权的重要方面，良好的生态环境是最普惠的民生福祉。习近平总书记强调，"在良好的环境中生产生活，是人民群众生存最基本的要求，也是人民群众的根本利益所在"。实践证明，生态环境是关系党的使命宗旨的重大政治问题，也是关系民生的重大社会问题。解决好人民群众反映强烈的突出环境问题是改善环境民生的迫切需要，不断满足人民群众对优美生态环境的新期待就是我们的奋斗目标。人民对美好生活的向往并非单一目标，而是经济效益、生态效益和社会效益等多重目标的统一。一方面，随着收入水平的上升，人民群众对环境问题的敏感度越来越高，容忍度越来越低；社会舆论对生态环境的关注度也越来越高，环境问题的"燃点"越来越低。另一方面，随着收入水平的上升，按照生态需求递增规律，人民群众对绿色审美、生态旅游、有机食品等生态产品和生态服务的需求呈现出递增的趋势。这就是问题所在、压力所在，也是方向所在、动力所在。必须更加深刻领悟发展是为了谁，坚持以人民为中心的发展思想，始终站稳人民立场、尊重人民意愿，把改善生态环境质量作为惠民生、暖民心、顺民意的重大工程来抓，提供更多优质生态产品，让人民群众在绿水青山中共享自然之美、生命之美、生活之美，使人民群众的获得感更加充实、幸福感更可持续、安全感更有保障。

必须注重综合治理、系统治理、源头治理。系统观念是生态文明建设的方法路径，必须牢记"山水林田湖草沙是生命共同体"。习近平总书记强调，生态文明建设好比我们在治理一种生态病，病源很复杂，需要多管齐下，综合治理，长期努力，精心调养。实践证明，建设生态文明是一场广泛而深刻的系统性变革，事关全局、事关未来、事关各项事业的可持续发展，是一项复杂的系统工程。只有运用联系的、发展的、全面的观点，从全局高度统一认识，用统筹方法推动工作，才能真正走出人与自然和谐共生的现代化新路。必须完整、准确、全面贯彻新发展理念，站在人与自然和谐共生的高度，加强前瞻性思考、全局性谋划和整体性推进，更好统筹推进生态环境保护和空间、经济、文化、社会、制度建设，统筹降碳、减污、扩绿、增长，使发展更为全面、更高质量、更有效率、更加公平、更可持续、更为安全。同时，生态文明建设是一项公共物品、混合物品和私人物品"多品并存"的事务，依靠单一主体是不可能建成"两美"浙江的，必须多个主体齐抓共管、协同发力。浙江正是充分激发了政府、企业、中介组织、社会团体和社会公众广泛参与生态文明建设的积极性、主动性和创造性，才形成了全社会的合力，保证了生态文明建设走在全国前列。

必须坚持"创新是第一动力"的发展观念。改革创新是破解制约生态文明建设深层次矛盾问题的不竭源泉，推进生态文明建设必须依靠体制机制和制度的保障。习近平同志在浙江工作时指出，生态省建设是一个全新的课题，只有坚持改革创新、与时俱进，才能把生态省建设推向一个新的水平。实践证明，生态文明建设在不同阶段面临不同形势和不同问题，只有坚持守正创新，准确识变、科学应变、主动求变，坚持创新思维、提升创新能力，用改革创新的办法破解难题、激发活力，才能推进生态文明建设行稳致远。随着自然资源、环境资源、气候资源稀缺性的加剧以及资源环境产权界定技术的进步，让市场在资源配置中发挥决定性作用和更好发挥政府的作用成为可能。必须强力推进创新深化、改革攻坚，打好法治、市场、科技、政策"组合拳"，推动理念创新、制度创新、管理创新、技术创新，不断增强创新制胜的"内驱力"，牵引推动美丽浙江建设走入深层次、迈向高质量。

第三节　思想伟力及制度优势的鲜活实证

浙江生态省建设的20年实践，是中国特色社会主义生态文明事业的生动实践，是习近平生态文明思想的生动实践。这一波澜壮阔的伟大实践，孕育萌发了一个引领时代的伟大思想，不仅改变了浙江，也改变了中国，还改变了世界，提供了思想伟力的鲜活案例。这一波澜壮阔的伟大实践，不仅谱写了美丽中国建设的省域精彩篇章，引领浙江朝着绿富共兴的图景阔步前行，还为建设美丽中国、人与自然和谐共生的现代化提供了经验探索。这一波澜壮阔的伟大实践，不仅是浙江继续阔步前行的重要依据，也是全国其他地区乃至全球生态文明建设的重要参考，也为世界提供了中国之治的鲜活案例。这一波澜壮阔的实践，对浙江继续推进人与自然和谐共生的现代化建设，对中国特色社会主义生态文明建设乃至全球可持续发展的理论、道路、制度等方面探索有着重要贡献。必须深刻理解和把握这一实践的历史历程，

在"浙"里看见美丽中国
——浙江生态省建设 20 年实践探索

从理论、实践、历史与全球等维度审视这一实践的时代价值和重要贡献,贯通历史、现在和未来。

一 萌发了一个引领时代的伟大思想并有力彰显了思想伟力

习近平生态文明思想是我国生态文明建设的根本遵循和行动指南。这一思想的一个重要源头和基础,就是习近平同志基层的实践探索和理论思考。习近平同志在推动浙江生态省工作期间,特别重视解决思想认识问题,对人与自然、保护与发展、生态与民生等进行系统思考,对为什么建设生态文明、建设什么样的生态文明、怎样建设生态文明的重大理论和实践问题进行理论探索,形成了对生态文明建设的规律性认识,提出了生态兴则文明兴、绿水青山就是金山银山、构建人与自然和谐相处的生态文明等与习近平生态文明思想基本内容——"十个坚持"高度契合并一脉相承的新理念、新战略,为系统形成习近平生态文明思想提供了重要基础。特别是绿水青山就是金山银山这一理念,成为习近平生态文明思想的核心理念和最具标志的原创性贡献。10 多年来,绿水青山就是金山银山的理念从安吉出发,从浙江走向全国、从中国走向世界,从自发到自觉、从愿景到行动,深刻地改变了浙江、深度地影响着中国、深远地关联着世界。2023 年 6 月 28 日,十四届全国人大常委会第三次会议决定,将绿水青山就是金山银山理念提出日期 8 月 15 日设立为全国生态日,更加彰显了浙江生态省建设浓墨重彩的理论贡献。

理论只有回到实践中才能被检验并不断发展。浙江生态省建设,率先以习近平同志关于生态文明建设的理论思考为指导,一直延续并衔接到习近平生态文明思想的科学指引。从实践过程来看,浙江生态省建设是习近平生态文明思想的率先实践。从实践成就来看，经过 20 年的实践探索，浙江在生态文明建设方面实现了一系列的历史性、转折性、全局性变化，在生态环境质量、绿富共进、美丽家园、生态意识、治理体系和能力方面实现了一系列突破性进展或走在前列，2019 年浙江生态省建设试点率先通过验收，成为新时代十年浙江发生取得历史性成就、历史性变革的显著标志。这生动展现了理论一经掌握群众就会变成物质的力量，推动浙江形成了人与自然和谐共生的良好局面，为习近平生态文明思想的真理伟力和实践伟力提供了鲜活实证。这一实践是习近平同志亲自谋划、亲自部署、亲自推动，其巨大成就也生动诠释了"两个确立"的决定性意义。浙江 20 年实践表明，习近平生态文明思想是经过实践检验的真理，具有巨大的实践力量，在全面指导美丽中国建设的同时，重构了中国特色现代化发展道路和模式，为推进世界绿色发展和人类命运共同体建设贡献了中国方案和东方智慧。

二 生动谱写了美丽中国的省域精彩篇章并提供了经验借鉴

建设生态文明、美丽中国，核心在于如何处理好人与自然、发展与保护、环境与民生等方面的问题，本质就是如何处理好人与自然和谐共生问题。这是生态省建设的核心问题，还是生态文明建设领域中国之问、世界之问、时代之问、人民之问的重要内容。回答好这一问题，既需要理论的指引，更需要实践的支撑。优美的生态环境、和谐的生态家园是习近平同志提出建设生态省的目标，这也是我国生态文明建设、美丽中国建设的重要目标指向。20 年来，浙江历届省委省政府，围绕改善生态环境、建设富饶秀美浙江，既抓美丽城市建设，又抓美

在"浙"里看见美丽中国
——浙江生态省建设 20 年实践探索

丽乡村建设，实现变"一处美"为"一片美"、变"一时美"为"持久美"、变"环境美"为"发展美"、变"外在美"为"内在美"的美好图景，成为美丽中国建设的省域排头兵。经过 20 年实践，从"浙"里看见美丽中国逐渐成为现实，书写了美丽中国建设的省域精彩篇章，为全面推进美丽中国建设提供了浙江支撑，也为全国其他地方实践提供了重要参考。

习近平同志在推动浙江生态省建设期间，着眼更好处理经济发展与生态保护关系，跳出生态抓生态、跳出环保抓环保，率先开展生态建设融入经济建设、政治建设、文化建设、社会建设各方面和全过程的实践，率先开启"五位一体"推进生态文明建设和生产发展、生活富裕、生态良好的文明发展道路的实践探索。20 年来，浙江强调以人与自然和谐为主线，以加快发展为主题，以提高人民群众生活质量为根本出发点，以体制创新、科技创新和管理创新为动力，在"腾笼换鸟""凤凰涅槃"中推进绿色发展，在创新"美丽经济""生态经济"中推动生态产品价值转化，初步探索了一条绿富共进的浙江路径，积累了区域生态治理的浙江经验，河长制等一批经验在全国推广。当前，我国经济社会发展已进入加快绿色化、低碳化的高质量发展阶段，生态文明建设仍处于压力叠加、负重前行的关键期，从生态省建设到美丽中国建设、从区域生态治理到国家生态治理，浙江生态省建设的实践，不仅为其他地方提供了生态文明、美丽中国经验借鉴和实证参考，也为彰显中国特色社会主义生态文明事业道路自信、理论自信、制度自信、文化自信提供了重要支撑，为提升全面推进美丽中国建设的信心、增强生态文明建设的战略定力提供浙江鲜活案例。

第九章　浙江20年实践探索的成就、经验与价值

三　有力筑牢了人与自然和谐共生现代化浙江篇章的坚实基础

党的二十大强调，中国式现代化是人与自然和谐共生的现代化，促进人与自然和谐共生是中国式现代化的本质要求，尊重自然、顺应自然、保护自然是全面建设社会主义现代化国家的内在要求，必须站在人与自然和谐高度谋划发展。这为新时代新征程生态文明建设指明了方向，开启了加快探索人与自然和谐共生现代化的探索。2023年，全国生态环境保护大会强调，全面推进美丽中国建设，加快建设人与自然和谐共生的现代化。大会对美丽中国和人与自然和谐共生现代化作出系统部署，为浙江在新时代新征程上立足新起点、找准新方位提供了坐标系和指南针。必须深刻认识建设人与自然和谐共生现代化是新时代新征程上各地生态文明建设的目标指向。

经过20年实践探索，浙江一方面具备了作表率的基础，但与此同时还存在一些问题挑战。从问题挑战上来看，浙江生态环境保护结构性、根源性、趋势性压力尚未根本缓解，资源压力大、环境容量有限、生态系统脆弱、环境问题敏感的省情没有改变，在绿色低碳转型、环境质量持续提升方面仍有不少短板。但从机遇优势上来看，数字化绿色化已经成为当今科技革命和产业革命的重要方向，在这两个方面均具有良好基础。在绿色发展方面，经过20年的实践，浙江产业结构持续优化，产业绿色化水平和竞争力不断提升，在产业绿色转型、推动生态产品价值实现方面具有很好的基础，也积累了较多的经验。此外，浙江在生态省建设实践中，大力推动绿色化和智慧化结合，抢抓数字生态文明的机遇。从历史角度来看，浙江生态省建设20年实践，为新时代新征程建设人与自然和谐现代化浙江篇章有力筑牢了思想和物质基础。

在"浙"里看见美丽中国
——浙江生态省建设 20 年实践探索

四　提供了彰显生态文明建设中国之治与制度优势的浙江窗口

竭泽而渔还是和谐共生，这是习近平总书记提出的现代化之问，也是世界可持续发展难以解决的重大课题。生态文明建设关乎人类未来，是人类文明发展的历史趋势。保护生态环境、应对气候变化是全人类面临的共同挑战，建设绿色家园是人类的共同梦想。当前，全球可持续发展进程不尽如人意，联合国可持续发展目标的实现几乎均面临困难，亟须提振信心、加大行动力度。社会主义生态文明建设从本质上与资本主义生态文明解决方案的区别在于，这一思想强调以人民为中心而不是资本逻辑，强调生态环境保护是必答题而不是选择题，强调生态文明建设要融入经济建设、政治建设、文化建设、社会建设而不是各自为政、各行其道，强调要从人类文明发展高度认识和推动生态文明建设。我国提出共谋全球生态文明建设之路、共建清洁美丽世界的倡议，为解决人与自然和谐共生问题、促进可持续发展提供了中国方案、中国智慧，并使中国生态文明建设成就成为中国特色社会主义制度优势的一个重要表现。浙江生态省建设 20 年实践，就是这一方面的重要内容。

新时代十年，中国大力推进生态文明建设取得了举世瞩目的生态奇迹和绿色发展奇迹，为全球可持续发展贡献了中国力量，成为中国之治的重要内容，也成为中国特色社会主义制度优势的一个重要反映。习近平同志在谋划浙江生态省建设时，就着眼全球可持续发展和绿色竞争，积极开展国际交流与合作。作为我国生态文明建设的佼佼者，浙江 20 年成就不仅是我国生态文明建设历史性成就的重要内容，也获得了国际社会的高度关注和认可。浙江"千万工程""蓝色循环"获得联合国"地球卫士奖",成功举办"6·5世界环境日"全球主场活动,湖州市荣获全球唯一"生态文明国际合作示范区"称号等一系列殊荣,成为展现我国生态文明理念、生态文明方案和社会主义制度优势的一个重要窗口。2023年,杭州市携手宁波市、温州市、金华市、绍兴市、湖州市5个亚运会协办城市,秉持"绿色、智能、节俭、文明"的办赛理念,绘就绿色亚运"中国方案"。从理念到行动,从现有场馆的充分利用到新建场馆的节能环保,从绿色标准构建到和谐生态,从源头协同到数智赋能,杭州亚运会既是我国生态文明建设巨大成就的缩影,也是展示和领略中国式现代化的重要窗口,也为全球可持续发展、绿色转型贡献了中国智慧,其绿色效益也将长久造福千秋万代。新时代新征程需要继续发挥好浙江这一方面的重要作用。

第十章
新时代生态文明建设的引领与展望

> 必须牢固树立和践行绿水青山就是金山银山的理念，站在人与自然和谐共生的高度谋划发展。①

21世纪是生态文明的世纪，在生态文明新时代，生态生产力客观上制约着经济生产力，生态环境承载力和生态资源贡献率直接影响经济社会发展的速度和质量。当今世界和当代中国正处在一个绿色大发展、绿色大变革、绿色大崛起的特殊时期，在人类文明再次走到十字路口的关键时刻，作为负责任的大国，中国将始终站在历史正确和主动的一边，以中国式现代化全面推进中华民族伟大复兴。浙江作为新时代全面展示中国特色社会主义制度优越性的"重要窗口"，"绿色浙江"行动全景式展现了浙江生态文明建设的辉煌历程和壮阔场景，从"黑色污染"到"绿色蝶变"再到"生态崛起"，从"美丽环境"到

---

① 习近平：《高举中国特色社会主义伟大旗帜 为全面建设社会主义现代化国家而团结奋斗——在中国共产党第二十次全国代表大会上的报告》，人民出版社2022年版，第50页。

"美丽经济"再到"美丽生活",为发展中国家现代化道路提供了新选择。新时代浙江生态文明建设的愿景和行动是坚定不移地走绿水青山就是金山银山的发展道路,奋力创建人与自然和谐共生现代化先行省,积极探索为创造人类文明新形态中国方案的浙江经验。

第一节 奋力创建人与自然和谐共生现代化先行省

党的十八大以来,习近平总书记多次对浙江发展作出系列重要指示,一以贯之而又持续递进地对浙江提出期望和要求。2015年5月提出"干在实处永无止境,走在前列要谋新篇"的要求;2016年9月提出"秉持浙江精神,干在实处、走在前列、勇立潮头"的要求;2018年7月提出"干在实处永无止境、走在前列要谋新篇、勇立潮头方显担当"的期望;2020年3月提出浙江要"努力成为新时代全面展示中国特色社会主义制度优越性的重要窗口"的殷切期望;2023年9月,习近平总书记深刻指出"浙江发展站在了一个新的起点上",提出"持续推动'八八战略'走深走实,始终干在实处、走在前列、勇立潮头,奋力谱写中国式现代化浙江新篇章"的新要求,为我们提供了感恩奋进、再启新程的政治指引,登高望远、再创优势的战略指引,实干争先、再谱新篇的行动指引,守正创新、再燃激情的精神指引,为我们做好浙江各项工作指明了前进方向、提供了根本遵循。

一 新时代新征程生态文明建设的总体构想

面对习近平总书记的谆谆教诲和殷切期望,浙江要持续深入学习贯

在"浙"里看见美丽中国
——浙江生态省建设20年实践探索

彻习近平生态文明思想,认真落实党的二十大精神和全国生态环境保护大会精神、习近平总书记考察浙江重要讲话精神,科学把握新时代新征程上生态文明建设面临的新形势,锚定新时代新征程上生态文明建设奋斗目标,感恩奋进、实干争先,乘势而上、乘胜前进,持续推进生态文明建设"走深走实",打造生态文明绿色发展标杆之地,在美丽中国建设上践行更高水平的示范引领。

一是科学研判新征程生态文明建设面临新形势。当前,浙江经济社会发展已进入加快绿色化、低碳化的高质量发展阶段,但生态环境保护结构性、根源性、趋势性压力尚未根本缓解,生态文明建设仍然处于压力叠加、负重前行的关键期。

首先,多更替加速,打造"重要窗口"使命更加艰巨。当前,世界正处于新的动荡变革期,外部环境的不稳定、不确定、难预料成为常态,全球粮食、能源安全问题突出,产业链供应链遭遇严重冲击,逆全球化潮流泛滥,各国围绕绿色低碳转型积极塑造竞争优势,新旧经济增长模式转型快速推进。气候变化和生物多样性等公约谈判斗争激烈,美国"削减通胀法案"、欧洲"碳边境调解机制"陆续出台,全球生态环境问题政治化趋势增强,环境治理形势日趋复杂。浙江多年来虽坚定不移推进高质量发展与高水平保护,经济社会发展正从低污染、低能耗迈向绿色化、低碳化,但加快发展方式绿色低碳转型还存在不少结构性、根源性、素质性矛盾,能源安全保障与清洁能源供给短缺矛盾突出,以煤炭为主的能源结构短期难以根本转变,持续承担全国石化、化纤、纺织等基础产业的产能布局,产业结构总体仍然偏重。面对复杂多变的国际国内形势、生态文明建设负重前行的现实基础,浙江要始终牢记习近平总书记提出的浙江要"努力成为新时代全面展示中国特色社会主义制度优越性的重要窗口"的殷切希望,坚决扛起

"永远立潮头"的艰巨使命，以更大努力展示好生态文明先行地、美丽中国先行示范区的生动实践，牢牢守住"生态优先、绿色发展"基本原则不动摇，推动美丽浙江建设走入更深层次、迈向更高质量，让全世界透过优美的生态环境，更直观地感受浙江践行习近平生态文明思想的鲜活案例，更加认同我们的生态理念、生态文化，不断提升浙江生态文明建设的国际影响力和话语权，为国际社会了解中国形象、中国精神、中国气派、中国力量开启"浙江之门""生态之窗"。

其次，多变革叠加，生态文明先行示范亟须破题。建设生态文明是一场全方位、系统性、根本性的绿色变革，是贯彻新发展理念、推动高质量发展的必然要求，也是人民群众追求高品质生活的共识和呼声，带来生产方式、生活方式、思维方式和价值观念的深刻调整。当前，生态环境保护内涵持续延伸、职能在不断扩展，碳达峰碳中和、生物多样性保护的分量在不断加重，新污染物治理将环境、生物和人体健康更为紧密地联系在一起，但减污降碳协同、生物多样性保护、新污染物治理等领域尚处于起步阶段，理论研究、技术支撑、能力保障较为薄弱，协同控制路径、协同治理机制等亟须进一步探索。生态治理体系正从"制度之制"迈向"法治之治""众智之智"，但多跨协同治理机制、多元化财税支持体系需进一步完善，资源环境市场配置效率、科研支撑保障力度等有待进一步提高。公众对生态环境的要求与自身的低碳环保意识、低碳环保行为之间还存在明显差距，全民生态环境保护的思想自觉和行动自觉还需不断提升。总体上，浙江生态文明建设正处于压力叠加的破题窗口期、突破瓶颈的变革攻坚期，"永远在路上"挑战更多，"永远在赶考"考题更难。对照"更高水平示范引领"的要求，浙江要持续深入践行习近平生态文明思想，打通科学思想转化为制度优势、制度优势转化为治理效能、治理效能转化为实践成果、实践成果转化为理论素材的通道。在具体执行中，必须深刻把握系统观念，更好统筹推进产业结构调整、污染治理、生态保护、应对气候变化，将系统思维、系统方法贯穿运用到生态环境保护的各方面、全过程；必须持续健全现代环境治理体系，解决生态环境保护监管力量小马拉大车、基层执法看得见管不着、部门管得着看不见的难题，还需要纵深推进改革，大胆破题解题，打造更具全国影响力的制度成果、更具示范公认度的实践成果。

最后，多诉求提升，生态福祉提质增效领域更广。多年来，浙江系统推进生态环境治理，持续推进污染防治攻坚战，生态环境质量得到持续改善，生态系统保护与修复正从自然恢复为主迈向自然恢复和人工恢复深度融合，但资源压力较大、环境容量有限、生态系统脆弱、环境问题敏感的省情尚没有根本改变。全省空气质量总体仍未摆脱"气象影响型"，区域、流域间水质存在较大差异，蓝藻异常繁殖现象仍有发生，近岸海域水质改善难度较大，噪声、油烟、扬尘、恶臭等日益成为人民群众急难愁盼问题。生态系统脆弱，局部区域湿地生态功能退化，海岸带生态系统人工化明显、稳定性较差，台风、暴雨、山洪等灾害易发，国土空间安全韧性存在潜在风险。随着人们生活水平的持续提升，人民群众对优美生态环境，优质生态产品的期望值更高，对生态环境问题、生态安全风险的容忍度更低，全方位呈现"生态文明绿色发展标杆之地"还存在诸多薄弱环节。可见，浙江生态文明建设已进入增进福祉的质效提升期，"永远无止境"的期待更高。要让人民群众亲近蓝天白云、河清绿岸、土净花香，提供更多优质生态产品，最大限度地提供惠及全省人民群众的生态福利，必须付出更大努力。要瞄准老百姓的期盼期许和痛点堵点，因时因势调整工作的重心和着力点，合理摆布各项工作的优先顺序。要把人民群众的获得感、幸福感、安全感作为根本标准，着力整治水体返黑返臭、臭气异味扰民、噪声污染等人民群众急难愁盼问题，防止简单片面地"以断面判优劣""以数据论英雄"。唯有不断增强问题意识，盯住生态文明建设的新问题、改革发展稳定的深层次问题、人民群众关切的急难愁盼问题，找准抓实直击"病灶"的路径载体，不断提出精准"对症"的理念打法，才能带动全省生态文明建设和生态环境保护工作爬坡过坎、跃上顶峰。

二是锚定新征程生态文明建设奋斗目标。深入推进新时代新征程上生态文明建设，浙江要坚持一张蓝图、久久为功，在坚定不移深入实施"八八战略"中建好美丽中国省域先行地；要坚持感恩奋进、实干争先，推动高水平建设人与自然和谐共生的现代化；要乘势而上、乘胜前进，推动生态文明建设实现更高水平示范引领。围绕"打造生态文明绿色发展标杆之地，在美丽中国建设上发挥示范引领作用"的总体目标，新时代新征程浙江生态文明建设要在强力推进创新深化改革攻坚开放提升中打好"生态牌"、走好"绿色路"、绘好"美丽篇"，牢固树立"一个使命担当"、坚决做好"五个先行示范"。

坚决扛起高水平推进生态文明建设先行示范的使命担当。以习近平新时代中国特色社会主义思想为指导，深入践行习近平生态文明思想，不断增强高水平推进生态文明建设先行示范的政治自觉、思想自觉、行动自觉，以高品质生态赋能高质量发展，让良好生态成为最普惠的民生福祉，让绿色成为浙江发展最动人的色彩。推动生态环境全域提升先行示范。坚持精准治污、科学治污、依法治污，坚持系统治理、综合治理、源头治理，高标准打好蓝天碧水净土保卫战和新要素新领域污染治理防御战，筑牢生态安全屏障，守牢美丽浙江建设安全底线，实现环境品质和承载能力持续提升，打造优美生态环境高地。推动生态经济绿色低碳先行示范。以积极稳妥推进碳达峰碳中和、打造减污降碳协同创新高地为抓手，大力推进绿色低碳集成改革攻坚，构建具有浙江特色的循环经济发展模式，加快打造新型能源体系建设先行省，推进工业、建筑、交通、农业、居民生活领域低碳转型，巩固提升生态系统碳汇能力。健全落实生态产品价值实现机制，持续打造"绿水青山就是金山银山"转化的省域样板。推动生态生活共富和美先行示范。围绕"千村引领、万村振兴、全域共富、城乡和美"，围绕持续提升城市功能品质、统筹城乡融合发展，建设宜居宜业的和美乡村、建设现代化美丽城镇、建设城乡风貌样板区，打造共同富裕现代化基本单元，绘就现代版"富春山居图"，不断增强人民群众生态获得感、幸福感、安全感。推动生态制度系统完备先行示范。持续健全生态文明建设制度体系，建立完善生态文明建设目标管理和绩效评价制度、资源能源高效利用制度、支持绿色发展政策标准体系，强化环境监管体系建设，积极推进跨界区域共建共享，推动整体智治集成改革提升，切实打造现代环境治理高地。推动生态文化繁荣发展先行示范。全面系统推进生态文化理论研究和宣传教育，充分发挥浙江"两山"理念发源地、习近平生态文明思想的重要萌发地和率先实践地的独特优势，实施理论阐发和宣传提能工程，打造习近平生态文明思想实践与传播高地，激发全社会共同呵护生态环境的内生动力。

二 建设人与自然和谐共生的现代化

以打造生态文明高地和美丽中国省域标杆为战略目标，在强力推进创新深化改革攻坚开放提升中打好"生态牌"、走好"绿色路"、绘好"美丽篇"。重视系统思维，持续推进美丽浙江提级谋划、绿色发展提速转型、污染防治提标攻坚、治理效能提档升级，突出改革创新，着力构建"降碳、减污、扩绿、增长"的整体智治体系，进一步提升全社会生态自觉和生态效益转化，在坚定不移深入实施"八八战略"中奋力打造生态文明绿色发展标杆之地，绘好现代版"富春山居图"。

要实施全要素赋能，以更高质量构筑绿色低碳生态经济。习近平总书记强调，要加快推动发展方式绿色低碳转型，坚持把绿色低碳发展作为解决生态环境问题的治本之策。[①] 在新时代新征程上，浙江要牢牢把握让绿色成为浙江发展最动人色彩的要求，率先实现经济社会发展全面绿色低碳转型，率先走出生态优先、绿色低碳的高质量发展之路，形成经济发展与资源环境气候相协调的发展格局。

一是积极打造科技策源创新动能体系。要坚持以科技创新为引领，积极谋划实施开辟新赛道新领域培育新增长引擎行动，构建支持全面创新的绿色发展政策和具有全球竞争力的开放创新生态，强化关键核心技术攻关，重点推进可再生能源开发应用技术、先进储能技术、重点领域重点行业减污降碳协同治理技术等核心技术攻关，加大可再生能源替代、氢基工业、水泥产品重构、装配式建筑等一批变革性技术的转化应用力度，持续打造高能级科创平台，全面提升绿色低碳发展内生动力。

二是加快打造绿色低碳循环产业体系。要以更高的标准推进绿色低碳发展，加快培育"415X"先进制造业集群，持续壮大智能光伏、节能与新能源汽车及零部件、节能环保与新能源装备等绿色低碳产业集群，持续推进七大高碳行业绿色低碳变革。以更强的力度推进资源高效利用，实施新一轮"腾笼换鸟、凤凰涅槃"行动，大力推进用水权、用能权、用海权、排污权、碳排放权等自然资源产权交易机制，让自

[①] 《习近平在全国生态环境保护大会上强调　全面推进美丽中国建设　加快推进人与自然和谐共生的现代化》，《人民日报》2023年7月17日。

然资源配置到最高效的地区、最高效的行业、最高效的企业，形成绿色低碳发展的产业结构和生产模式。

三是全面拓宽绿水青山就是金山银山生态富民路径。要持续充分利用好浙江丰富的生态资源、自然资源，以好风景孕育新经济，以新经济催生高效益，推动生态资源优势更好转化为经济社会发展优势和富民优势。完善农业全产业链"链长制"，升级提能乡村"地瓜经济"，深入探索共享田园等新模式，加快发展生态旅游、森林康养、山地运动等特色产业。深化"丽水山耕"等特色鲜明的生态产品区域公用品牌溢价效应，以"山海协作+飞地经济"模式提质升级山区工业平台。深化绿水青山就是金山银山合作社改革试点，全面推行政府主导、企业和社会各界参与、市场化运作、可持续发展的生态产品价值实现机制。

要实施全维度保护，以更高水平推进良好生态环境普惠。"良好生态环境是最普惠的民生福祉"。在新时代新征程上，我们要保持力度、延伸深度、拓展广度，持续深化污染防治攻坚，大力提升环境品质和承载能力，推动浙江省生态环境在高位改善优化，强化环境健康保障，进一步提升人民群众的环境获得感、幸福感、安全感和认同感，系统打造优美生态环境普惠高地。

一是持之以恒推进污染防治攻坚。坚持精准治污、科学治污、依法治污，坚持系统治理、综合治理、源头治理。迭代深化"811"优美环境品质提升行动，瞄准老百姓的期盼期许和痛点堵点，解决好人民群众身边的突出生态环境问题，持续深化清新空气行动、"五水共治"碧水行动、全域"无废城市"建设，加快构建土壤和地下水污染"防控治"体系，加快推进新污染物治理、塑料污染全链条治理，打造海洋"蓝色循环"新模式。高水平推进减污降碳协同创新，重点强化"碳达峰—稳中有降"时期生态环境保护的承压应对，强化降碳与减污协同管治，推动不同类型的减污降碳协同模式创新和科技创新。

二是加快推进生态系统修复治理。坚持尊重自然、顺应自然、保护自然，从增强生态系统整体性出发，以全面提升全省生态系统的质量和功能、促进生态系统良性循环和永续利用为目标，统筹推进山水林田湖草一体化保护修复，科学推进国土绿化和森林质量精准提升，推行森林河流湖泊湿地休养生息，持续提升城市"绿量"和城市生物多样性丰富度，大力发展海洋"蓝碳"，切实增强生态系统质量和稳定性。

三是创新谋划生物多样性保护。坚持就地保护和迁地保护并重，全面提升生物多样性保护水平，确保重要生物物种和生物遗传资源得到全面保护。持续完善钱江源—百山祖国家公园建设，努力将钱江源—百山祖国家公园建设成为中亚热带常绿阔叶林生态系统和百山祖冷杉、黑麂等珍稀濒危物种保护关键地，成为经济发达地区人与自然和谐共生的典范代表。高水平打造一批以丽水全国生物多样性保护区、磐安生物多样性友好城市、景宁畲族生物多样性产学研用、象山海上生物多样性保护实践地、安吉县生物多样性可持续利用基地等为典型代表的浙江生物多样性友好平台，总结提炼一批可复制、可推广、可示范的浙江经验。

要实施全省域提升，以更高品质打造诗画浙江生态家园。以习近平同志为核心的党中央对浙江高质量发展建设共同富裕示范区，提出建设文明和谐美丽家园展示区的目标要求。新时代新征程浙江要深化"千万工程"再出发，全景式推进县域城乡融合发展，构建美丽城市、美丽城镇、美丽乡村有机贯通的全省域美丽大花园，绘好"诗画江南、活力浙江"现代风貌省域样板。

一是持续深化乡村振兴战略，迭代升级"千万工程"建设。以美丽乡村为底色，以未来乡村为示范，以共同富裕为追求，高水平均衡化推进宜居宜业、和美乡村建设，健全农村人居环境整治提升长效机制，持续深化以集体经济为核心的强村富民乡村集成改革，创新提质乡村数字经济，加快推进城乡基础设施一体化、公共服务均等化、居民收入均衡化、产业发展融合化，促进城乡要素双向自由流动和公共资源合理配置，系统构建"千村未来、万村共富、全域和美"的新时代美丽乡村新格局。

二是完善新型城镇化战略，深入推进"美丽城镇"建设。深入推进以人为核心的新型城镇化，持续推进小城市培育试点建设、"美丽城镇"提质扩面和"千年古城"复兴计划，实施"百镇样板、千镇美丽"工程，提升发展中心镇、特色小镇，鼓励特大镇向小城市发展并辐射周边、中等镇完善自身配套设施、小乡镇满足基本功能，持续丰富城镇产业特色、文化特色、风貌特色，打造具有辨识度的"浙江味"现代化美丽城镇。

三是推动"耀眼明珠"串珠成链，扩面提质推进"美丽城市"建设。以更高标准、更大力度迭代升级"美丽城市"建设，加快推进杭绍甬、甬舟、嘉湖一体化发展的智慧低碳现代化美丽城市建设，持续深化衢丽花园城市群大花园最美核心区建设，大力推进城市风貌、县域风貌样板式提升，推动"整体大美、浙江气质"全域彰显。着力提升美丽山川海岛风貌，扎实推进钱江源—百山祖国家公园、十大海岛公园等一批名山海岛公园建设，聚力挖掘、培育、擦亮一批生态环境优美、文化内涵深邃、独具特色魅力的大花园"耀眼明珠"，在宁波市、温州市、舟山市、台州市等地开展特色"美丽海湾"试点示范，系统打造"诗画浙江大花园"。

要实施全链条防控，以更高要求筑牢生态环境安全根基。坚决贯彻落实习近平总书记关于守牢美丽中国建设安全底线的系列要求，坚决"保障我们赖以生存发展的自然环境和条件不受威胁和破坏"①，更加自觉筑牢生态环境安全防线，常态化管控生态环境风险。

一是切实有效防控生态环境风险。强化重点领域环境排查和风险防控，以极限思维常态化管控生态环境风险，持续开展危险废物、尾矿库、重金属等环境隐患排查和风险防控，系统推进新污染物环境调查监测和风险防控，及时妥善科学处置各类突发环境事件。健全生物安全重点风险领域的系统治理和全链条防控，筑牢国家生物安全屏障。把核安全摆在最高优先级，全面提高核与辐射安全监管能力，常态化开展核与辐射最小作战单元演练。

二是系统维护生态环境秩序。持续完善环境污染问题发现机制，推进部门监管信息共享，健全环境污染问题"发现—移交—处置"全过程闭环管理长效机制。以"七张问题清单"为核心加强问题整改，坚持督政、督企协同推进，以督促治、以督强责，持续优化督察制度体系，全力以赴打好"督、查、治、防"组合拳。持续提升生态环境监管执法效能，既要保持严的主基调，也要优化生态环境执法方式，加强生态环境信用管理，推行包容审慎执法。

三是持续深化跨区域联防共治。进一步推动长三角生态绿色一体化发展示范区建设，深化生态环境管理"三统一"等制度创新。推动跨区域生态环境治理，以环杭州湾地区为重点，深入推进区域大气污染联防联控。协同推进新安江—千岛湖、京杭大运河、太浦河、太湖等重点跨界河湖，长江口—杭州湾等重点海湾（河口）联防联治，区域

---

① 《习近平在全国生态环境保护大会上强调　全面推进美丽中国建设　加快推进人与自然和谐共生的现代化》，《人民日报》2023年7月17日。

固废危废联防联治。推动落实联合国环境规划署和浙江省人民政府签署的谅解备忘录。

要实施全社会参与，以更高标准繁荣兴盛生态文化品牌。习近平生态文明思想是建设美丽中国的强大思想武器，是实现人与自然和谐共生的现代化的根本遵循。新时代新征程上，要持续性、体系化推进习近平生态文明思想理论溯源研究和实践传播，系统深化生态文明宣传教育，推动全社会形成简约、适度、绿色、低碳、文明、健康的生活新风尚。

一是持续深化习近平生态文明思想研究。持续强化习近平生态文明思想对浙江生态文明建设的理论引领，将习近平生态文明思想研究与浙江省传统文化、地域特色生态文化、社会经济发展等紧密衔接，推出系列具有时代性、标志性的研究成果，强化用理论指导实践，为全国乃至世界可持续发展提供浙江智慧与浙江方案。

二是广泛开展生态文化弘扬传播普及。持续完善生态文化宣传教育体系，坚持促进生态知识与能力全面发展，从学校教育、社会宣传、文化培育、实践参与等不同层面形成生态文明教育工作大格局，推动形成全社会高度的生态自觉。加强有形传播、有形体验，建设省、市、县各级生态文化展示和传播实体，全面打造纵贯三级、覆盖全网的生态环境融媒体平台。深入开展"6·5世界环境日""8·15全国生态日"等主题宣传活动，深入开展生态文化进校园、进社区、进企业、进农村文化礼堂，营造人人、事事、时时崇尚生态文明的新风尚。持续深化生态环境保护国际交流与合作，展示好生态文明先行地、美丽中国示范区的生动实践，让全世界透过优美的生态环境，更直观地感受浙江践行习近平生态文明思想的鲜活案例，不断提升浙江省生态文明建设的国际影响力。

三是倡导全民践行绿色简约生活方式。持续开展全民绿色行动，保持蓬勃生动的生态文明建设社会氛围。持续完善以生态文明建设为导向的考核机制，督促党政领导干部贯彻落实绿色执政理念，切实发挥好其作为区域经济社会发展决策者和生态文明建设引领者的关键作用。积极引导企业主体顺应绿色低碳循环发展的时代趋势，鼓励其参与各类生态文明建设公益活动，推进环保治理和基础设施开放，切实发挥好其作为生产方式转变的组织者和落实者的中坚作用。引导公众生态文明践行的自觉性，规范引导并发挥各类社会团体在引导成员、公众参与生态文明建设方面的积极作用，倡导绿色低碳生活，打造绿色低碳消费链。

要实施全方位保障，以更高效能重塑生态文明制度体系。要持续加强党对生态文明建设的全面领导，持续完善生态文明法治体系，持续推进生态治理数智改革，持续深化跨区域联防共治，持续夯实科技创新和投融资支持，推动环境治理效能提档跃迁升级，全面打造生态文明现代治理体系高地。

一是持续完善生态文明法制体系。根据新时代生态文明建设的新要求和新形势，与时俱进地制定和修订生态环境相关法律法规，加强改革与立法衔接，加快推进新污染物管治、土壤污染防治、农村生态环保、环境基础设施建设等领域立法进程，进一步优化生态环境标准体系，研究制定减污降碳协同监管、协同治理标准规范，为深化生态文明体制改革、更好解决资源环境问题、推进国家治理体系和治理能力现代化提供法制保障。

二是持续推进生态治理数智改革。把数字化改革作为提升生态环境治理现代化水平、推进生态环境高水平保护的根本出路和关键一招，以数字化改革撬动牵引生态文明建设系统性重塑。扎实推进全国生态环境数字化改革和生态环境"大脑"建设,加快完善"平台+大脑+应用"架构体系,夯实全量归集数据底座,打造多维集成能力中心。系统提升生态环境态势"一张网"全感知能力,推进省控断面及县级以上饮用水水源地自动监测全覆盖,提升大气颗粒物与臭氧协同监测能力,加快推进全域碳监测网络建设,强化大数据分析研判、数字化智慧监管,加强气候变化监测评估、气象灾害预测预警和应急响应。以数智建设推动管理机制改革创新,开展生态环境行政许可集成改革,助力打造集约高效的营商环境。

三是持续夯实科技创新和金融支持。以更大力度推进生态科技创新,引导科技创新向绿色化方向迈进,强化生态环境领域技术与信息、生物、材料等变革性技术的交叉融合创新,推动绿色科技创新自主化能力持续提升,不断强化科技创新对生态文明建设的强大支撑作用。加强生态文明建设金融支持,探索建立生态环境治理项目谋划与落地保障机制,建立健全生态环保重大工程项目融资协作机制,推动生态环境导向的开发模式(EOD)项目建设。

第二节 积极探索创造人类文明新形态中国方案的浙江经验

"历史从哪里开始,思想进程也应当从哪里开始,而思想进程的进一步发展不过是历史过程在抽象的、理论上前后一贯的形式上的反映"。新时代以来,在习近平生态文明思想指引下,中国牢固树立和践行绿水青山就是金山银山理念,坚定不移走绿色低碳发展道路,在全面建设美丽中国的同时,积极参与全球环境治理,致力于推动构建公平合理、合作共赢的全球生态环境治理体系，推动共建绿色"一带一路"，全面实施碳达峰碳中和战略行动，携手共建人类命运共同体，建设清洁美丽新世界，成为全球生态文明建设的重要参与者、贡献者、引领者，积极探索创造人类文明新形态的中国方案。

一　展现浙江担当做好全球环境治理引领者

大国担当发挥引领作用。地球是人类唯一赖以生存的家园，保护生态环境、推动可持续发展是各国的共同责任。近年来，全球气候变化、生物多样性丧失、荒漠化加剧、极端气候事件频发，严重威胁着人类生存和可持续发展，面对日益加剧的生态灾难和环境危机，人们愈发清醒地意识到人类社会是一个"一荣俱荣、一损俱损"的命运共同体。作为负责任的大国，中国始终深度参与全球环境治理，充分发挥大国引领和表率作用，不断凝聚国际共识，在人类面临共同挑战的紧迫时刻，积极参与打造利益共生、权利共享、责任共担的全球生态治理格局。

2023年7月，在全国生态环境保护大会上，习近平总书记强调："紧跟时代、放眼世界，承担大国责任、展现大国担当，实现由全球环境治理参与者到引领者的重大转变。"在习近平生态文明思想的指引下，中国主张加快构筑尊崇自然、绿色发展的生态体系，共建清洁美丽的世界，以实实在在的绿色行动，为加强全球气候与环境治理注入强大动力，发挥引领作用。中国秉持人类命运共同体理念，积极参与全球环境治理，加强应对气候变化、海洋污染治理、生物多样性保护等领域国际合作，加速落实联合国2030年可持续发展议程，推动全球可持续发展。2012—2022年，中国以年均3%的能源消费增速支撑了平均6.6%的经济增长，单位GDP二氧化碳排放比2012年下降

34.4%，相当于少排放二氧化碳37亿吨。煤炭消费比重从2014年的65.8%下降到2021年的56%，年均下降1.4个百分点，是历史上下降最快的时期。联合国环境规划署执行主任英厄·安诺生高度评价"中国在环保国际合作层面展现出领导力"，巴西外交部可持续发展司司长莱昂纳多·德阿泰德表示"中国正成为世界重要的环境守护者"。

浙江力量创造绿色奇迹。20年来，浙江坚定不移地走绿色低碳发展道路，"像保护眼睛一样保护生态环境，像对待生命一样对待生态环境"[①]。在发挥生态环境国际合作优势方面"干在实处、走在前列"，以"浙江之窗"展示中国之美。早在20世纪末，浙江就已经意识到了生态环境对经济社会发展的极端重要性，但与发达国家相比，浙江在生态环境管理模式、科技支撑等方面依然是滞后的。为彻底改变这一现状，浙江20年来持之以恒、久久为功，"一张蓝图绘到底、一任接着一任干"，创造了举世瞩目的生态环境治理的奇迹，对标联合国可持续发展目标评价体系，生态环境治理和保护水平处于国际先进水平。成功承办"6·5世界环境日"全球主场活动，"千万工程""蓝色循环"荣获联合国最高环保荣誉"地球卫士奖"。2022年12月，在联合国《生物多样性公约》第十五次缔约方大会（COP15）上成功举办"浙江日"活动，湖州市被授予生态文明国际合作示范区，浙江生态文明建设的知名度影响力显著提升。

浙江拥有超61%的森林覆盖率，是中国海岛最多的省份，依山傍海的优美生态环境造就了浙江的生物多样性。全省陆生野生脊椎动物分布790种，约占全国总数的27%，高等植物6100余种，约占全国总数的17%，在我国东南植物区系中占有重要地位。丰富多样的生物

---

① 习近平：《在省部级主要领导干部学习贯彻党的十八届五中全会精神专题研讨班上的讲话》，人民出版社2016年版，第19页。

物种，是生态涵养的回报，更是绿色发展的馈赠。作为中国第一个生态省，浙江全省各地以习近平生态文明思想为指引，坚持山水林田湖草系统治理，以提升生物多样性保护水平为核心，突出机制创新，开展试点示范，不断推进生物多样性保护与可持续利用。在生态系统保护方面，浙江加强重要和敏感生态系统保护，划定重点生态功能区和生态保护红线并实行严格管控，评估期内自然保护地数量增加50%以上，共建成省级以上自然保护地311处，积极推进钱江源国家公园体制试点，全省湿地保护率达52%。在物种保护方面，浙江实施极小种群野生植物、珍稀濒危野生动植物抢救保护工程，建立野生动物救护中心，构建以就地保护为主、迁地保护为辅的保护体系，全省85%的国家重点保护陆生野生动植物物种得到有效保护。在遗传资源保护方面，浙江强化种质资源库（圃）、保种场等迁地保护设施建设，收集保存农作物种质资源14万余份、林木种质资源2.5万份，实现了省级保护名录内畜禽遗传资源应保尽保。在绿水青山就是金山银山理念的诞生地，湖州市始终坚持生态优先、绿色发展、共同富裕，在全国首创"河长制""生态联勤警务站""两山合作社"等，创新实施"土壤污染地块身份证"管理制度，生态环境质量稳定向好，生态环境公众满意度持续提升，实现美丽浙江考核十连优，连续八年夺得"五水共治"最高奖"大禹鼎"，一系列生动实践和丰硕成果让"在湖州看见美丽中国"城市品牌享誉全球。

自主贡献促进全球环境治理。积极开展应对气候变化务实行动，确保碳达峰碳中和承诺和目标如期实现。习近平总书记强调，"全面有效落实《联合国气候变化框架公约》及其《巴黎协定》。要坚持联合国主渠道地位，以共同但有区别的责任原则为基石"。这为全球加强应对气候变化的务实合作指明了方向。作为新时代全面展示中国特色社会主义制度优越性的重要窗口和承担高质量发展建设共同富裕示范区光荣使命的浙江，无疑应该立足实际、率先作出自主贡献，进一步优化能源结构，加快开发推广新能源，提高煤炭利用效率，把减排与能源安全有机协调，进一步围绕高效节能产品、绿色建筑、新能源汽车的开发运用开展绿色低碳技术的创新攻关，确保应对气候变化行动能更加平衡协调推进碳达峰、碳中和目标如期实现。

严格遵守《生物多样性公约》，积极推动生物多样性和生物安全领域的国际合作。在"南南合作"框架下为发展中国家生态环境保护提供示范和借鉴，通过搭建广泛的合作平台、增强国际公约和规则的权威性、强化共同行动的约束机制等，使全球形成真正的环境保护多边主义的认知和理念共识，凝聚全球环境治理最广泛的合力，在联合国权威下形成共同的政策激励和条约协定约束。

积极搭建全球环境治理合作平台，促进环境治理的规模收益递增。以高标准建设生态文明国际合作示范区为契机，通过建立健全常态化交流合作机制、分歧解决机制来消除合作中的政策壁垒、区域壁垒，使各方经济绿色发展政策实现有效对接。根据绿色"一带一路"、主要贸易伙伴国家的制度差异、发展程度差异进行适时调整，达到高度灵活、多元开放和包容互通，实现推进具体项目时兼顾多方利益。不断寻求"最大公约数"、扩大合作面，在全球环境治理合作中加强环境基础设施建设、发展绿色产业联盟、搭建应对气候变化平台等，使全球环境治理各要素投入更大空间发挥作用，把全球环境治理边际收益递增和规模经济效应从潜在变为现实。创造条件充分展示浙江在环境保护与治理方面的新理念、新举措和新成效，为全球生态环境治理提供浙江经验和浙江智慧。

二 加强国际合作致力构建人类命运共同体

中国生态文明建设为全球绿色发展注入新动力。 人类命运共同体理念集人类文明思想之大成，本质上是对马克思主义"真正共同体""自由人联合体"的继承和发展。马克思、恩格斯明确指出："只有在共同体中，个人才能获得全面发展其才能的手段，也就是说，只有在共同体中才可能有个人自由。"《共产党宣言》郑重宣告："代替那存在着阶级和阶级对立的资产阶级旧社会的，将是这样一个联合体，在那里，每个人的自由发展是一切人的自由发展的条件。"马克思、恩格斯把作为无产阶级奋斗目标的共产主义社会命名为"自由人联合体"。这一思想经历了从前资本主义时代"自然的共同体"到资本主义"虚假共同体"，再到"自由人联合体"形成"人类命运共同体"演进过程，最终实现人类与自然的和解。

"万物各得其和以生，各得其养以成。"面对日益严峻的生态环境危机挑战，同在一个地球上的人类无疑是休戚与共的命运共同体。中国始终秉承人类命运共同体理念，把生态文明建设作为引领全球环境治理的重要支撑，不断加强国际交流合作和履约能力建设，积极推进生态环境保护与治理领域的务实合作，推动落实联合国2030年可持续发展议程，加快建设绿色"一带一路"，推动和引导建立公平合理、合作共赢的全球气候治理体系。习近平总书记着眼于全球化发展规律，深刻指出："面对全球环境风险挑战，各国是同舟共济的命运共同体，单边主义不得人心，携手合作方为正道。"[1] 呼吁树立全球生态文明观，

---

[1] 习近平：《在联合国生物多样性峰会上的讲话》，《人民日报》2020年10月1日。

共同促进绿色、低碳、可持续发展。在应对全球新冠疫情期间呼吁："凝聚起战胜疫情强大合力，携手赢得这场人类同重大传染性疾病的斗争。"针对全球生物多样性保护，号召"国际社会要加强合作，心往一处想、劲往一处使，共建地球生命共同体"。在坚定维护多边主义、反对生态霸权、推动全球化进程中，凝聚起全球生态文明建设的合力。近年来，中国向发展中国家提供力所能及的支持和帮助，积极推动资源节约和生态环境保护领域的国际合作。在发展中国家启动10个低碳示范区、100个减缓和适应气候变化项目，实施200多个应对气候变化的援外项目；发起建立"一带一路"绿色发展国际联盟，建设"一带一路"生态环保数据服务平台，为120多个共建国家培训3000人次绿色发展人才；落实全球发展倡议，推动建立全球清洁能源合作伙伴关系；推动联合国有关机构、亚洲开发银行、亚洲基础设施投资银行、新开发银行等国际组织在工业、农业、能源等重点领域开展绿色低碳技术援助、能力建设和试点项目。中国以积极的姿态、坚定的行动推动开展生态文明建设国际合作，为全球绿色发展和经济复苏注入了新动力。

"美丽浙江"行动为发展中国家现代化提供新选择。经过几十年的艰苦探索，中国共产党领导人民成功走出了中国式现代化道路，开创了人与自然和谐共生的现代化道路，为发展中国家走向现代化提供了新途径和新模式。从历史上看，欧美发达国家率先踏上现代化发展道路。然而，这条现代化道路大多数伴随着殖民和侵略，并且在实现现代化后不同程度地出现了贫富差距、社会分裂等众多弊病。从现实上看，一些拉美国家的现代化运动持续了一个多世纪，至今仍然社会动荡、经济萧条，非洲国家的现代化之路更是困难重重、举步维艰。大量事实告诉我们，世界上没有定于一尊的现代化道路，中国式现代化道路具有中国特色、符合中国实际，对内实现全体人民共同富裕、人与自然和谐共生,对外推进世界和平发展、构建人类命运共同体,中国式现代化道路坚持人与自然和谐共生,实现物质文明、政治文明、精神文明、社会文明、生态文明协调发展。

浙江作为全面展示中国特色社会主义制度优越性的重要窗口,在奋力创建人与自然和谐共生现代化先行省的过程中,"美丽浙江"建设取得的经验值得全球分享,从2003年启动生态省建设开始,"美丽浙江"建设成功经验和典型案例就多次在国际上进行广泛传播和交流,向世界昭示了中国坚定不移地走绿色发展之路的坚定信念和坚实步伐。2013年浙江重污染天数曾达174天次,通过持续打响蓝天保卫战和开展"清新空气示范区"行动,经过短短的6年时间,全省设区市和县级城市重度污染天数全部为零。超过6000千米的垃圾河被全部消灭,全省Ⅰ类至Ⅲ类水质省控断面比例从42.9%升至97.6%。城区绿化覆盖率超40%,相当于每个城里人拥有20平方米的公园绿地,现代版"富春山居图"徐徐展现。

2018年9月28日,浙江"千村示范、万村整治"工程被联合国环境规划署授予最高环保荣誉"地球卫士奖",被誉为全球"极度成功的生态恢复项目",获得联合国环境规划署的高度评价,认为"千万工程"项目"将昔日污染严重的黑臭河流改造得潺潺流水清可见底……这一成功的生态恢复项目表明,让环境保护与经济发展同行,将产生变革性力量"。这一绿色变革的背后是浙江生态省建设的一系列原创性思想、变革性实践、突破性进展和标志性成果,在全国首创的省、市、县、乡、村五级河长制,保障全省所有河道每天有人巡有人管;率先在全国建立生态功能区县市环境年金制度,实施跨行政区域、河流交接断面水质保护管理考核,建立了覆盖所有水系源头地区的生态补偿制度;率先编制自然资源资产负债表,在全省范围内对领导干部开展离任自然资源资产专项审计。20年来，绿水青山就是金山银山理念从浙江走向全国、从中国走向世界，深刻改变了浙江，深度地影响着中国，深远地关联着世界，"绿色浙江"行动全景式展现了浙江生态文明建设的辉煌历程和壮阔场景，一抹亮丽的绿色日益成为浙江发展最动人的色彩。

携手合作积极探索努力创造人类文明新形态。"生态兴则文明兴，生态衰则文明衰。"生态文明建设关乎人类的未来，必须牢固树立和坚持全球生态文明观，共同探索人类可持续发展和持久和平安全的正确路径，不断加强完善全球生态环境治理体系，同筑生态文明之基，同走绿色发展之路。无论是从我国生态文明建设的国际意蕴，还是从全球生态治理的合作而言，当今世界和当代中国正处在一个绿色大发展、绿色大变革、绿色大崛起的特殊时期，在人类文明再次走到十字路口的关键时刻，作为负责任的大国，中国将始终站在历史正确和主动的一边，与国际社会一道加快构筑尊崇自然、绿色发展的生态体系，让生态文明的理念和实践造福各国人民，积极构建人类命运共同体，引领人类迈向历史新阶段。

共谋共建共享：在打造人类命运共同体进程中实现普遍生态安全。生态安全不仅是生命延续的基本保障，也是人的自由而全面发展的前提和基础，在命运与共的全球生态环境系统中，任何一国都无法置身事外，必须树立全球生态安全、共享永续发展生态安全和绿色空间的系统思维。在具体实践中，中国以绿色"一带一路"倡议"推动绿色基础设施建设、绿色投资、绿色金融，保护好我们赖以生存的共同家园"，把各国生态环境安全命运紧密串联在一起，从理论和行动中深刻诠释"一荣俱荣、一损俱损"的全球生态安全观。

互惠互利互通：在顺应全球化规律前提下加强生态经济国际合作。

中国始终理性而辩证地看待经济全球化，认为"经济全球化符合经济规律，符合各方利益"。面对单边主义、保护主义抬头和"逆全球化"思潮，中国始终遵循经济全球化规律，辩证看待经济全球化利弊。当前全球经济发展正面临着治理赤字、信任赤字、和平赤字、发展赤字等挑战，每一个赤字都与生态环境问题息息相关，其中，环境污染、生态危机、资源枯竭、能源短缺是当前面临的严峻挑战，必须全面加强生态经济国际合作，推动全球环保产业和技术合作以及相关成果分享，提升发展中国家的绿色发展能力，共同推动世界经济动力转换和方式转变，实现更加强劲、绿色、健康的发展，在破解全球赤字中打开绿色经济新通道。

和平和睦和谐：在落实全球发展倡议过程中创造人类文明新形态。美国国家人文科学院院士小约翰·柯布高度评价，"中国在生态文明建设的道路上不断取得进步，给全球生态文明建设带来了希望之光"。2016年，联合国环境规划署发布《绿水青山就是金山银山：中国生态文明战略与行动》报告，这进一步说明，中国生态文明建设的有益探索正为其他国家提供经验借鉴。中国强烈呼吁世界各国把人类共同文明和价值认同作为思考全球可持续发展的重要依据，不断寻求全球生态文明建设的理念认同和价值契合点，凝聚全球生态文明建设的信心和力量，让绿色发展深入人心、生态文化引领未来，在全面落实全球可持续发展倡议的过程中，携手合作、积极探索、努力创造人类文明新形态。